现代移动通信技术专业国家现代学徒制试点项目成果

通信工程勘察设计与概预算

编 著 孙鹏娇 张 伟 时野坪

北京理工大学出版社
BEIJING INSTITUTE OF TECHNOLOGY PRESS

内容简介

本书是根据通信类高职高专教育的培养目标和教学需要编写的。全书的设计思路是以各个通信工程专业的具体工作流程为主线，按照通信工程勘察、设计、绘图、概预算编制工作流程，采用“模块+任务”架构组织教材内容。全书共5个模块，17个任务。每个模块均设有“本模块小结”和“习题与思考”，书中多处对实际工程案例进行分析，深入浅出。

本书既有基本知识点，满足初学者理论知识的需求，又注重实际技能的培养。本书可作为高职高专院校通信类专业、计算机网络专业教材，也适合作为通信工程设计人员的培训教材，以及从事通信建设工程规划、设计、施工和监理人员的参考用书。

图书在版编目（CIP）数据

通信工程勘察设计与概预算 / 孙鹏娇，张伟，时野坪编著. —北京：北京理工大学出版社，2019.8（2023.8 重印）

ISBN 978-7-5682-7563-7

Ⅰ.①通…　Ⅱ.①孙… ②张… ③时…　Ⅲ.①通信工程-工程设计-高等职业教育-教材②通信工程-概算编制-高等职业教育-教材③通信工程-预算编制-高等职业教育-教材　Ⅳ.①TN91

中国版本图书馆 CIP 数据核字（2019）第 190764 号

出版发行 / 北京理工大学出版社有限责任公司
社　　址 / 北京市海淀区中关村南大街5号
邮　　编 / 100081
电　　话 / (010) 68914775（总编室）
　　　　　(010) 82562903（教材售后服务热线）
　　　　　(010) 68944723（其他图书服务热线）
网　　址 / http://www.bitpress.com.cn
经　　销 / 全国各地新华书店
印　　刷 / 涿州市新华印刷有限公司
开　　本 / 787毫米×1092毫米　1/16
印　　张 / 18.5
字　　数 / 430千字
版　　次 / 2019年8月第1版　2023年8月第4次印刷
定　　价 / 52.00元

责任编辑 / 朱　婧
文案编辑 / 陈莉华
责任校对 / 周瑞红
责任印制 / 施胜娟

图书出现印装质量问题，请拨打售后服务热线，本社负责调换

一、起因

党的二十大报告中指出："新一轮科技革命和产业变革深入发展，国际力量对比深刻调整，我国发展面临新的战略机遇。"为全面贯彻党的二十大精神，推进新型工业化，加快建设制造强国、质量强国、网络强国、数字中国。推动战略性新兴产业融合集群发展，构建新一代信息技术、人工智能等一批新的增长引擎。我国信息技术迅猛发展，特别是LTE、5G、云计算等新技术的发展，覆盖海陆空天的国家信息通信网络基础设施进一步完善，光网和4G网络全面覆盖城乡，宽带接入能力大幅提升，5G启动商用服务，市场对通信建设工程的勘察设计、施工以及监理等方面的人才的需求不断增加。作为培养高技能应用型人才的高职教育，应成为该形势下人才输出的主力军。

本书作为吉林省移动通信技术专业实施现代学徒制成果之一，以及高等职业教育创新发展行动计划（2015—2018）骨干专业项目的成果之一。

在这样的大背景下，我们以行业发展为背景，以真实岗位需求为导向，以吉林吉大通信设计院2018年吉林地区通信工程勘察设计项目为实例展开，采用"模块+任务"架构教材内容，深入浅出地将通信工程勘察、设计、绘图、概预算编制的主要步骤和方法及所需知识点穿插其中，并配套视频资源，使读者既能学习到理论知识，又能够通过案例培养实际技能。

二、内容架构

全书分为5个模块、17个任务，设计思路是以通信技术专业中通信工程勘察设计的实际施工标准为主线，按照通信工程勘察、设计、绘图、概预算编制工作流程，详细介绍通信勘察设计与概预算的相关基本概念、行业规范和要求以及安全规范。教材的组织结构和内容编排以模块和任务的形式展开，充分体现"教学做一体化"。并且，教材中的任务均来源于现代学徒制学生下厂实习的现场实际工作，使之既适合于在校学生，也可作为通信工程领域从业人员的参考书。

三、特色与创新

（1）本书是一本行企指导、现代学徒制工学结合、教学做一体化教材。

以工作过程为主线，以企业真实项目为载体组织教材内容。

以满足通信行业勘察设计与概预算技能标准为依据把握内容难度。

以现代学徒制学生真实工作内容实现教材内容。

以任务为驱动实施教学，培养学生分析问题、解决问题的能力。

（2）提供立体化的教材辅助材料，以提高学习质量。

为了保障学生学习效率，特别开发了立体化的教材辅助材料，包括微课、PPT教学课件、案例素材、配套习题测试等。

（3）模块组合、任务驱动。

本书基于工信部通信〔2016〕451号文件所规定的2016版《信息通信建设工程预算定额》进行编写，采用基于工作流程，结合模块组合、任务驱动的方式架构组织教材内容。

四、编写分工及致谢

本书由吉林电子信息职业技术学院孙鹏娇和张伟、时野坪编著，其中孙鹏娇负责全书的架构设计及内容统稿，并编写了模块1，张伟编写了模块2～模块4，时野坪编写了模块5，张书瑞负责案例整理。

本书在编写的过程中，得到了吉林吉大通信设计院股份有限公司等企业的大力支持，在这里一并表示诚挚的感谢。

由于编者水平有限，书中难免会有错误和不妥之处，恳请广大读者批评指正。

编　者

目
录
Contents

任务1　通信工程勘察概述

1.1　概述

通信工程勘察是工程设计的重要阶段（包括准备工作、查勘和测量三个工序），勘察资料是编制设计文件的基础资料，勘察所取得的资料是设计的重要基础资料，它直接影响到工程的准确性、施工进度及工程质量，也是实现确定工程设计最佳方案、降低工程造价、提高技术经济效益的依据。

勘测包括查勘和测量两个工序。一般大型工程又可分为方案查勘（可行性研究报告）、初步设计查勘（初步设计）、现场查勘（施工图）3 个阶段。

本勘察内容的要求具有通用性，对于具体的工程项目设计勘察，应根据项目内容和设计范围对勘察的内容进行合理的取舍。

1.2　勘察准备工作

1.2.1　设计分工界面

1. 人员组织

查勘小组应由设计、建设维护、施工等单位组成，人员多少视工程规模大小而定。勘察人员主要归部门及项目组负责人安排，作为设计人员，应服从岗位安排，积极开展查勘工作。同时要注意以下几点内容：了解项目组整体人员组织架构；将项目组人员的通信录加到自己的手机里；熟记项目组负责人的电话，以防外地勘察出现意外情况，遇事之后，应尽快通知负责人知晓。

2. 熟悉研究相关文件

了解工程概况及要求，明确工程任务和范围，如工程性质、规模大小、建设理由以及近、远期规划等。

3. 针对厂家设备培训

每个工程都有其独特的设备，勘察前负责人会了解工程涉及的主设备、配套设备型号，将厂家设备材料下发组员，必要时会组织相关培训，设计人员应尽快熟悉设备特性。

1.2.2 收集相关资料

一般工程的收集资料工作将贯穿勘察设计的全过程，主要资料要在查勘前和查勘中收集完全以避免用到时措手不及，在到现场勘察前应提前尽可能多地收集与工程相关的资料，了解工程情况和设计范围，明确勘察重点。与工程相关的资料包括以下内容。

（1）工程新建点位置（基站、集团客户点、WLAN 点）、新建段落、现有网络情况、现有通信管道情况。

（2）工程新建通信管道程式、孔数信息；光缆线路建设方式、芯数信息。此次工程所属项目、中继段两端的具体位置，路由主要选择、所选路由运营商资源情况（是否要新建路由）、所选路由大的转盘过路口、工厂、部门、建筑物情况。例如，传输线路主要勘察光缆的路由情况、障碍的处理措施、现场参照物分布、周边各种相关管线的分布和相关局站及线路相关的基本情况等。实际中线路查勘光（电）缆敷设方式一般在杆路、管道、直埋、墙壁（吊线、钉固）、室内综合布线、海底敷设等工程拟建规模、LTE 网络结构图、设备配置、需要重点覆盖的区域等。

（3）现网基站的总体情况（频率使用情况、现网设备情况等）、现网基站的网络维护要求（室内外走线要求、不同区域基站的供电时间要求、电池配置要求、空调配置要求等）、现网基站的情况（经纬度、容量配置、挂高、小区方向、天线安装方式等）。

（4）工程的名称、工程性质（新建、扩容、改建、拆迁、宏站、室分、街道站）、工程规模（各种规模站点数量）、时间限制（勘察完成时间点、草图提交时间点、设计完成时间点），勘察地区的地图，规划勘察路线，前期相关设计文件、图纸等。

（5）为避免和其他部门发生冲突，或造成不必要的损失，应提前向相关单位和部门进行调查了解，收集其他建设方面的资料，并争取他们的支持和配合。一般相关部门有纪委、建委、电信、铁路、交通、电力、水利、农田、气象、燃化、冶金工业、地质、广播电台、军事等部门。对于改扩建工程，还应收集原有的工程资料。

1.2.3 准备勘察工具、勘察记录表及相关图纸

1. 勘察工具

（1）现场勘察过程中应携带交通和地形地图、指北针（图 1－1）、通信工具、数码相机（图 1－2）和笔记本电脑等。

（2）现场测量过程中应携带测量轮（图 1－3）、地阻测试仪（图 1－4）、测距仪（图1－5）、轮式测距仪、GPS 定位仪（图 1－6）、开人（手）孔用的开井盖工具、交接箱或机房钥匙、望远镜（图 1－7）、罗盘仪、皮尺（图 1－8）、绳尺（地链）、标杆、随带式图板、工具袋等，以及勘察时所需的表格、纸张等勘察记录工具（记录用勘察夹、铅笔、橡皮）。

图 1－1　指北针

图 1－2　数码相机

勘察常用
工具介绍

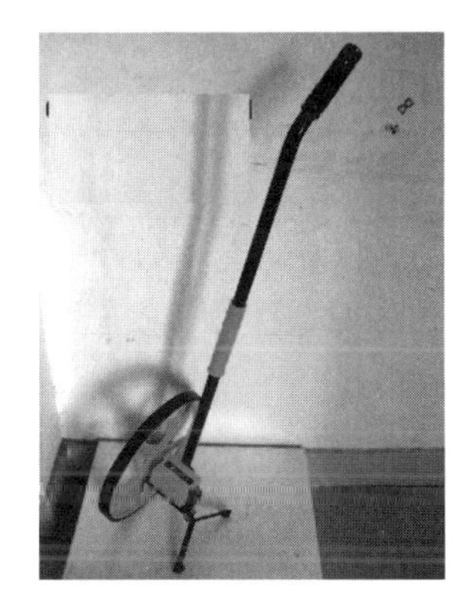

图 1－3　测量轮

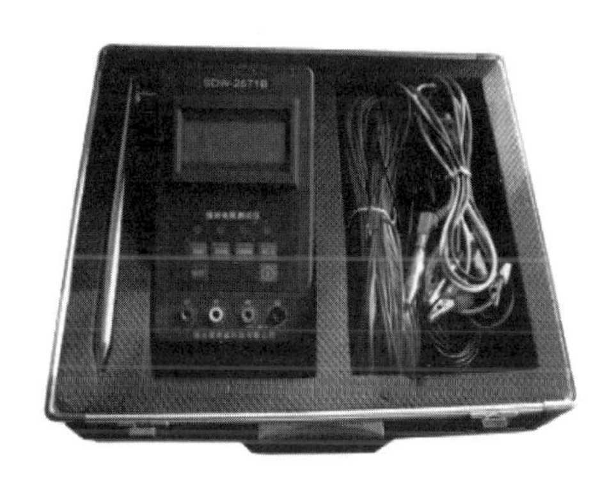

图 1－4　地阻测试仪

图 1－5　测距仪

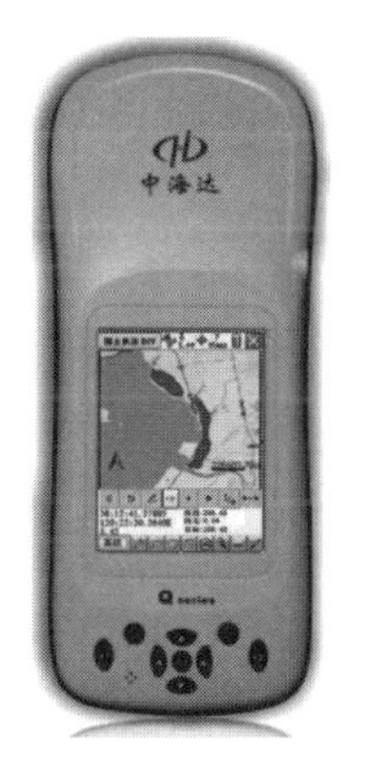

图 1－6　GPS 定位仪

图 1－7　望远镜

图 1－8　皮尺

（3）资料整理过程中应保证有计算器类工具。

2. 勘察记录表

为使勘察内容做到全面、有序、无遗漏，勘察前应准备好勘察记录表。

3. 相关图纸

现场勘察前准备好工程所涉及的现有光缆网络图、现有通信管道路由图等，可减轻勘察现场的工作量，提高勘察工作的效率。

4. 常用工具

1）GPS 定位仪

GPS 定位仪主要用于测量经纬度及海拔。常用的 GPS 定位仪最多可接收到太空中 24 颗卫星中的 8～12 颗，为保证良好的接收信号，GPS 定位仪应置于开阔地或楼顶，首次使用 GPS 定位仪时要开机等待 10 min 以上，并且必须能接收到 3 颗及以上卫星信号。开机后，待显示屏上的数据变化平稳后再读数。GPS 定位仪较费电，应注意平时的开机时间和关机时间，并储备能量高些的电池，以避免用时没电。GPS 定位仪较贵重，使用时应注意其安全性。

GPS 定位仪的使用

2）数码相机

数码相机主要用于拍摄周围环境照片、天面照片、机房照片等。用数码相机拍摄周围 360°照片时，拍摄位置应尽量选择在天线挂高平台上，如果无法到达，则寻找邻近的与天线挂高相仿的地点拍摄，并记录拍摄地与天线的相对位置，若由于地形条件限制，在天线安装位置拍摄的全景照片无法很好地反映周围环境的情况，则可到远处拍摄一些补充照片，但要记录好拍摄位置。

3）指北针

指北针用于测量机房坐落方向及天线方位角，使用指北针时应保持水平。测量时应尽量对准目标方向，减少人为误差，使指北针上的刻度线与房屋平行，再读出房屋与北方向的夹角。使用时应尽量避免靠近易被磁化的金属物体，远离高压线、变压器和磁铁等有强磁的地方，以免受磁化影响指北针精度。

4）测距仪

测距仪在基站勘察中可用于快速、精确地测量楼高，测距线应尽量保持与地面垂直，在楼顶使用测距仪进行楼高测量时应注意安全，在不具备测距仪的时候，可以首先使用卷尺测量单层楼高，再乘以楼层的层数以得到楼高。

5）卷尺

卷尺主要用于测量设备或物体尺寸、空间距离等。使用卷尺时应注意选择好测量起止点，测量时需将尺带绷直，以保证测量数据准确。有些长卷尺计量 0 点不在尺末端，需加以注意。

6）望远镜

望远镜主要用于观察铁塔上天线的布置和馈线的走向，能够辨明天线和馈线的归属。

1.2.4 制订查勘计划

根据设计任务书及所收集的资料，对工程概貌勾出一个粗略的方案，可将粗略的方案作为制订查勘计划的重要依据。

1.2.5　测量

通信线路查勘工作结束后，应进行线路测量，测量工作很重要，它直接影响到线路建筑的安全、质量、施工维护等。同时设计过程中很大一部分问题需要在测量时解决，因此测量工作实际是与现场设计的结合过程。

1. 测量前的准备

（1）人员配备。根据测量的规模和难度，配备相应的人员，并明确人员分工，定制日程进度表（表1－1），一般公司现阶段测量是一个人单独测量和勘察同时进行。

表1－1　日程进度表

序号	工作内容	技术人员	技工	普工	备注
1	大旗组		1	2	人员可视情况适度增减
2	测距组：等级和障碍处理	1			
	前链、后杆、传标杆		1	2	
	钉标桩		1	1	
3	测绘组	1	1	1	
4	测防组		1	1	
5	对外调查联系		1		
	合计	2	6	7	

（2）工具配备。工具配备和勘察时一样，测量和现场查勘同时进行。

2. 测量组分工和主要工作内容

一般干线光电缆设计和测量阶段可有以下分工，即大旗组、测距组、测绘组、测防组及其他。一般公司主要工作内容是测距组、测绘组的主要内容，其他工作在现阶段工程中表现不是很明显。测距组、测绘组的主要工作内容为：测量路由的长度，点出路由主要参照物，登记路由障碍及处理方法，绘制现状测绘草图，整理后制成CAD图纸作为施工图纸。

3. 草图整理

（1）检查各项测绘草图。

（2）整理登记资料、测防资料和对外调查联系工作记录。

（3）统计光缆长度以及各种主要工作量。

资料整理完毕后，测量组应进行全面、系统的总结，对路由与各项防护加固措施做重点论述。现阶段草图整理只需要整理草图以及统计光电缆长度、工作量。

任务2　通信管道工程勘察

通信管道勘测

2.1　路由选择

通信管道的路由选择受城市规划部门的限制，但在市政规划范围内还应当根据以下几个方面选取管道路由和位置。

（1）通信管道应铺设在路由较稳定的位置，避免受道路改扩建和铁路、水利、城建等部门建设的影响，避开地上（下）管线及障碍物较多、经常挖掘动土地段。

（2）选取通信管道路由时，应考虑选择路由顺直、地势平坦、地质稳定、高差较小、土质较好、石方量较小、不易塌陷和冲刷的地段，避开地形起伏很大的地区。

（3）市区通信管道应选择地下、地上障碍物较少的地段，一般应建筑在人行道下，如在人行道下无法建设，也可建在慢车道下，但不宜建在快车道下。

（4）高等级公路上的通信管道建筑位置选择顺序，依次是隔离带下、路肩上、防护网以内。

2.2 现场勘察主要内容

通信管道勘测

（1）新建管道勘察时应记录地形地貌（包括距道路边线的距离、过路顶管的起止点和土质变化）的起止点。

（2）新建管道应尽量避开煤气管道、天然气管道等，同时满足通信管道与其他管线及建筑物间的最小净距（表2-1）。

表2-1　通信管道与其他管线及建筑物间的最小净距

其他地下管线及建筑物位置		平行净距/m	交叉净距/m
已有建筑物		2.0	
规划建筑物红线		1.5	
给水管	直径≤300 mm	0.5	0.15
	300 mm < 直径≤500 mm	1.0	
	直径 > 500 mm	1.5	
污水、排水管		1.0	0.15
热力管		1.0	0.25
燃气管	压力≤300 kPa （压力≤3 kg/cm²）	1.0	0.3
	300 kPa < 压力≤800 kPa （3 kg/cm² < 压力≤8 kg/cm²）	2.0	
电力电缆	35 kV 以下	0.5	0.5
	35 kV 以上	2.0	
高压铁塔基础边	> 35 kV	2.50	
通信电缆（或通信管道）		0.5	0.25
绿化	乔木	1.5	
	灌木	1.0	
地上杆柱		0.5~1.0	
马路边石边缘		1.0	

续表

其他地下管线及建筑物位置	平行净距/m	交叉净距/m
铁路钢轨（或坡脚）	2.0	
沟渠（基础底）		0.5
涵洞（基础底）		0.25
电车轨底		1.0
铁路轨底		1.0

特殊位置无法避让的管道，可采用铺钢管保护或增加水泥包封的方式，要记录需要保护地段的起止位置。

（3）测量每段管道的段长并记录（段长为相邻两人孔井中心点间的测量长度，长度精确到 m，全部数值向上取整）。每页勘察草图中都要有方向标。

（4）管道记录时，需记录每个人（手）孔和光交箱（光缆交接箱）周围明显的标志建筑。直线段管道起止、转角人（手）孔、光交箱在草图中应以三点定位（选取 3 个固定建筑物，标注出其相对人（手）孔中心的偏移距离）原则进行记录，确保位置准确（注：特殊地区根据具体情况自行确定三点定位的要求）。

（5）人（手）孔井的位置尽量选在路口，不要在门前等不易动土的地方做人（手）孔井。

（6）新建管道勘察时应详细标明管道路由周边各种建筑、单位、小区的位置及周边基站、光交箱分布的状况。

（7）如遇到特殊路段可以采用拍照的形式进行现场记录。

（8）应详细记录原有管道走向及新老管道衔接方案。在勘察草图上标明原有管道与新建管道的分界点（要达到可以直接明显区分的程度，采用线宽或文字说明均可）。

（9）在基站附近、客户接入点附近及光交箱附近新建管道时，要在勘察草图中体现出原有光缆进出路由情况（如现有管道路由、架空光缆路由、墙壁光缆路由等）。

（10）对新建管道顺沿道路、穿越道路要详细记录道路名称。

（11）新建管道管孔全程统一时，只需在封皮上标明管道程式、管孔数量。如果管道建筑程式、管孔数量在整段管道中间有变化时，在所有分歧点两侧都需注明。

（12）人（手）孔的型号要在勘察草图中详细标注，并确认现场是否能建设相应型号的井。

（13）根据各地运营商对井距设置要求，保证每千米不少于 12 个人（手）孔井。

2.3　管线勘测

2.3.1　管道线路的概述

管线即采用管道敷设的光电缆线路，管道是用来穿放光电缆的一种地下管线建筑，与其他线路敷设形式相比，管道线路具有以下特点：容量大、占用地下断面小，便于美化城市、便于施工维护、减少光电缆线路直接受外力破坏，保证通信安全、便于技术管理和查询。管道由人孔、手孔及管路三部分组成，其中管路由若干管筒连接而成，为了便于施工和维护，管路中间构筑若干人孔或手孔。在管道线路中，这部分是非常重要的，首先对它们做以下介绍。

1. 管筒

管筒按材料区分，有混凝土管、陶管、石棉水泥管、钢管及塑料管等。混凝土管有1、2、3、4、6、9孔等规格，每节长60 cm，它制造简单、价格便宜、耐压力强，但易漏水；陶管耐酸性好、不漏水且质量轻，但抗压力较混凝土管差；石棉水泥管的缺点是脆弱、管与管之间接续比较复杂，应用较少；钢管的质量重、水密性好、接续方便、抗压、抗冲击，但价格高；塑料管质量轻、接续方法简单、强度高、水密性好、耐腐蚀、绝缘性好、运输方便，但不足的是耐寒性和热稳定性差，且价格较高。由于塑料管，特别是硬质聚氯乙烯（PVC）管的众多优点，其已在通信工程施工中广泛使用。

2. 人孔

设置人孔是为了施工和维护方便。它通常设置于电话站前，作为引入光电缆之用，也可设置在光电缆的分支、接续转换、光电缆的转弯处等特殊场合。人孔按照规格可分为大、中、小号。大号人孔用于管孔较多的管道，小号人孔用于管孔较少的管道，中号人孔介于两者之间。人孔按类型又可分为直通型人孔、拐弯型人孔、分歧型人孔（三通型人孔、四通型人孔）、扇型人孔、局前人孔和特殊型人孔等。

3. 手孔

手孔的用途与人孔相似，但手孔尺寸比人孔小得多，一般情况下，工作人员不能站在手孔中作业，只允许把手伸进去检查或者操作。手孔可以用于一孔或两孔的支管管道中，或者用于安装交接箱，也常用于将管道中的光电缆引至电话站和用户。

在管道线路敷设中，光电缆线路穿放在管道的各个管孔里，如图2-1所示。

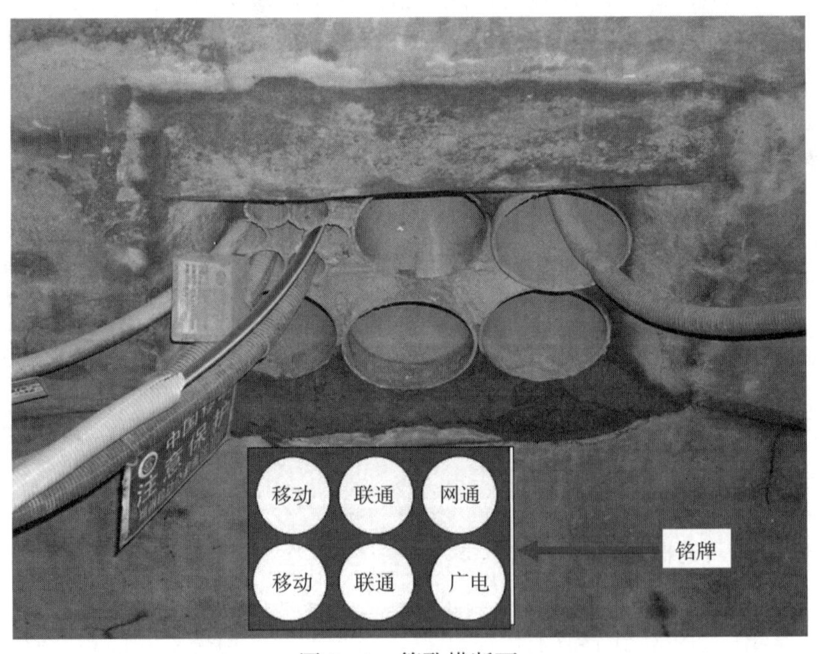

图2-1　管孔横断面

为让大家更清楚地从实物现场来了解管线，现附有现场照片（图2-2），以便理解。

管线铺管

穿缆

梅花管

图 2－2　管线铺管、穿缆、梅花管实物

2.3.2　原有管线勘测

原有管线的勘测主要是能分清运营商所能利用的管线资源由 A→B 点中继段的勘测，其主要工作有合理选择原有管线路由、测量原有路由、描出草图、做出简单的工程量统计。一般情况下，各运营商管线资源有电信资源（井盖上印有“电信”或符号）、移动资源（井盖上印有“移动”或符号）、联通资源（井盖上印有“联通”或符号）、网通资源（井盖上印有“网通”或反“电”符号）、铁通资源以及广电资源（广电）、合建资源（井盖上印有“合建”、ZBN\ZGX），各相应符号如图 2－3 所示。

图 2－3　各运营商标识

2.3.3　新建管线勘测

新建管线勘测主要是在清楚中继两端 A 和 B 的情况下，根据实际情况按照路由选择的原则合理选择路由，建立由 A→B 的管线路由中继段。现阶段需要做的主要工作有：描述环境、土质情况，施工难易程度，勘测路由，描出草图，做出简单工作量统计。

任务3　光缆线路工程勘察

3.1　管道光缆线路工程

3.1.1　路由选择

（1）管道光缆线路路由方案的选择，必须以工程设计任务书和光电缆通信网络的规划为依据。

（2）对线路路由应进行多方案比较，确保线路安全可靠、经济合理、便于维护和施工。

（3）应选择短捷的路由。

（4）通常情况下，干线路由不宜考虑本地网的加芯需求，不宜与本地网同缆敷设。

（5）综合考虑是否可以利用已有杆路、管道和墙壁资源。

（6）进城光缆宜采用管道方式敷设，利用原有管道路由选择应符合下列规定：利用原有管道敷设光缆，应选择路由短捷、管道质量良好、管孔容量有富余的管道；选择符合网络规划发展结构的路由。

3.1.2　现场勘察主要内容

（1）管道光缆记录时，主要绘制管道路由（记录管道所在街道名称），测量每空管道的段长并记录。每页勘察草图中都要有方向标。

（2）管道光缆记录应绘制管道的管孔资源断面图；共建管道内穿放管道光缆记录时应记录管孔归属情况。

（3）记录现有人（手）孔状态，是否有损坏、管孔堵塞等问题。

（4）详细记录光缆引上位置，并调研引上位置是否具备施工条件。

（5）详细记录光缆沿外墙敷设的路由走向，每段需要有单独敷设方式及段长记录。

（6）对于影响设计的管道设施，如井盖被封死、井盖被埋、井盖丢失、井盖破损、井盖标志等，勘察时需要按实际情况记录，并在图纸中标注出来（现场和运营商维护人员需确认管道情况，并将情况上报给组长。组长了解情况后，如果依然采取原来方案时，需要上报立项并把管道情况告知工程管理，方便工程管理提前和维护沟通，规避设计风险）。

（7）现场测距及绘图时，不考虑预留光缆事宜，井间距离应为相邻两个人（手）孔之间的实际测量长度。长度精确到米，全部数值向上取整。

（8）在管道光缆封皮扉页上绘制出整段光缆程式及芯数示意图（注明分歧点及新旧光缆的割接点，对于搬迁基站等需记录原有光缆芯数、对端名称）。

（9）在管道光缆勘察前需要确认核实路由管道情况（如管道是否畅通、是否具备穿放光缆条件、同期其他工程是否已占用本段管道等）。

（10）勘察草图中需要标注出管道光缆路由中新建管道所属工程（如单项工程名称、立项名称、管道勘察草图名称等）。

3.2　架空光缆线路工程

架空光缆的勘测

3.2.1　路由选择

（1）将光缆线路的安全性、稳定性、可靠性放在首位，尽量避开环境条件复杂与地质条件不稳定的地区。选择地质稳固、地势较为平坦的地带敷设光缆，尽量少穿越障碍和翻山越岭，避开塌陷地段。在平原地区敷设光缆，应避开湖泊、沼泽、排涝蓄洪地带，尽量少穿越池塘、沟渠，并应考虑农田水利和平整土地规划的影响。光缆线路通过山区时，其路由宜选择在地势变化小、土石方工程量较小的地区，避开陡崖、沟壑、滑坡、泥石流及洪水危害、水土流失严重的地方。光缆线路路由应短捷，不宜强求大直线。

（2）光缆线路应以交通线为依托，方便施工和维护，缩短障碍抢修历时。在符合大的路由走向的前提下，光缆线路宜沿靠公路、乡村大道或机耕路，但应顺路取直。避开路旁设施和计划拓宽、取直的地段。

（3）光缆线路的保护方式。应根据现场的客观条件，因地制宜，采取相应的保护措施，并需考虑经济合理性。

（4）应避开强电影响严重的变电站、易遭雷击和易受到机械损伤，有严重腐蚀的气体或排放污染液体的地段。

（5）不宜穿越大的工业基地和矿区，尽量少穿越村庄。

（6）应避开发电厂、变电站、大功率无线电发射台及飞机场边缘，以及开山炸石、爆破采矿等安全禁区。

（7）应避开地质松软、悬崖峭壁和易塌方的陡坡以及易遭洪水冲刷、坍塌的河岸边或沼泽地。

（8）避免在路面狭窄的道路中敷设光缆。

3.2.2　架空杆路及光缆的一般勘察要求

（1）杆路路由及其走向必须符合城市建设规划要求，顺应街道或道路形状自然取直。

（2）通信杆路与电力杆一般应分别设立在街道的两侧，避免彼此间的往返穿插，确保安全可靠，符合传输要求，便于施工及维护。

（3）通信杆路应与城市的其他设施及建筑物保持规定的隔距，如表3－1～表3－3所示。

表3－1　架空线路最低线条跨越其他建筑物的最小垂直距离

序号	其他建筑物名称	最小垂直距离/m	备注
1	距铁路铁轨	7.0	指非电气化铁路
2	公路、市区马路（行驶大型汽车）距路面	6.0	在公路转弯处应为倾斜的最高点
3	距一般道路路面	5.5	
4	距通航河流航帆顶点	1.0	在最高水位时
5	距不通航河流水面距离	2.0	在最高水位时
6	距房屋屋顶 从房边经过距屋边距离	2.0 2.0	跨越平顶房顶2.0 m，跨越屋脊0.6 m水平距离

续表

序号	其他建筑物名称	最小垂直距离/m	备注
7	与其他通信线交越时相互间的距离	0.6	
8	距树枝距离（郊外） 距树枝距离（市区）	2.0 1.25	交叉时 2.0 m
9	沿市区马路架设时距地面的距离 沿街坊小巷架设时距地面的距离	4.5 4.0	
10	高农作物的地段	3.5	最低缆线与农作物和农业机械的高点间的净距，不应小于 0.6 m
11	其他一般地形距地面的距离	3.0	个别特殊困难的山坡，允许不小于 2.5 m

表 3－2　架空线路与其他建筑物平行时的最小水平距离

序号	建筑物名称	说明	最小净距	备注
1	铁路	电杆杆位距铁路最近钢轨的水平距离	4/3 *H*	*H* 为电杆在地面上的杆高
2	公路	电杆杆位距公路情况可以增减	*H*	
3	人行道的边沿	电杆与人行道边石平行时的水平净距	0.5 m	或根据城建部门批准位置
4	通信线路	电杆与电杆间的距离	*H*	
5	地下水、煤气管	电杆与地下管线平行距离	1.0 m	
6	地下通信管线	电杆与通信管道或地下线路的平行距离	0.75 m	
7	房屋建筑	电杆与房屋建筑边缘的距离	2.0 m	或根据城建部门批准位置

表 3－3　架空线路与电力线交越、平行时的隔距要求

序号	电力线路电压	最小垂直净距/m		最小水平净距/m	说明
		电力线有防雷保护装置	电力线无防雷保护装置		
1	1 kV 以下	1.25	1.25	1.0	
2	1～10 kV	2.0	4.0	2.0	
3	35 kV	3.0	5.0	3.0	
4	60～110 kV	3.0	5.0	4.0	
5	220 kV	4.0	6.0	6.5	
6	低压电力用户线		0.6		
7	电力机车滑行线		—		不得跨越
8	与电力线交越，由交越点至最近一根电力杆的距离			尽量靠近但应不小于 7 m	交叉夹角不宜小于 30°

注：(1) 表内最小水平净距，指最大风偏时，电力线与光缆的隔距；如地形许可，宜不小于杆塔的地面高度。
(2) 过铁路、高速公路时尽量不要架空穿越，可以设计顶管方式通过。

（4）杆路应尽量减省跨越仓库、厂房、民房；不得在醒目的地方穿越广场、风影区及城市预留建筑的空地。

（5）杆路的任何部分不得妨碍必须显露的公用信号、标志以及公共建筑物的视线。

（6）杆路路由的选择应结合实际、因地制宜、节省材料、减少投资。

（7）电杆位置勘定的具体要求如下。

①电杆位置必须能保证线路安全通畅。

②电杆位置不应妨碍交通和行人安全。

③电杆位置不得影响主要建筑物的立面美观和市容。

④电杆位置不得过于靠近机关、工厂、消防单位和公共场所居民住宅的门口两侧；在房屋建筑边立杆不应靠近窗户，不影响各种宣传橱窗等设施。

⑤电杆的位置应便于光缆引上、引入用户，并便于施工与维护。

⑥角杆、终端杆以及分线杆等的位置，应考虑有无设立拉线或撑杆的地方。

⑦在街道路口或分线处，电杆的设置应考虑线路转弯、引接或分支等措施能否符合技术规范的要求；如不宜立杆时，可将前后杆距适当调整，或采取其他线路建筑方式。

⑧在道路、桥梁下坡拐弯处，常发生车祸的地方不应设立电杆。

（8）杆间距离。在郊区新设杆路时，杆距一般为 50 m，个别杆距允许加长，但不宜超过 55 m；进入市区、村镇，杆距一般为 40 ~ 45 m，根据情况，个别杆距也可适当缩小。

（9）电杆的加固措施。转角杆、终端杆及其他受力不平衡的电杆，一般采取拉线或撑杆等加固方法。为了抵消线路对电杆向下的压力或被倾倒的力矩，有时还在电杆埋深的杆根部分设置杆根横木或卡盘等。

①转角小于 60°时，转角拉线为 7/2. 6 镀锌钢绞线。

②转角不小于 60°时，应设置九字、顶头拉线，程式为 7/2. 6，且每条拉线各内移 60 cm ± 5 cm。

③郊外长距离直线段杆路，应设置风暴拉线。一般情况下，每 8 挡设一处双方拉线、每 16 挡设一处四方拉线。双方拉线在杆路两侧，并与杆路垂直，程式为 7/2. 2 镀锌钢绞线；四方拉线的侧面拉线与双方拉线相同，顺向拉线程式为 7/2. 2 镀锌钢绞线。

（10）郊外杆路和市区、村镇杆路一般选用 8 m 杆；跨越公路、河道两端的跨越杆，可选用 9 m 以上木电杆；长距离杆挡需安装辅助吊线时，两端应选用 10 m 以上木电杆（包括 H 杆），10 m 以上木电杆采用接杆时应采用品接杆。

（11）跨越河流、水塘、沟壑或其他障碍物时，杆距不小于 150 m 时应做辅助吊线，主吊线为 7/2. 2、辅助吊线为 7/3. 0。不足 150 m 但大于 65 m 的长杆挡，跨越杆应做 7/2. 6 三方拉线。超过 200 m 时，跨越杆应采用 H 杆，两条 7/2. 6 顶头拉线，两条 7/2. 6 侧面拉线。设置辅助吊线的跨越杆应选用 9 m 以上木电杆，并加装电杆卡盘、底盘。杆高需要大于 12 m 时，可用防腐木杆组装成品接杆（H 杆相同）。

（12）沿村镇街道设置杆路，由于空间较小，角杆无法安装拉线时，在转角不大于 5°的情况下可安装电杆卡盘（横木）。

（13）在无法安装拉线的地点也可考虑安装撑杆。

（14）利用现有杆路（不需新做吊线、拉线段）架空敷设的光缆，可利用杆路上的现有吊线吊挂光缆，与杆上的现有光缆同钩。

（15）现场对光缆拟经过的各大型的断沟、水线过河位置、飞线杆位等大障碍点进行拍照。

（16）现场对光缆拟定杆路路由与其他电信运营商杆路不能满足倒杆间距的地段进行拍照。

3.2.3 杆线勘测

1. 原有杆线勘测

利旧杆路的勘察

原有杆线的勘测主要是分清运营商所能利用的杆线资源由 A→B 点中继段的勘测，其主要工作有合理选择原有杆线路由、测量原有路由、描出草图、做出简单的工程量统计。原有杆路资源一般有电信、移动、联通、网通、铁通、电力等。

2. 新建杆线勘测

墙壁光缆的勘测

新建杆线勘测主要是在清楚中继两端 A 和 B 的情况下，根据实际情况按照路由选择的原则合理选择路由，建立由 A→B 的杆线路由中继段。现阶段需要做的主要工作有描述环境、勘测路由、描出草图、做出简单工作量统计。其中勘测新建杆线时要求杆距 50 m 为宜，可左右浮动 5 m。情况特殊如过铁路、国道、河流、工厂大门等可视情况而定，杆距过大时应有加固措施。

3. 墙壁光电缆勘测

墙壁光电缆就是架设光电缆以墙壁为依附及附属设备的光电缆敷设方式。根据依附墙壁方式不同可分为墙壁吊线式和墙壁钉固式。它与地下敷设相比，虽然较易受到外界影响，不够安全，也不美观，但架设方便、建设费用低，向用户延伸能力强，市话光电缆中存在多处墙壁光电缆敷设。各种墙壁光电缆如图 3-1～图 3-5 所示。

图 3-1 墙壁吊线式

图 3-2 墙壁钉固式

图 3-3 墙壁钉固式入户

图 3-4 墙壁吊线式入户

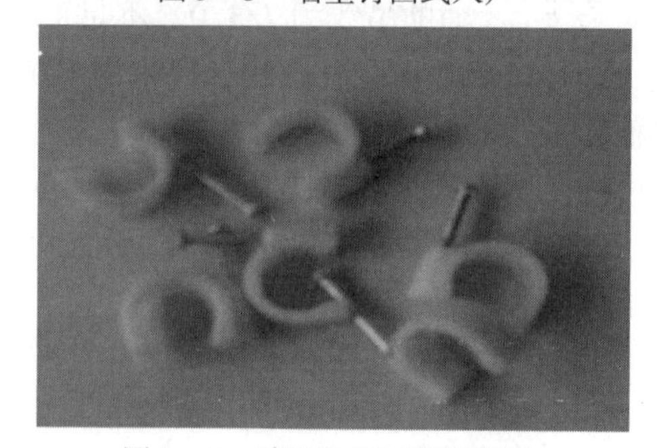

图 3-5 墙壁钉固式钢钉线卡

3.2.4 架空杆路及光缆的防护措施

架空光缆与电力输电线路交越或靠近变压器通过时，吊线需加 PVC 塑料管保护，长度为超出外端 2 m。

架空光缆与高压（10 kV 以上）电力线交越时，电力线两侧的杆应装设带放电间隙的地线。

市区、村镇沿街道建设杆路，在人行道上设置拉线时，应加装竹管。

3.2.5 勘察草图要求

（1）指北标志。

（2）新建杆用实心圆表示，现有杆用空心圆表示。

（3）新建杆路转角点必须有参照物距离定位，角杆、终端杆拉线必须画出，除 8 m 杆外的特殊电杆必须标注是几米的何种杆（单杆有 6 m、9 m、10 m，其余杆均为接杆），长杆挡必须绘出跨越的障碍、地形；利用现有杆时必须记录杆路名称、杆号、杆距、杆面等信息。

（4）记录杆路顺延公路及穿越的主要公路、河流等名称，画出途经明显建筑物、村屯、较大障碍物（水塘、取土坑）、与其他地上线路交越、杆路路由是林地还是农田等地形地貌信息。

（5）在扉页绘制光缆连接示意图，应含有光缆起止点名称、光缆型号芯数，如有分歧点需注明分歧点杆号及两侧光缆型号、芯数信息。

3.3 直埋光缆线路工程

直埋光缆勘测 1

直埋光缆勘测 2

3.3.1 勘察前的路由选择及方向选择

（1）指北针的使用。光缆路由起止点、道路及光缆拐点、村屯以及草图换页必须使用指北针测量北向，保证道路及光缆路由走向旋转方向、转角大小准确，如有不准确应及时调整。

（2）勘察前直埋光缆路由选择。首先确定光缆建设起止点、敷设所涉及的道路，然后带车看一下光缆路由情况，尽量选择便于施工维护的道路，在村屯较少、现有光缆较少的一侧敷设，在山区林地光缆路由尽量选择水土流失较少的一面（山坡上面）敷设，光缆路由选择尽量减少过道次数。

3.3.2 光缆路由的选择

（1）尽量避开国堤、大坝，寻找其他路由；光缆要提前绕开经济作物，如西瓜地、烤烟地、大棚等；光缆要绕开沟、坎等地方，绕不开的情况下选择架空敷设。

（2）路边的人工林（树木种植密集）一定要绕行，或者采用过路方式避开；如果人工林树木种植很稀疏，可直埋或者架空通过；林区内的人工林可以直埋或者架空通过。

（3）路由选择时要注意工程的施工季节，在 5 ~ 7 月份施工的工程，路由选择应尽量避开农田（尤其是水田）。

（4）光缆线路遇到村屯时要尽量绕行，如已有直埋光缆通过，要尽量避开该光缆路由，不与该光缆交越（特别是其他通信运营商的直埋光缆）。

（5）应尽量避开用铁丝网圈围的草场。

（6）距火车站3 km范围内为车站管辖区，光缆通过时尽量避开，光缆顶（拉）管过铁路时，顶（拉）管位置的铁路里程及铁路方向要标注清楚。

（7）不要从沼泽地里的接头下线，应另找接头或者直接接入最近基站。

（8）光缆距铁路的距离应不小于50 m，距高速公路的距离应不小于60 m，距国道、省道的距离应不小于30 m，距县级等级公路的边沟外沿应不小于15 m，距县以下等级公路的边沟外沿应不小于10 m。

（9）新建光缆与现有光缆的距离可分为以下两种情况。

①对属于同一运营商的光缆：长距离直埋敷设的，新建光缆与现有光缆的距离不小于2 m；近距离直埋敷设的，新建光缆与现有光缆的距离可以为1 m。

②对于分属于不同运营商的光缆，新建光缆与现有光缆的距离应不小于5 m，不允许同沟敷设，应尽量选择不同的路由敷设。

（10）当光缆接入基站位于山上时，应详细勘察光缆上山方案，若路由有断沟，需采用架空方式穿越断沟。

3.3.3 光缆埋深

光缆埋深要求如表3－4～表3－6所示。

表3－4 光缆埋深表（非冻土地区）

序号	光缆敷设地段	埋深/m
1	普通土、硬土	≥1.2
2	半石质（砂砾土、风化石）	≥1.0
3	全石质、流沙	≥0.8
4	市郊、村镇	≥1.2
5	市区人行道	≥1.0
6	穿越铁路（距路基面）、公路（距路面基地）	≥1.2
7	沟渠、水塘	≥1.2
8	河流	按水底光缆埋深
9	沼泽地	≥1.2
10	公路边沟：石质（坚石、软石） 其他土质	边沟设计深度以下0.4 边沟设计深度以下0.8

注：（1）边沟设计深度为公路或城建管理部门要求的深度。

（2）石质、半石质地段应在沟底和光缆上方各铺100 mm厚的细土或沙土。此时可将沟深视为光缆的埋深。

（3）表中不包括冻土地带的埋深要求。

表3－5 光缆埋深表（黑龙江等高寒地区）

序号	光缆敷设地段	埋深/m
1	普通土、硬土	≥1.5
2	半石质（砂砾土、风化石）	≥1.2

续表

序号	光缆敷设地段	埋深/m
3	全石质、流沙	≥0.8
4	市郊、村镇	≥1.5
5	市区人行道	≥1.2
6	穿越铁路、公路	≥1.5
7	渠、水塘	≥1.5
8	河流	按水底光缆埋深
9	沼泽地	≥1.5

表 3-6　直埋光（电）缆与其他建筑设施间的最小净距

序号	名称	平行时/m	交越时/m
1	通信管道边线（不包括人（手）孔）	0.75	0.25
2	非同沟通信光（电）缆	0.5	0.25
3	埋式电力电缆（35 kV 以下）	0.5	0.5
4	埋式电力电缆（35 kV 及以上）	2	0.5
5	给水管（管径小于 30 cm）	0.5	0.5
6	给水管（管径为 30～50 cm）	1	0.5
7	给水管（管径大于 50 cm）	1.5	0.5
8	高压油管、天然气管	10	0.5
9	热力、排水管	1	0.5
10	燃气管（压力小于 300 kPa）	1	0.5
11	燃气管（压力为 300～800 kPa）	2	0.5
12	排水沟	0.8	0.5
13	房屋建筑红线或基础	1	
14	树木（市内、村镇大树、果树、行道树）	0.75	
15	树木（市外大树）	2	
16	水井、坟墓	3	
17	粪坑、积肥池、沼气池、氨水池	3	
18	架空杆路及拉线	1.5	

3.3.4　光缆过河方式

（1）采用架空的方式通过，光缆距离河面的最小距离应不低于 4.5 m。

（2）大河流要采用架空或者桥上吊挂方式通过。

（3）拉管穿过河流时，拉管距河床应在 3.5 m 以下，同时要现场判断河流河床底土质情况。若为石质、沙质，则不能采用拉管方式。

3.3.5 光缆过道方式

（1）光缆穿越硬质路面（柏油、水泥）、县级以上公路、农场公路、大的加油站、公路路基较高的路面时，均采用顶钢管（ϕ80 mm）、拉管（两孔硅管 ϕ33/40 mm）的方式通过。

（2）光缆穿越山区公路时，由于山区土质为石质，不可采用顶管方式，应尽量采用架空或开挖路面的方式通过。

（3）光缆穿越铁路及公路时，不宜利用现有铁（公）路路涵的方式敷设，但可采用在涵洞附近架空或拉管的方式穿越（应选择在涵洞流水的上方通过）。

3.3.6 光缆过沼泽地方式

光缆穿越大于 50 m 的沼泽地时采用硅管（ϕ33/40 mm）保护，并在有水面的沼泽部分加混凝土袋保护，在沼泽地中有河流时可采用冲槽方式通过。

3.3.7 长途硅管管道敷设方式

（1）直埋硅芯管管道的人（手）孔和接头点位置，要避免落在以下地点：水塘、河滩中、堤坝上，铁路、公路路基下。尽量选择地势较高，不易积水的地方。

（2）在一般地区敷设硅芯管，如遇容易被挖掘的段落，施工时应在硅芯管上方 10 cm 处铺设红砖。

（3）在石方地带硅芯管的上、下方各铺设 10 cm 厚细沙。

（4）高速公路上的硅芯管在过桥时，如架挂在桥梁上，宜采用钢管保护，其钢管两端应伸出桥梁搭板到路基上，长度 1 ~ 2 m，以防搭板与路面衔接处一侧下沉造成剪切，直接作用在硅芯管上。

3.3.8 光缆在斜坡地段的敷设

光缆敷设在坡度大于 20°、坡长大于 30 m 的斜坡地段时，宜采用 S 形敷设。若坡面上的光缆沟有受到水流冲刷的可能，则应采用堵塞加固或分流等措施。

在采用 S 形敷设光缆时，勘察时应在图纸上表现出来。

3.3.9 光缆在穿越村屯时的保护

光缆在穿越村屯或乡镇时，应加铺砖或水泥盖板保护。

3.3.10 光缆标石敷设地点及要求

（1）在光缆接头点、拐弯点敷设标石。

（2）与其他缆线交越点、穿越障碍物地点敷设标石。

（3）普通标石设在光缆正上方，接头处的标石埋设在光缆线路的路由上，标石有字的一面面向光缆接头，转弯处标石埋设在光缆线路转弯的交叉点上，标石朝向光缆弯角较小的一面。

（4）在穿越障碍物或直线段落较长，利用前后两个标石或其他参照物寻找光缆有困难的地方要敷设标石。

（5）在装有监测装置的地点及敷设防雷线、同沟敷设光（电）缆的起止地点要敷设标石。直埋光缆的接头处应设置监测标石，此时可不设置普通标石。

3.3.11　直埋光缆宣传牌放置的地点

（1）光缆线路经过小的村屯时设置一个光缆宣传牌，经过大的村屯时两端各设置一个光缆宣传牌；光缆线路经过钢管和顶管保护的公路时设置一个光缆宣传牌；光缆线路在取土坑附近通过时设置一个光缆宣传牌；一般对于整段光缆线路来说，平均 2 ~ 3 km 设置一个光缆宣传牌。

（2）光缆穿越较大沟渠、河流时，两端各设 1 个光缆宣传牌；较小沟渠，放置 1 个光缆宣传牌。

（3）光缆穿越较大乡镇、村屯时，两端各设 1 个光缆宣传牌，中间设 1 个光缆宣传牌；穿越较小村屯时，中间设 1 个光缆宣传牌。

（4）光缆穿越铁路、高速公路、主要公路时，两端各设 1 个光缆宣传牌。

（5）光缆穿越较长易动土地段时，取土坑附近放置 1 个光缆宣传牌。

3.3.12　其他要求

（1）光缆线路与孤立大树、电杆、拉线等高耸建筑物的防雷隔距，详见表 3 – 7。

表 3 – 7　防雷隔距表

序号	土壤电阻率/（Ω · m）	电杆、高耸建筑物净距/m	孤立大树净距/m
1	≤100	10	15
2	101 ~ 500	15	20
3	>500	20	25

当隔距不足时，可采用 ϕ50/40 mm 硅芯管保护，硅芯管不可纵剖，两端用油麻沥青封堵。

（2）光缆线路所涉及的现有机房的进线位置要勘察。

（3）机房处引上钢管要注意其直径，如无法穿放光缆时需在勘察草图上标明。

3.4　墙壁光缆线路工程

墙壁光缆的勘测

3.4.1　路由选择

（1）墙壁光缆沿建筑物敷设时应横平竖直、不影响房屋建筑美观。路由安装不应妨碍建筑物的门窗启闭，光缆接头的位置不应选在门窗部位。

（2）安装光缆位置的高度应尽量一致，住宅楼与办公楼以 2.5 ~ 3.5 m 为宜，厂房、车间外墙以 3.5 ~ 5.5 m 为宜。

（3）应避开高压、高温、潮湿、易腐蚀和有强烈震动的地区。如无法避免，应采取保护措施。

（4）应避免选择在影响住户日常生活或生产使用的地方。

（5）应避免选择在陈旧的、非永久性的、经常需修理的墙壁。

（6）墙壁光缆应尽量避免与电力线、避雷线、暖气管、锅炉及油机的排气管等容易使光缆受损害的管线设备交叉与接近。墙壁光缆安装如图 3 – 6 所示。

图 3－6　墙壁光缆安装

（7）墙壁光缆与其他管线的最小净距应符合表 3－8 的要求。

表 3－8　墙壁光缆与其他管线的最小净距表

管线种类	平行净距/m	垂直交叉净距/m
电力线	0. 2	0. 1
避雷引下线	1	0. 3
保护地线	0. 2	0. 1
热力管（不包封）	0. 5	0. 5
热力管（包封）	0. 3	0. 3
给水管	0. 15	0. 1
煤气管	0. 3	0. 1
电缆线路	0. 15	0. 1

3. 4. 2　现场勘察主要内容

（1）应记录小区名称、楼房名称、楼号、街道名称等信息。

（2）记录光缆型号、各段长度、固定方式等信息。

（3）记录光缆起止点信息。

（4）记录光缆保护方式。

（5）绘制光缆连接图。

3. 5　光缆交接箱相关要求

光缆交接箱就是光节点，本身是个无源设备，不提供业务。光缆交接箱分为落地式光缆交接箱和壁挂式光缆交接箱。

壁挂式光缆交接箱一般适用于无法设置落地式光缆交接箱的小区、商服楼、学校等处。

落地式光缆交接箱主要设置在路边、交叉路口、不影响美观的楼体侧面以及路旁绿化带等相对安全的位置。

光缆交接箱设置应考虑未来光缆接入的需求及光缆接入是否方便等因素。光缆交接箱的设置受地理环境、城市建设、市容市貌等因素影响。在设置光缆交接箱时应考虑以上因素对它的影响，确保设置位置具有较高的稳定性和安全性。

任务4　无线工程勘察

4.1　无线工程勘察概述

无线工程查勘主要指基站的查勘工作，分新建站查勘、扩容站查勘、宏站查勘、室分站查勘等。勘察的内容主要包括设备摆放位置、线缆走线路由、新增板位、新增端子连接情况等。勘察得细致与否、信息的记录完整情况，将直接关系到设计方案是否能够正确指导施工、是否能够准确反映工程投资。

基站勘察是网络建设中的一个重要环节，承接网络规划，衔接网络优化，对网络质量和性能的好坏有着举足轻重的影响，TD－LTE网络作为同频组网系统，基站的站址选择及相关参数的设置直接影响着整个网络的性能指标。本任务从基站勘察要求等多方面进行了介绍，为相关设计人员提供一定的指导和帮助。

4.2　无线工程勘察要求

为了使勘测更加精确，技术人员必须本着认真负责的态度，对工程现场自然状况深入了解，详细测试现场的电磁环境，同时勘测前要做好充分的准备工作。

（1）勘测人员在接到勘测任务后要了解站点的地理位置、站点类型、站点规模等。

（2）了解覆盖的目的，如电平覆盖、质量覆盖、话量覆盖。

（3）掌握运营商或物业联系人电话，勘测前做好沟通，确定是否按照预定时间勘测。

（4）了解勘测性质。站点重要程度，是否着急，是客户方案还是上报方案。

（5）勘测工具准备。包括测试手机、GPS、数码相机、站点图纸、草纸、铅笔、橡皮，根据站点的特殊情况及要求，可准备手电筒、U盘、望远镜、指北针、路测软件、车载逆变器等。

4.2.1　室内勘测要求

（1）站点所在的周围环境是否有建筑物的阻挡，了解周围的电磁环境情况。

（2）站点的整体结构，包括楼层数、电梯楼、每层房间数、电井位置、墙体及天棚结构情况。

（3）室内电磁环境要详细测试，尤其对存在的干扰区域、频繁重选及切换区域、乒乓效应区域、孤岛效应区域等要进行详细的测试和了解。

（4）选好主机及天线的安装环境，确定馈线的分布路由。

（5）了解整体室内各区域的使用情况。

（6）了解楼内的人数，包括固定人数和流动人数，初步预测话务情况。

4.2.2　室外勘测要求

1. 信源选择

（1）信源的主导信号纯净，只有一个主导信号（适合宽带直放站，3个以内时，采用载波直放站），且通话质量好。

（2）信源的主导信号稳定，电平的波动范围最好在6 dB以内。

（3）信源的接收强度适中，在 -45 ~ -60 dBm，一般情况也应大于 -60 dBm（用手机测量时要大于 -75 dBm）。

（4）信源选择要注意地区间漫游问题及地区内不同区域的话务归属问题。

（5）信源选择时要确定所选站址与施主基站的距离和方位。

2. 站址选择

了解施主基站与直放站的地理位置，确保主导信号覆盖方向就是直放站接收方向。基站的覆盖方向与直放站的覆盖方向要大于90°，尽量不要重叠覆盖。站址最好选择在能够俯视覆盖区域的位置，站址与覆盖区域之间要有一定高度。

3. 隔离度

（1）保证收发天线之间的基础距离及高度。

（2）尽量保证收发天线的主瓣方向在一条直线上，充分利用天线自身的前后比进行隔离。考虑能利用一些物体（如树木、庄稼、山体等）获得隔离度。

4. 覆盖区情况

（1）了解覆盖区的地形、地貌、用户数量及分布情况。

（2）覆盖区的网络是否为盲区，是否存在信号弱区。

（3）如果存在信号弱区，要了解网络情况，考虑信源的引入是否适合此区的网络关系（如没有邻频关系、产生同邻频、强弱信号之间是否产生频繁的重选或切换）。

（4）覆盖范围要根据实际测试情况确定，并达到运营商的要求。

5. 设备选择

（1）信源设备要结合覆盖区电磁及自然状况确定，是选择无线直放站（宽带还是选频）、移频直放站还是光纤直放站以及大功率情况。

（2）根据站址和隔离度的情况及覆盖区大小选择覆盖天线的数量。

（3）根据信源选择合适的接收天线，根据覆盖区的形状、大小选择合适的覆盖天线（如波瓣宽度、增益）。

6. 站址基础建设

（1）站址的基础建设所处方位一定要准确。

（2）确定基础建筑材料、建筑物的高度、建筑物的间距。

4.2.3 小区勘测要求

1. 了解小区现场情况

（1）小区详细的地理位置，周围建筑环境，小区附近是否有基站及低层网。

（2）小区规模状况。小区建筑级别（老式居民区、普通小区、高档小区、别墅区）、小区规模（楼栋数、楼层数、楼间距以及涉及的门市、电梯、地下停车场）。

（3）详细测量小区所属范围的覆盖情况，对每栋楼的单元数及楼层数抽测数不少于50%，对30栋楼以上的小区，也可以进行抽样测试，但不能少于总数的80%。

（4）了解小区的入住情况。

2. 主机位置选择

（1）信源设备包括宏蜂窝、微蜂窝、光纤站、移频站，设计位置时应考虑传输、引电、接地、不影响小区景观等，对传输方式采用微波或移频时，要勘测接收天线的安装位置，最终主机位置一定要与设计院及物业部门共同确定。

（2）功率直放机的位置选择，要保证有足够的输入能量，考虑供电情况、不影响小区景观等问题。

3. 天线位置确定

（1）覆盖天线的确定。应结合物业的要求，天线位置的确定应避免周围物体的阻挡，同时要有较好的覆盖角度。

（2）美化外罩的选择。要满足天线的安装环境，适应小区的美观要求，不易遭到破坏，并且要与小区物业进行协商。

4. 小区分布系统路由的确定

采用直埋方式要尽量减少对小区草坪的破坏，尽量减少通过小区道路的路由。对于需要过路的路由要与小区物业确定做减速带还是地下顶管。

采用走管道井方式时要有详细的图纸或物业的指导，必须确定所有分布路由相通，注意所走管道的内径、是否已有馈线，考虑从井道到天线的出线方式。

4.3 基站的勘察

移动基站
室外设备勘察

基站勘察即在规划的基础上明确最终站址、配置、天线等参数，勘察设计的结果需要反馈到规划中进行确认并验证。

4.3.1 基站选址

基站选址隶属无线网络设计范畴，其结果直接影响到网络性能的好坏。选址是否合理，对通信工程项目建设的经济性和建成后的生产效益都起着举足轻重的作用，也直接反映了设计质量的好坏和水平的高低，是立足通信设计市场的重要因素。选址的主要步骤如下。

（1）前期需针对开展 TD－LTE 网络建设的地区进行必要的传播模型校正，选择适当的传播模型。利用仿真软件 ANPOP 根据网络建设目标进行规划仿真工作，根据规划仿真结果得到基站目标站址。

（2）结合当地经济、人口情况、仿真参数和周围基站分布情况，判断仿真中使用的基站站址是否具备建站条件，若不具备，确定是否需要新增基站，并根据勘察情况结合网络覆盖现状，分析是否可以通过网络优化方式解决问题，可以则取消建站计划。

（3）对于拟新建站，结合现场地形地物分布，应初步判断拟新建站是否能够满足仿真参数要求，能否达到覆盖效果。

（4）确定站址后，根据现场判断该站址是否满足工程安装施工条件，包括市电引入条件、传输引入条件、施工条件、后期维护条件等。

4.3.2 基站的地理环境勘测

基站的地理环境大体如图 4－1 所示。

市区　　丘陵

道路　　山区

图 4-1　基站的地理环境

拍摄基站环境能为日后选址规划、工程设计提供有效依据。为了帮助回忆现场环境，现场时需要拍摄照片记录现场环境，拍摄时一般要掌握以下原则。

（1）照片原则上从正北开始，顺时针每隔45°拍一张，合计8张。

（2）照片编号建议为"××××××基站××°"，其中"××°"表示与正北顺时针方向的夹角。

（3）现场覆盖热点分布按照上述原则拍摄无法说明问题时，可以根据实际需要覆盖的方向拍摄相应照片，并注明夹角（与正北方向）。

（4）对于租赁或购置机房需要拍摄屋顶照片，照片数量应保证足以清晰地显示所有收发天线的安装位置。

（5）需要拍摄租赁或购置机房所在建筑物的外形照片。

4.3.3　基站建设条件

基站的建设条件如图4-2所示，有自建机房、活动板房、市区楼房、室外站等，勘察时要对基站建设条件进行调查并记录。

4.3.4　机房的勘测

实际机房勘测

1. 机房的勘测

（1）确定所选站址建筑物的地址信息；对于拉远基站，需记录机房的经纬度信息。

（2）记录建筑物的总层数、机房所在楼层（机房相对整体建筑的位置），并结合室外天面草图画出建筑内机房所在的相对位置图。

（3）机房的物理尺寸包括：机房长、宽、高（梁下净高），门、窗、立柱和主梁等的位置、尺寸及机房内有关障碍物的位置、尺寸；并利用指北针记录机房的指北方向。

自建机房　　　　活动板房

市区楼房　　　　室外站

图 4－2　基站的建设条件

（4）判断机房建筑结构、主梁位置、承重情况（结合设计规范要求及基站设备机柜承重要求确定机房承重是否满足要求；如不满足，是否可以通过改造加固使其具备使用条件）。

（5）确定机房内设备区的情况，确定设备摆放位置。若是共址机房，则需记录机房内已有设备的位置、尺寸、生产厂家、型号、配置、现网运行状况等信息。

（6）确定机房内走线架、馈线窗的位置和高度，若是共址机房，则需记录馈线窗中馈线孔剩余孔数，机房内已有走线架位置、走线架尺寸等信息。

（7）确定机房市电引入容量、接地情况等，若是共址机房，则需记录机房内市电引入容量、接地情况、交流空开使用情况，以及开关电源整流模块、空开、熔丝、直流负荷等使用情况，空调情况、机房用电等电源信息，并判断是否需要市电扩容。

（8）确定光缆引入芯数、传输接地等情况，若是共址机房，则需记录机房内传输方式、容量、路由和板卡使用情况等信息。

（9）在机房时应从不同角度拍摄机房照片，必要时对局部特别情况（馈线窗、封洞板、室内接地铜排、走线架、馈线路由、原有设备、材料和预安装设备位置等）通过拍摄照片进行记录。

（10）要对机房的性质（自建、租用、购置、塔下房、塔侧房）、机房位置（楼房：所在楼层、房间位置；平房）、机房承重（要根据现场情况判断机房承重的能力）、机房结构（机房的长、宽、高，墙厚，门、窗、梁的尺寸及位置）、机房方向（机房门的朝向以及与正北的角度）、机房相邻情况（机房外走廊、房间、楼梯等情况）进行勘测。机房查勘记录包括站名、站址、站号、类型、结构、与铁塔的相对位置、长宽尺寸和面积、是否需要加固等。

2. 机房内主设备及配套设备

机房设备认知

主设备有：BTS主设备（GSM900主设备、DCS1800主设备、TD主设备）；SDH主设备（微波传输主设备、SDH主设备、ODF架、DDF架）；电源及配套（交流配电箱、组合开关电源、蓄电池（BATT）、空调）；其他配套（走线架、室内地线排、室外地线排、馈线窗）。如图4－3所示为机房设备分布情况。

图4－3　机房设备分布

3. 查勘记录信息

（1）主设备厂家、型号，主设备机柜数量及摆放位置，载频配置。

（2）电箱厂家、型号、尺寸、安装方式及位置、输出端子容量及占用情况。

（3）电源厂家、型号、尺寸、安装方式及位置、容量、整流模块型号和容量及占用情况、一次/二次下电熔丝/空开占用情况。

（4）蓄电池组厂家、型号、尺寸、安装方式及位置、容量。

（5）空调厂家、规格、尺寸及安装方式。

4.3.5　天面塔桅的勘察

1. 天面塔桅勘察的主要内容

（1）确定塔桅所在建筑物的地址信息。特别是不同物理点的拉远基站，机房和塔桅地址信息是两个不同的地址信息；确认基站的经纬度信息。

（2）记录塔桅所在建筑物的总层数、建筑物高度、塔桅与机房的相对位置等信息。记录塔桅所在建筑物的物理尺寸，包括建筑物长、宽、高等信息及其他障碍物位置、尺寸；并利用指北针记录建筑物的指北方向；若是共址站，需记录原有塔桅和天馈信息；了解大楼接地情况。

（3）根据站点覆盖目标区域情况、建筑物情况、周围环境情况和业主反馈情况确定楼顶塔桅建设类型（桅杆、增高架、楼顶塔、伪装体等），了解天面结构，确定本期天馈（包括GPS）的安装位置、高度、方位角、下倾角等；确定室外走线架路由；确定室外防雷接地情况；确定RRU、配套小电源、光缆终端盒等设备的安装位置。

（4）对于落地塔（包括四角钢塔、三管塔、单管塔等），确定落地塔的位置；本期天馈的安装位置、高度、方位角、下倾角；室外走线架路由等信息；室外防雷接地信息。

（5）对于共址站（2G/3G 共址、其他运营商共址），需注意本期新增天线与现有天线的隔离度要求，记录天面已用和可用情况；对于共 2G/3G 基站，天面无法改造的，判断原有塔桅能否满足多频天线的安装要求，是否具备新增 RRU 的安装条件。

（6）从不同角度拍摄天面照片，必要时对局部特别情况（新增/改造塔桅情况，室外防雷接地情况，室外走线架及馈线路由情况，原有设备、材料和预安装设备位置）通过拍摄照片进行记录。并拍摄反映基站周围 360°环境和基站全貌的照片；从勘察内容来看，天面、塔桅勘察中比较复杂的是楼顶塔桅，需要综合考虑天面大小、结构、承重，包括天面上已有的塔桅现状，以确保足够的间隔。

2. 铁塔和桅杆

室外塔桅包括铁塔和桅杆。铁塔类型主要有四角铁塔、三管塔、单管塔、桅杆塔、拉线塔等，如图 4－4 所示。

拉线塔　　景观塔

图 4－4　铁塔

桅杆的类型有立杆（带角钢底座）、附墙通信杆、围拢，如图 4－5（a）、(b）所示。

查勘记录：铁塔位置、高度；铁塔平台数量、形状、高度；平台上抱杆数量，天线占用抱杆情况；桅杆规格、数量；安装方式及支撑情况；天线安装位置及数量；天线覆盖区域是否有障碍；新增桅杆相对位置及支撑位置。

3. 天馈系统

1）天线

天线及天线方位角测量

按照覆盖范围分为全向天线和定向天线。全向天线：信号在水平方向 360°均匀辐射，适用于乡村、偏远山区等话务量较少的区域。定向天线：信号在一定的角度范围内辐射，适用于距离远、覆盖范围小、用户密度大、频率利用高的环境。

现阶段移动通信多采用电调天线及双频双极化天线。天线调节支架用于调整天线的俯仰角度，范围为 0°～15 °。天线类型如图 4－6 所示。

查勘记录：天线的数量、挂高、类型、各小区覆盖范围、下倾角度、是否需要更换、新增天线安装位置、是否需要调整桅杆及角度、是否需要做隐蔽处理等。

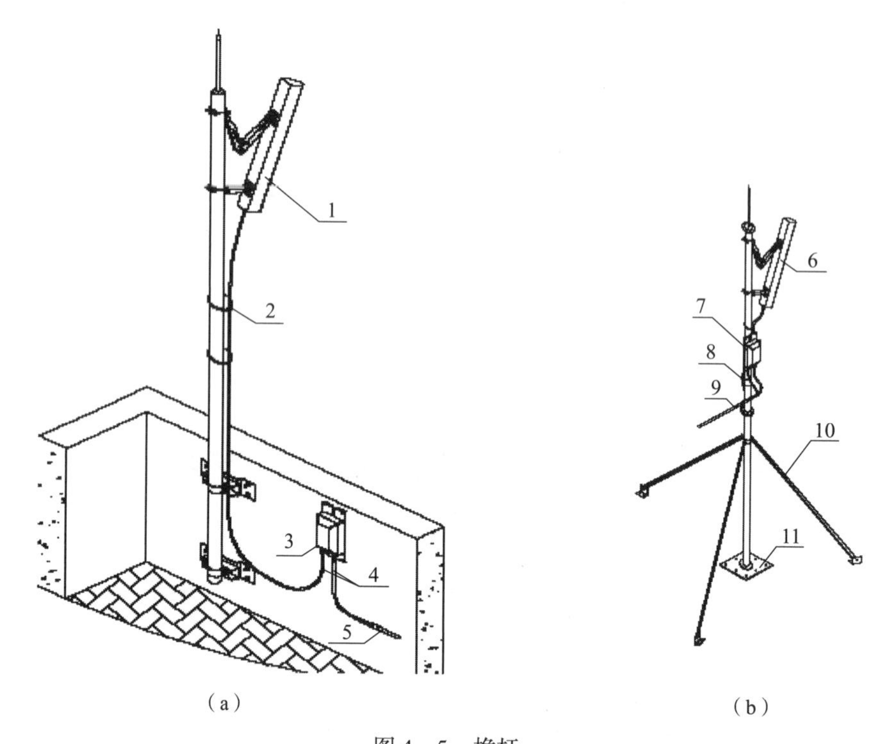

（a）　　（b）

图4－5　桅杆

（a）附墙通信杆；（b）支撑式桅杆（立杆）

1，6—天线；2，8—线扣；3，7—塔放；4—跳线；5，9—馈线；10—加强杆；11—支撑杆脚垫

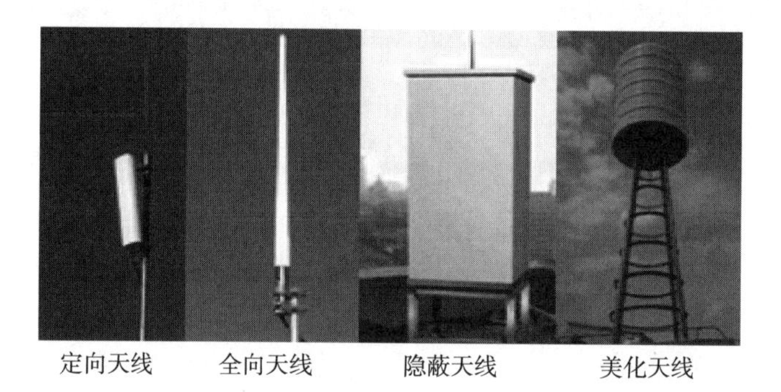

定向天线　全向天线　隐蔽天线　美化天线

图4－6　天线类型

2）馈线

馈线常用的类型有7/8馈线和1/2馈线。

查勘记录：测量各小区馈线长度、室外走线架长度；需新增室外走线架或PVC套管长度、室外地排端子占用情况等。

馈线的布线方式有走线架、角管、PVC管，如图4－7所示。

(a)

(b)

(c)

图 4-7　馈线的布线方式

(a) 走线架；(b) 角管；(c) PVC 管

4. 室内走线架

室内走线架的认知及安装实例

走线架的作用：走线架可以敷设机房内各种电缆，走线架上的强弱电应分开。勘察时，注意走线架固定的位置是否合理，走线架的高度是否满足通信设备的要求。

查勘记录：走线架的宽度、位置、高度；工程新增走线架的位置和长度；走线架平面布置草图。

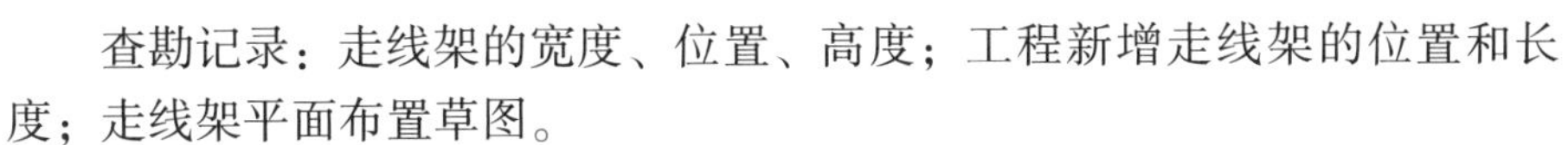

室内走线架如图 4-8 所示。

4.4　专业责任及分工

基站勘察涉及无线与传输、电源、土建等专业。各专业间的分工如下。

1. 无线专业与传输专业的分工

以 ODF 接线端为界，传输专业负责 ODF 的安装并将传输侧光缆送至 ODF，无线专业负责跳接线的布放；BBU 设备和 PTN 设备的时间同步接口通过 1PPS + TOD 带外方式连接，安装布放由无线专业负责。

图4－8　室内走线架

2. 无线专业与土建专业的分工

无线专业负责提供无线设备对机房、天面、塔桅等的工艺要求或参数要求，室内外走线架、馈线洞、馈线窗安装设计；空调、消防、监控由无线专业负责；土建专业负责基站机房承重鉴定及承重改造设计、屋面塔架（含屋面桅杆）利旧及新建设计、新建基站自建站房设计及租赁站机房装修设计、地面塔及基础设计。如需天线美化，则要根据各地具体建设分工要求可由厂家或土建专业负责。

3. 电源专业的分工

电源专业负责基站内交流配电箱及以下的站内通信电源的安装设计，并在高频开关组合电源根据通信专业（无线专业、传输专业）提供的用电负荷和供电回路要求预留直流供电分路。电源专业负责基站室内地线排及以下站内地线系统的安装设计，并在基站室内地线排预留通信设备的接地端子。

电源专业负责高频开关组合电源至 BBU、RRU 室内防雷配电设备的路由图的规划设计。

电源专业负责基站室内地线系统的安装设计，并在室内地线排上为室外地网引入预留接线端子；土建专业负责基站建筑和天馈支撑结构的防雷接地设计。电源专业负责在交流配电箱内预留空调、照明所需交流用电分路。

4.5　基站勘察结果

勘察完成之后，需要对是否满足建设条件进行判断，如无线专业、电源专业、土建专业等。任何一个专业不满足建设条件，都需要针对存在的问题提供改造、扩容方案。当相应的改造方案受条件限制无法实施时，则需重新规划选择站址。

勘察设计完成之后，需要有详细信息的输出，输出信息包括两类：一类是勘察信息；另一类是设计图纸。

勘察信息一般记录在专用、规范的表格中，表格基本上涵盖了基站勘察时需记录的全部信息。由于省市公司工程的要求不同，项目组可根据工程情况进行调整和简化。另外，勘察完成后的信息输出表格也需要在勘察前加以统一规范并报相关领导及部门批准。

勘察信息表可分为三类，包括新址新建基站、共址 D 频段基站、共址 F 频段基站。各省市项目组应根据各地实际情况，以及建设单位要求，制定符合各自项目组需求的勘察信息表格。

（1）新址新建基站勘察表格。主要用于新建基站的勘察，包括自建、新建、租用机房，在这些机房内无任何基站设备。

（2）共址新建基站勘察表格。主要用于原有基站的勘察，包括对原有基站扩容、增加基站机柜、改动天馈、新上另一套通信系统设备等。

设计图纸输出在满足通信规范的基础上，同样会根据省市工程要求的不同做出调整，一般单站需要绘制四类图纸，包括机房设备平面图、机房走线架图、室内走线路由图、天馈安装及走线路由图。

4.6　勘察总结和注意事项

1. 勘察总结

勘察机房内现有设备平面布置；各主 BTS 设备的 CDU 和载频配置情况及相对位置；各配套设备的型号、尺寸、容量和相对位置；开关电源直流输出的占用情况，整流模块的配置情况和电流显示情况；BTS DF 的位置；地线排的占用情况；室内大小馈线接头位置；走线架的安放；馈线窗的位置；线缆布放大致路由和确定新增设备的摆放位置。

草图描述要清晰、全面，然后用照相机拍摄室内全景和主设备 BTS 内部结构、开关电源输出内部结构及地线排情况等。

2. 勘察注意事项

设备的正常运行关系到整个通信网络的安全，为了避免不必要的人为因素导致网络瘫痪的可能，在基站勘察过程中要时刻提醒自己：到站查勘过程中各种设备板件、缆线和开关按钮绝对不能乱动！

任务 5　草图信息及勘察资料信息填写

5.1　草图信息

5.1.1　通信管道工程草图信息

工程名称：××移动××通信管道工程（填写省公司立项名称）

勘察地区：××地区

段落：××基站—××基站

段长：×× km

管道程式：×孔简易（包封）

管材型号：×××××××

页数：共×页

勘察人：×××
联系电话：×××××××××××
勘察时间：××××年××月××日
绘图人签字：×××
绘图人电话：×××××××××××
接收草图时间：××××年××月××日

5.1.2 通信光缆线路草图信息

工程名称：××移动××光缆接入工程（填写省公司立项名称）
勘察地区：××地区
段落：××基站—××基站（根据各省情况可以省略）
段长：×× km
光缆程式：GYTA－24B1（根据各省采购材料进行填写）
页数：共×页
勘察人：×××
联系电话：×××××××××××
勘察时间：××××年××月××日
绘图人签字：×××
绘图人电话：×××××××××××
接收草图时间：××××年××月××日

5.1.3 通信无线宏站工程草图信息

工程名称：××移动××光缆接入工程（填写省公司立项名称）
勘察地区：××地区
段落：××基站—××基站（根据各省情况可以省略）
段长：×× km
天线挂高：×× m
页数：共×页
勘察人：×××
联系电话：×××××××××××
勘察时间：××××年××月××日
绘图人签字：×××
绘图人电话：×××××××××××
接收草图时间：××××年××月××日

5.2 通信工程草图图纸和通信工程勘察报告

通信工程草图图纸如图5－1～图5－4所示。
（1）小区光缆线路工程草图如图5－1所示。

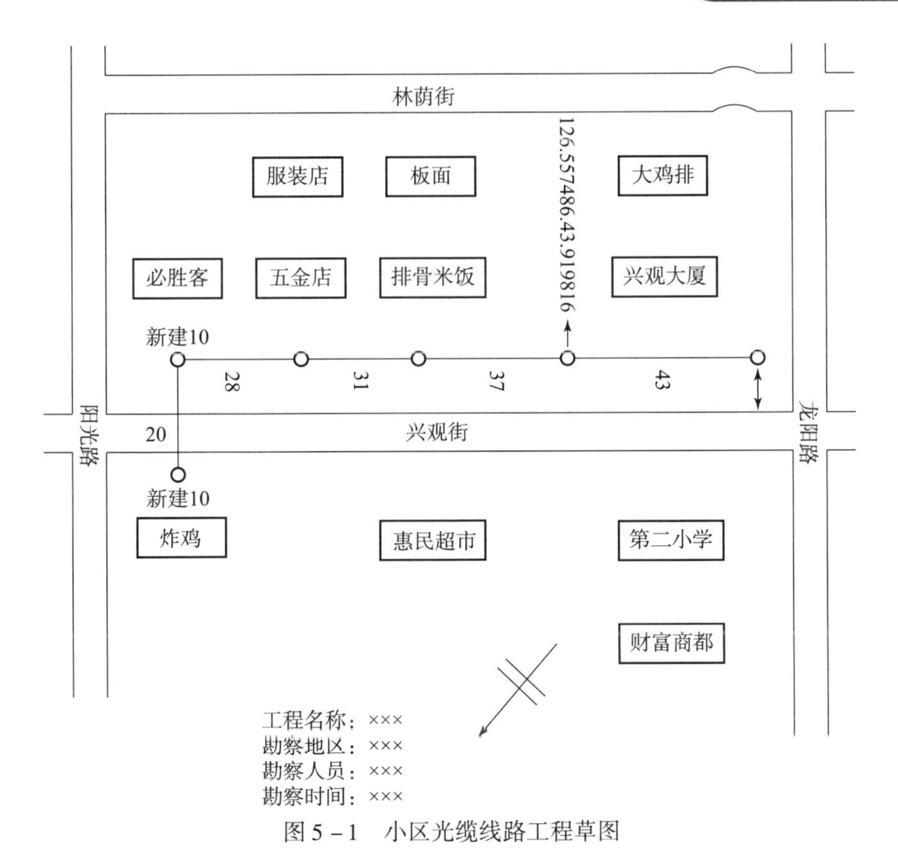

图 5－1　小区光缆线路工程草图

(2) 管道光缆线路工程草图如图 5－2 所示。

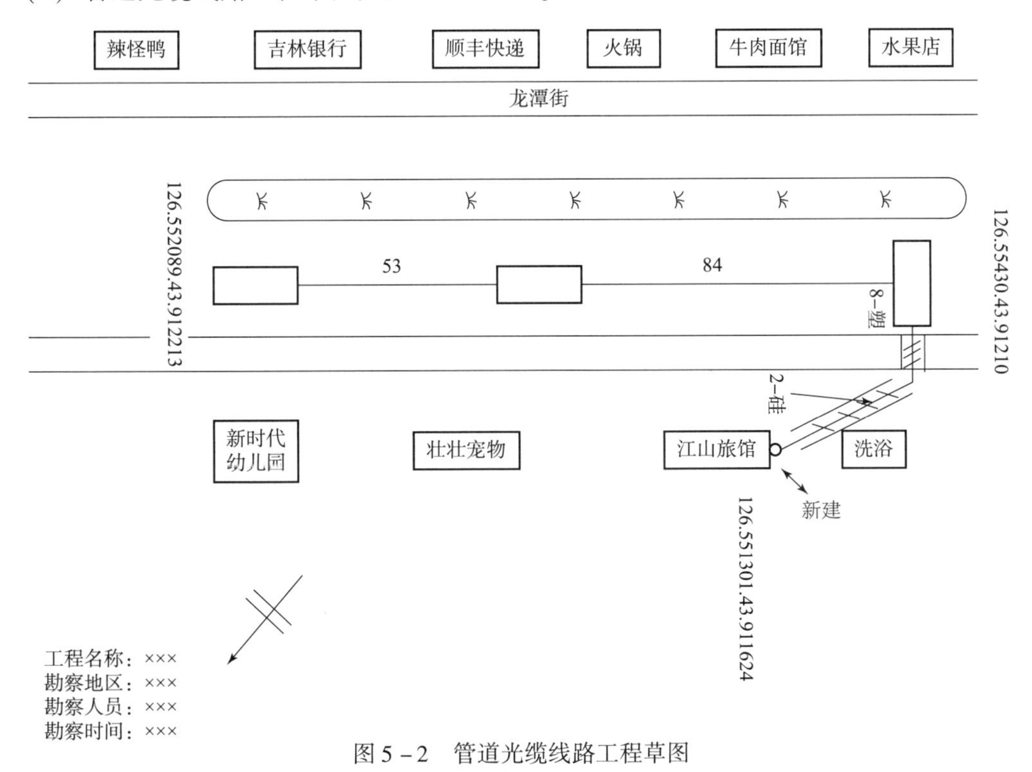

图 5－2　管道光缆线路工程草图

（3）无线宏站室外柜草图如图 5－3 所示。

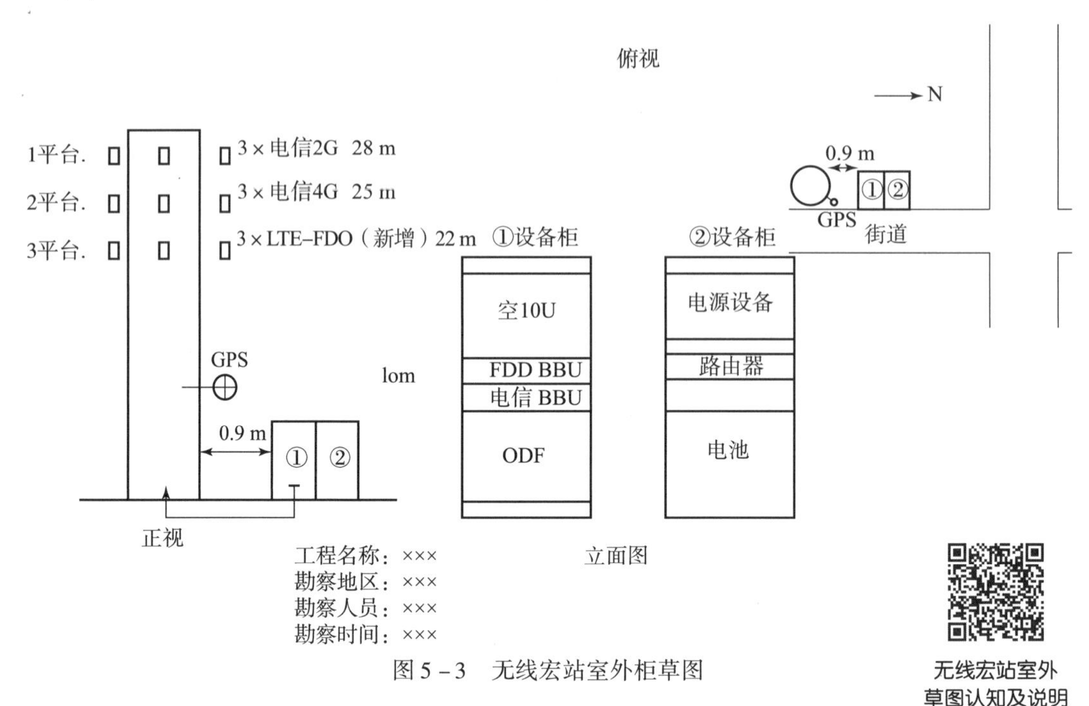

图 5－3　无线宏站室外柜草图

无线宏站室外草图认知及说明

（4）无线宏站机房草图如图 5－4 所示。

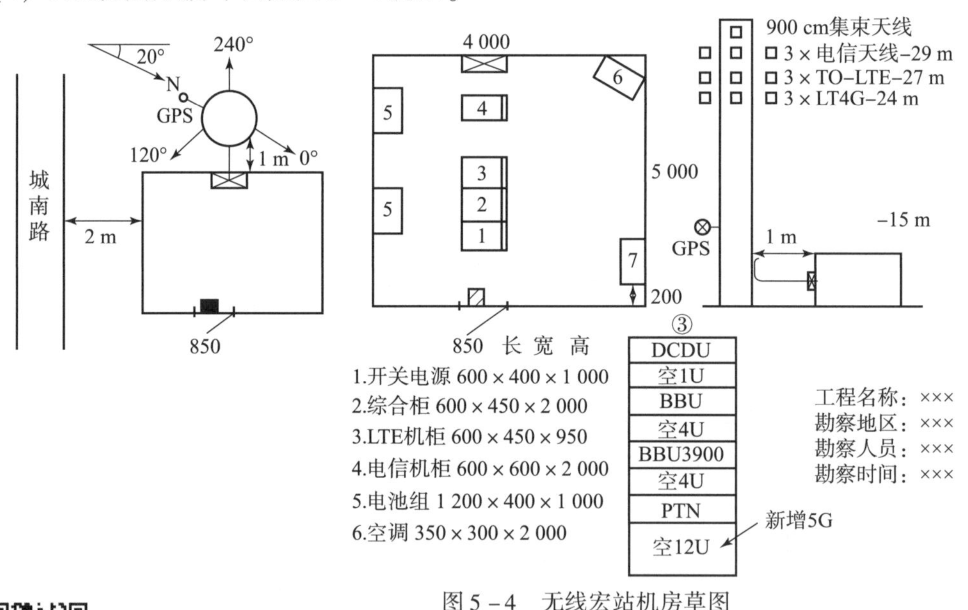

图 5－4　无线宏站机房草图

新建基站机房勘察草图绘制

通信光缆线路勘察报告

工程队编号________________________

项目负责人________________________

勘察人员________________________

勘察时间________________________

勘察工具________________________

工程名称：

<table>
<tr><td colspan="4">基本情况</td></tr>
<tr><td>线路勘察地点</td><td colspan="3"></td></tr>
<tr><td>户外路由走向</td><td colspan="3">起始：　　　　经由：　　　　终止：
测量总长度　　　　(km)</td></tr>
<tr><td>建设方式</td><td>□架空杆路</td><td>□直埋</td><td>□管道</td></tr>
<tr><td>线路类型</td><td>□光缆</td><td>□同轴电缆</td><td>□高频对称电缆</td></tr>
<tr><td>工程性质</td><td>□新建</td><td>□扩建</td><td>□改建</td></tr>
<tr><td>所处地理环境</td><td>□市区</td><td>□郊区</td><td>□乡村</td></tr>
<tr><td>所处地理特征</td><td>□平原</td><td>□丘陵</td><td>□其他</td></tr>
<tr><td rowspan="4">沿途所有障碍及标志性设施</td><td>□农田</td><td>□果园</td><td>□树林</td></tr>
<tr><td>□河流</td><td>□公路</td><td>□铁路</td></tr>
<tr><td>□高压线</td><td>□矿厂</td><td>□桥梁</td></tr>
<tr><td>□高大建筑</td><td>□其他</td><td></td></tr>
</table>

<table>
<tr><td colspan="4">架空杆路</td></tr>
<tr><td>项目</td><td colspan="2">原有</td><td>新建</td></tr>
<tr><td>测量长度</td><td colspan="2">(km)</td><td>(km)</td></tr>
<tr><td>杆路数</td><td colspan="2">(根)</td><td>(根)</td></tr>
<tr><td>引上杆</td><td colspan="2">(处)</td><td>(处)</td></tr>
<tr><td>电杆材质及规格</td><td colspan="2"></td><td></td></tr>
<tr><td>拉线安装及程式</td><td colspan="2">(处)</td><td>(处)</td></tr>
<tr><td>通信线缆的规格型号</td><td colspan="2"></td><td></td></tr>
<tr><td>架空交接箱</td><td>□有</td><td colspan="2">□无</td></tr>
<tr><td rowspan="2">土质</td><td>□普通土</td><td>□砂砾土</td><td>□硬土</td></tr>
<tr><td>□软石</td><td colspan="2">□坚石</td></tr>
<tr><td>电杆加固</td><td>□需要</td><td>□不需要</td><td>设置________处</td></tr>
<tr><td>预留情况说明</td><td colspan="3"></td></tr>
<tr><td>线路防护说明</td><td colspan="3"></td></tr>
</table>

<table>
<tr><td colspan="3">直埋线路</td></tr>
<tr><td>项目</td><td>原有</td><td>新建</td></tr>
<tr><td>测量长度</td><td>（km）</td><td>（km）</td></tr>
<tr><td>接口坑</td><td>（个）</td><td>（个）</td></tr>
<tr><td>土质</td><td colspan="2">□普通土　□砂砾土　□硬土
□软石　□坚石</td></tr>
<tr><td>敷设线路有无斜坡</td><td colspan="2">□有　□无</td></tr>
<tr><td>有无穿越公路、铁路情况</td><td colspan="2">□有　□无</td></tr>
<tr><td>过路地段采用的开挖方式</td><td colspan="2">□顶管法　□分段开挖　□微孔定向钻</td></tr>
<tr><td>特殊地段采取的保护措施</td><td colspan="2">□水泥管或锅炉管保护　□塑料管保护
□铺砖保护　□水泥盖板保护
□石护坡保护</td></tr>
<tr><td>预留情况说明</td><td colspan="2"></td></tr>
<tr><td>线路防护说明</td><td colspan="2"></td></tr>
<tr><td colspan="3">其他需要问题说明</td></tr>
<tr><td colspan="3"></td></tr>
</table>

通信管道线路勘察报告

工程队编号________________________

项目负责人________________________

勘察人员__________________________

勘察时间__________________________

勘察工具__________________________

<table>
<tr><td colspan="4">通信管道线路</td></tr>
<tr><td>项目</td><td colspan="2">原有</td><td>新建</td></tr>
<tr><td>测量长度</td><td colspan="2">(km)</td><td>(km)</td></tr>
<tr><td>人孔</td><td colspan="2">(个)</td><td>(个)</td></tr>
<tr><td>手孔</td><td colspan="2">(个)</td><td>(个)</td></tr>
<tr><td>通信线缆的规格型号</td><td colspan="2"></td><td></td></tr>
<tr><td>管孔断面组合</td><td colspan="3">孔 (×)</td></tr>
<tr><td>塑料管道类型</td><td colspan="3">□硬管 □波纹管 □蜂窝管</td></tr>
<tr><td>本次敷设线路占用孔位</td><td colspan="3"></td></tr>
<tr><td>敷设子管</td><td colspan="3">□需要 □不需要</td></tr>
<tr><td>接续情况</td><td colspan="3">□需要 处接续 □不需要</td></tr>
<tr><td>打人（手）孔墙洞</td><td colspan="3">□需要 处 □不需要</td></tr>
<tr><td>预留情况说明</td><td colspan="3"></td></tr>
<tr><td>人孔内线路采取的保护措施</td><td colspan="3"></td></tr>
<tr><td>路面形式</td><td colspan="3">□混凝土 □柏油 □砂石
□混凝土砌块 □水泥花砖 □条石
□150 mm 以下 □250 mm 以下
□350 mm 以下 □450 mm 以下</td></tr>
<tr><td>土质</td><td colspan="3">□普通土 □砂砾土 □硬土
□软石 □坚石</td></tr>
<tr><td>新建人孔类型</td><td colspan="3">□小号 □中号 □大号 □手孔
□直通型 □三通型 □四通型 □斜通型</td></tr>
<tr><td>管孔断面组合选择</td><td colspan="3">孔 (×)</td></tr>
<tr><td>管道包封</td><td colspan="3">□需要 处包装 □不需要</td></tr>
<tr><td>有无穿越公路、铁路情况</td><td colspan="3">□有 □无</td></tr>
<tr><td>过路地段采用的开挖方式</td><td>□顶管法</td><td>□分段开挖</td><td>□微孔定向钻</td></tr>
<tr><td>预留情况说明</td><td></td><td></td><td></td></tr>
<tr><td>人孔内线路采取的保护措施</td><td></td><td></td><td></td></tr>
</table>

通信无线基站勘察报告

工程队编号________________________

项目负责人________________________

勘察人员__________________________

勘察时间__________________________

勘察工具__________________________

无线基站勘察报告填写

××（ ）地区无线基站工程勘察资料

一、基站站址基本信息

1. 基站名称：（ ）。

2. 基站坐标：东经（ ）°；北纬（ ）°。

3. 基站所属区域类型：（主城区/一般城区/县城/乡镇/农村）。

4. 基站新建（扩容）频段：FDD 1800M。

5. 建设方式：□室内站 □室外站 □拉远站。

二、机房、设备信息

1. 共站情况：□GSM900M □DCS1800M □900M/1800M 合路

900M、1800M 是否可用：□是 □否

□TD □TD - LTE □联通 □电信 □新建站

2. 机房类型：□板房 □砖混 □租房 □便携房 □室外型

3. 机房所在楼房（ ）层，共（ ）层，楼房高度（ ）m。

4. 室内地线排剩余孔数（ ），室外地线排剩余孔数（ ）。

5. 电源信息：

使用分路一次下电第（ ）排，第（ ）路 63A □熔丝\ □断路器；

改造内容（ ）。

三、天馈信息

1. 铁塔高度（ ）m。

2. 铁塔类型：□单管塔 □落地三角塔 □落地四角塔 □楼顶抱杆 □楼顶增高架 □楼顶塔 □拉线塔 □其他（ ）。

3. 平台数量（ ），各平台高度（从上至下）（ m/ m/ m/ m/ m）；

4. 各平台使用情况：

第一平台： 第二平台：

第三平台： 第四平台：

塔身（ ）m： 塔身（ ）m：

四、勘察结论

1. 新增 BBU 安装位置：□原有机柜 □新增机柜 □室外一体化机柜。

2. 天馈类型：□与 2G 共天馈 □独立天馈。

3. 新增扩容天线安装方式：□铁塔（ 平台/塔身高 m 处）

□（ ）层楼顶（ ）m 美化天线/楼顶抱杆；□其他位置（ ）。

4. 是否需要新增抱杆（支臂）：□是 □否；新增位置及数量（ ）。

挂高：（ m/ m/ m）

方向角：（ °/ °/ °）

下倾角：（ °/ °/ °）

光纤长度：（ m/ m/ m）（现场确定）

电源线长度：（ m/ m/ m）（现场确定）

五、其他信息备注（草图注意指北、参照物）

5.3 勘测完成后工作

（1）勘察报告。勘察当天应及时整理勘察表格、草图、照片等资料，并认真编制勘察报告。

（2）工作汇报。将勘察工作情况按时向相关负责人汇报，及时总结问题并改进。若勘察时发现站点不符合建设要求，应立即向相关负责人反映情况，在勘察报告中加以论证和说明，提出改造办法，并及时通知建设单位。

本模块小结

（1）勘测包括查勘和测量两个工序。一般大型工程又可分为方案查勘（可行性研究报告）、初步设计查勘（初步设计）、现场查勘（施工图）3 个阶段。

（2）准备工作查勘小组应由设计、建设维护、施工等单位组成，人员多少视工程规模大小而定。了解工程概况及要求，明确工程任务和范围，如工程性质、规模大小、建设理由以及近、远期规划等。

（3）干线光电缆设计测量阶段可有以下分工，即大旗组、测距组、测绘组、测防组及其他。

（4）现场勘察过程中应携带交通和地形地图、指北针、通信工具、数码相机和笔记本电脑等。

（5）管道记录时，对于每个人（手）孔和光缆交接箱需记录其周围明显的标志建筑。直线段管道起止、转角、人（手）孔、光缆交接箱在草图中应以三点定位［选取 3 个固定建筑物，标注出其相对人（手）孔中心的偏移距离］原则进行记录，确保位置准确（注：特殊地区要根据具体情况自行确定三点定位的要求）。

（6）选取通信管道路由时应考虑选择路由顺直、地势平坦、地质稳定、高差较小、土质较好、石方量较小、不易塌陷和冲刷的地段，避开地形起伏很大的地区。

（7）将光缆线路的安全性、稳定性、可靠性放在首位，尽量避开环境条件复杂与地质条件不稳定的地区。选择地质稳固、地势较为平坦的地带敷设光缆，尽量少穿越障碍和翻山越岭，避开塌陷地段。在平原地区敷设光缆，应避开湖泊、沼泽、排涝蓄洪地带，尽量少穿越池塘、沟渠，并应考虑农田水利和平整土地规划的影响。光缆线路通过山区时，其路由宜选择在地势变化小、土石方工程量较小的地区，避开陡崖、沟壑、滑坡、泥石流及洪水危害、水土流失严重的地方。光缆线路路由应短捷，不宜强求大直线。

（8）光缆距铁路的距离应不小于 50 m，距高速公路的距离应不小于 60 m，距国道、省道的距离应不小于 30 m，距县级等级公路的边沟外沿应不小于 15 m，距县以下等级公路的边沟外沿应不小于 10 m。

（9）进城光缆宜采用管道方式敷设，利旧原有管道路由选择应符合下列规定：利用原有管道敷设光缆，应选择路由短捷、管道质量良好、管孔容量有富余的管道。选择符合网络规划发展结构的路由。

(10) 光缆在坡度大于20°、坡长大于30 m的斜坡地段宜采用S形敷设。若坡面上的光缆沟有受到水流冲刷的可能时，应采用堵塞加固或分流等措施。

在采用S形敷设光缆时，勘察时应在图纸上表现出来。

(11) 路由选择墙壁光缆沿建筑物敷设应横平竖直，不影响房屋建筑美观。路由选择不应妨碍建筑物的门窗启闭，光缆接头的位置不应选在门窗部位。

(12) 安装光缆位置的高度应尽量一致，住宅楼与办公楼以2.5～3.5 m为宜，厂房、车间外墙以3.5～5.5 m为宜。

(13) 现场勘察主要内容。

①应记录小区名称、楼房名称、楼号、街道名称等信息。

②记录光缆型号、各段长度、固定方式等信息。

③记录光缆起止点信息。

④记录光缆保护方式。

⑤绘制光缆连接图。

习题与思考

一、选择题

1. 在工程测量中，主要负责现场测绘图纸工作的是（　　）。

A. 大旗组　　B. 测距组

C. 测绘组　　D. 测防组

2. 架空杆路查勘时，在杆路拐弯处，当转角小于（　　）时，需要新建单股拉线。

A. 45°　　B. 180°

C. 90°　　D. 60°

3. 下面不属于通信线路勘察所用工具的是（　　）。

A. 望远镜　　B. 地阻测距仪

C. 测距仪　　D. 光时域反射仪

4. （　　）是高程测量用到的仪器。

A. 水准仪　　B. 钢卷尺

C. 测距仪　　D. 花杆

5. 由标准方向北端起顺时针方向至某一直线的水平转角称为该直线的方位角，其取值范围为（　　）。

A. 0°～270°　　B. 0°～240°

C. 0°～180°　　D. 0°～360°

二、填空题

1. 工程测量人员一般分为5个大组，即________、________、________、________及

________。

2. 通信工程勘察包括________和________两个工序，根据工程规模大小可分为________、________和________3个阶段。

3. 选取通信管道路由时应考虑选择________、________、________、________、________、________、________和________，避开地形起伏很大的地区。

4. 实际中线路查勘光电缆敷设方式一般存在________、________、________、________、(吊线、钉固)、________、________等形式。

5. 光缆在坡度大于________°、坡长大于________ m的斜坡地段宜采用S形敷设。

6. 小区采用直埋方式时要尽量减少对________的破坏，尽量减少通过________的路由。对于需要过路的路由要与小区物业确定做________还是________方式。

7. 采用走管道井方式时要有详细的________或________的指导，必须确定所有________，注意所走管道的内径，是否已有馈线。

8. 设计图纸输出在满足通信规范的基础上，同样会根据省市工程要求的不同做出调整，一般单站需要绘制四类图纸：________、________、室内走线路由图及________。

9. 设备的正常运行关系到整个通信网络的安全，为了避免不必要的人为因素导致网络瘫痪的可能，在基站勘察过程中要时刻提醒自己：到站查勘过程中各种________、________和________绝对不能乱动！

10. 勘察完成之后，需要对是否满足建设条件进行判断，如________、________、________等。如任何一个专业不满足建设条件，需要针对存在的问题提供改造、________，当相应的改造方案受条件限制无法实施时，则需重新规划选择站址。

11. 无线专业负责提供无线设备对________、________、________等的工艺要求或参数要求，________、________、馈线窗安装设计；________、________、监控由无线专业负责；

全向天线：信号在水平方向________度均匀辐射，适用于________、偏远山区等________的区域。定向天线：信号在一定的角度范围内辐射，适用于________、________、________、________的环境。

12. 原有杆线的勘测主要是能分清运营商所能利用的________由A→B点中继段的勘测，其主要工作有合理选择________、测量原有路由、描出草图、做出简单的________。

13. 设置人孔是为了________和________方便。它通常设置于________前，作为________之用，也可设置在光电缆的分支、________、光电缆的转弯处等特殊场合。人孔按照规格可分为大、中、小号。

14. 通信管道应铺设在________的位置，避免受道路扩改建和铁路、水利、城建等部门建设的影响，避开________及________、经常挖掘动土地段。

三、思考题

1. 简述勘察准备工作都需要做什么？勘察工具有哪些？

2. 测量前有哪些准备工作？

3. 架空杆路查勘的要求是什么？
4. 简述无线专业与传输专业的分工。
5. 简述电源专业与基站无线专业的分工。
6. 基站选址的主要步骤有哪些？
7. 天面塔桅的勘察有哪些注意事项？

任务6　通信工程设计基础

6.1　通信设计的原则

（1）工程设计必须贯彻执行国家基本建设方针和通信技术经济政策，合理利用资源，重视环境保护。

（2）工程设计必须保证通信质量，做到技术先进、经济合理、安全适用，能够满足施工、生产和使用的要求。

（3）设计中应进行多方案比较，兼顾近期与远期通信发展的需求，合理利用已有的网络设施和装备，以保证建设项目的经济效益和社会效益，不断降低工程造价和维护费用。

（4）设计中所采用的产品必须符合国家标准和行业标准，未经试验和鉴定合格的产品不得在工程中使用。

（5）设计工作必须执行科技进步的方针，广泛采用适合我国国情的国内外成熟的先进技术。

6.2　设计工作的重要性和基本要求

1. 设计工作的重要性

设计是灵魂、纲领、指导性文件，质量高低至关重要。先设计后施工，按通过的设计去施工，不能没设计就先施工，也不能无证设计。单位和个人都要有证，且应两证俱全。现在的设计与施工都已经执行招标和投标制度。

2. 设计工作的基本要求

（1）工程设计要满足技术先进、经济合理、安全适用，且能满足施工和维护需求。

（2）工程设计要处理好局部和整体、近期和远期、新技术和常规技术、主体工程和配套工程的统一。

（3）掌握设计的科学性、客观性、可靠性和公正性。

（4）通过经济分析，进行几种方案比较和选择。

（5）积极推行设计的标准化、系列化和通用化。

（6）设计工程师要有良好的职业道德。

6.3 通信工程设计的工作流程

1. 制订设计计划

通信设计单位根据设计委托书的要求，确定项目组成员，分派设计任务，制订工作计划。

2. 做好设计前的准备工作

1）文件准备

（1）理解设计任务书的精神、原则要求，明确工程任务及建设规模。

（2）查找相应的技术规模。

（3）分析可能出现的问题，根据工程情况列出勘察提纲和工作计划。

（4）搜集、准备前期相关工程的文件资料和图纸。

2）行程准备

提前与建设单位联系，商定勘察工作日程安排。

3）工具准备

准备好所用的仪器、仪表、测量工具以及勘察报告、铅笔、橡皮等。

4）车辆准备

根据工作需要申请用车，由车辆管理部门统筹安排。

3. 工程勘察

1）商定勘察计划并安排配合人员

应提前与建设单位相关人员联系接洽，商讨勘察计划，确定详细的勘察方案、日程安排以及局方配合人员安排。

2）现场勘察

根据各专业勘察细则的要求，深入进行现场勘察，做好记录。

3）向建设单位汇报勘察情况

（1）整理勘察记录，向建设单位负责人汇报勘察结果，征求建设负责人对设计方案的想法与意见。

（2）确定最终设计方案，如有当时不能确定的问题，应详细记录，回单位后向项目负责人反映落实。

（3）勘察资料和确定方案应由建设单位签字认可。

4）回单位汇报勘察情况

（1）向项目负责人、部门主任及有关部门领导汇报勘察结果，取得指导性意见。

（2）对勘察时未能确定的问题，落实解决方案后，及时与建设单位协商确定最终设计方案。

4. 进行工程设计

这一阶段主要包括以下几方面工作。

（1）撰写设计方案。

（2）绘制工程图纸。

（3）编制工程概（预）算。

（4）编写设计说明书。

（5）完稿整理成册。

工程设计流程框图如图6－1所示。

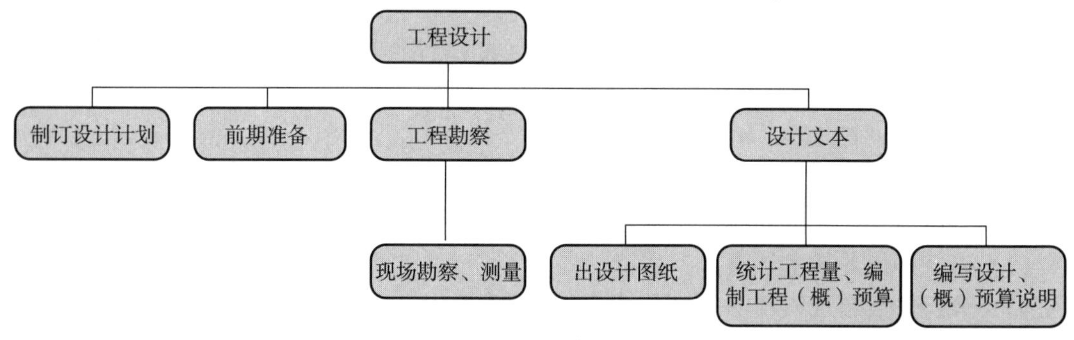

图6－1　工程设计流程框图

6.4　通信工程设计文件

6.4.1　设计文件组成

设计文件由封面、扉页、设计资质证书、设计文件分发表、目录、正文、封底等组成。其中，正文应包括设计说明、概（预）算、图纸等内容，必要时可增加附表。

6.4.2　封面标识内容及要求

封面标识应包括建设项目名称、设计阶段、单项工程名称及编册、设计编号、建设单位名称、设计单位名称、出版年月等内容。具体要求如下。

（1）建设项目名称应与立项名称一致，一般由时间、归属、地域、通信工程类型等属性组成。

（2）设计阶段标识分为初步设计、施工图设计、一阶段设计，各阶段修改册在相应设计阶段后加括号标识。

（3）单项工程名称应简要明了，以反映本单项工程的属性。

（4）设计编号是设计单位的项目计划代号，可分为以下3段。

工程计划号 设计阶段代号（分册号）—专业代号

例如，15301S（1）—XG，15为工程计划号，301为设计阶段代号，S为设计阶段（施工图设计/一阶段设计），（1）为分册号，XG为专业代号。

（5）建设单位和设计单位名称应使用全称。

（6）设计单位应在设计封面上加盖设计单位公章或设计专用章等。

（7）封面日期要与实际出版日期一致，精确到月。

（8）封面的字体均为宋体，三号字，加粗。

6.4.3　扉页（封二）内容及要求

扉页标识内容应包括：建设项目名称、设计阶段、单项工程名称及编册；设计单位的企业负责人、技术负责人、设计总负责人、单项设计负责人、设计人、审核人；概（预）算编制及审核人员姓名和证书编号。

6.4.4　设计文件分发表要求

设计文件分发表应放在扉页之后，出版份数和种类应满足建设单位的要求。

设计文件分发表宜采用通用格式。

6.4.5　目录要求

（1）目录一般要求录入到正文说明的第三级标题，即部分、章、节。三级的目录均应给出编号、标题和页码。

（2）目录应列出概（预）算表名称及表格编号。

（3）目录应列出图纸名称及图纸编号，并与图纸中的编号保持一致。

（4）附表应在目录中列出附表名称及编号。

（5）目录的页眉需右端对齐，内容为设计文件封面名称中最具体的名称，页眉下有横线；页脚需右对齐，左侧为公司名称，右侧为页码数“第×页”。

（6）目录标题：宋体、三号、加粗字体；目录正文：中文字体为宋体，西文字体为Times New Roman，字号为小四。

6.4.6　图纸编制要求

《通信工程制图与图形符号规定》（YD/T 5015—2015）

（1）图纸、图签、图纸编号应按照《电信工程制图与图形符号规定》（YD/T 5015）编制。

（2）图面应布局合理、清晰，便于识别。

（3）通用图纸的编号采用“T—专业代号—图纸序号”。

（4）图纸签字范围及要求如下。

①初步设计和一阶段设计图纸应有设计人、单项设计负责人、审核人、设计总负责人签字。

②施工图设计图纸应有设计人、单项设计负责人、审核人签字。

③通用设计图纸应有设计人、审核人、企业专业技术主管批准。

④对于多家设计单位共同完成的设计文件，应对各自的设计图纸负责审核和批准。

⑤设计文件图纸编号的组成可分为4段，按以下规则处理。

工程计划号 设计阶段代号（分册号）	—	专业代号	—	图纸编号

例如，15301S（1）—XG—01（1/2），15为工程计划号，301为设计阶段代号，S为设计阶段（施工图设计/一阶段设计），（1）为分册号，XG为专业代号，01（1/2）为图纸编号。

图纸编号应与目录中的图纸编号一一对应。

⑥签名应采用手写签名，一般先做好电子签名，绘图时粘贴至图签中相应位置。

任务 7　无线工程设计

7.1　无线网组成

如图 7 – 1 所示，TD – LTE（E – UTRAN）在系统组成方面同 TD – SCDMA（UTRAN）等前代系统相比，最大的区别在于取消了 RNC，eNB 与 EPC 间通过 S1 接口直接相连，eNB 与 EPC 节点多对多连接，形成网格网络；而 eNB 之间通过 X2 接口直接相连。

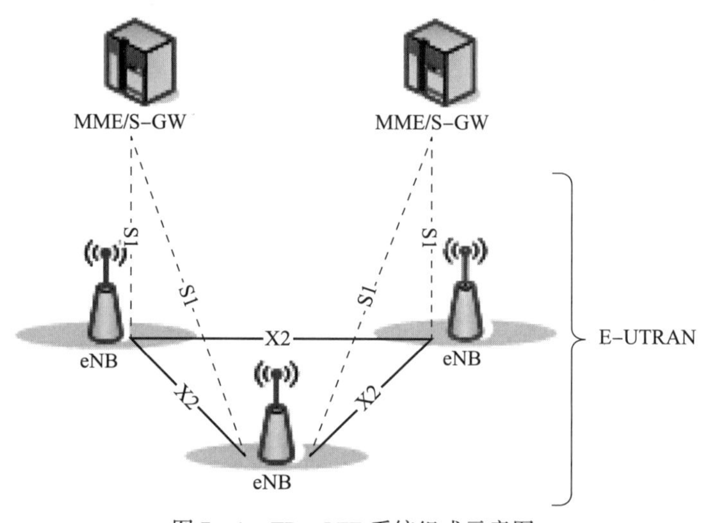

图 7 – 1　TD – LTE 系统组成示意图

EPC 可分为控制面实体 MME 和用户面实体 S – GW（S – GW/P – GW）。

S1 接口是 eNB 与 EPC 之间的接口，它分为用户面和控制面两个接口。S1 的控制面接口（S1 – MME）提供 eNB 和 MME 之间的信令承载功能。S1 的用户面接口（S1 – U）提供 eNB 和 S – GW/P – GW 之间的用户数据传输功能。

X2 接口是 eNB 和 eNB 之间的接口，该接口用于负载管理、差错处理以及终端的移动性管理，用户面接口称为 X2 – U，控制面接口称为 X2 – CP。

7.2　无线网络设计

7.2.1　无线网络设计指标要求

本工程室外连续覆盖区域应达到表 7 – 1 中的指标要求。

本工程建设有室内分布系统的覆盖区域，应达到表 7 – 2 中的指标要求。

7.2.2　无线网覆盖原则

4G 无线网络建设要实现由关注网络覆盖领先向关注客户感知领先的转变，聚焦解决客户感知不好的重点场景网络能力问题，着力巩固竞争优势。TD – LTE 为同频组网系统，比 2G 和 TD – SCDMA 网络在覆盖方面提出了更高的要求。

表 7－1 室外连续覆盖分场景规划指标表

场景分类	场景	穿透损耗	覆盖指标（一类场景覆盖概率95%，二类场景覆盖概率90%）			
			RSRP/dBm		RS－SINR /dB	用户下行边缘速率 (50RB)/(Mb·s^{-1})
			F 频段	D 频段		
一类场景	主城区	高	≥－100	≥－98	≥－3	1
		低	≥－103	≥－101	≥－3	1
	一般城区		≥－103	≥－101	≥－3	1
	县城及乡镇		≥－105	≥－103	≥－3	1
二类场景	热点农村	高	≥－107	—	≥－3	1
		低	≥－109	—	≥－3	1

注：根据建筑物穿透损耗将主城区分为高穿损、低穿损场景，高穿损场景指中心商务区、中心商业区、密集居民区等区域，其他区域为低穿损场景。

表 7－2 室内分布系统的指标要求

覆盖类型	覆盖区域	覆盖指标	
		RSRP 门限/dBm	RS－SINR 门限/dB
室内覆盖系统	一般要求	－105	6
	营业厅（旗舰店）、会议室、重要办公区等业务需求高的区域	－95	9

注：对于室内覆盖系统泄漏到室外的信号，要求室外 10 m 处应满足 RSRP≤－110 dBm 或室内小区外泄的 RSRP 比室外主小区 RSRP 低 10 dB（当建筑物距离道路不足 10 m 时，以道路靠建筑一侧作为参考点）。

深入落实4G 建设“三领先、一确保”工作要求，合理调配使用频谱资源，4G 广覆盖以 F 频段为主、A 频段为辅，D 频段主要解决容量问题；把握好保持竞争优势、保障客户感知与保证投资效益之间的平衡，在保持整体网络覆盖、质量领先的基础上，重点针对“三高一限”特殊场景下容量不足、VoLTE 城区深度覆盖不够的问题予以重点保障、优先解决，确保客户感知领先。

网络建设要严格遵循“三要三不要”的原则：竞争伙伴有覆盖的地方，要必须覆盖；新建城区、交通干线、景区等，要跟随覆盖；原有覆盖区域内的弱覆盖、盲点，要完善覆盖；农村偏远地区，不要盲目覆盖，利用率较低或以中小包业务为主的小区无容量需求、未来低频能解决的，不要急于用 CA（载波聚合）覆盖；室外手段能解决的住宅深度覆盖，不要用室分覆盖。

4G 工程无线网络要“强化提升深度覆盖水平，适度拓展农村覆盖广度，精准扩容保障厚覆盖容量，持续完善连续覆盖质量”，建设关键要点如下。

（1）重点保障、多措并举解决“三高一限”等特殊场景下容量不足、VoLTE 城区深度覆盖不够的问题。

（2）室内覆盖要进一步加大建设力度，积极占领城市道路灯杆资源，加大小微基站建设力度，宏微并举、立体组网；室内分布要大力加强分布式皮飞基站应用，在流量高、隔断少的场景应用比例不得低于60%；充分依托铁塔公司资源协调和统筹建设的优势，积极通过共建共享实现重点场景的室分建设，传统室分的铁塔公司承建比例应比2016年有所增长。

（3）室外弱覆盖补点建设，重点解决2G网络承载4G用户流量的问题，按照承载流量由高到低逐个小区分析，有针对性地制订解决方案。

（4）精确部署CA（载波聚合），优先在达到扩容标准的大包小区部署，利用率较低或以中小包业务为主的小区，不部署载波聚合。

（5）为了保障良好的网络质量和性能并且减少天面租赁成本，共址建设的F/D频段基站优先采用具备FA/D双频独立电调功能的天线。

（6）综合考虑性价比因素，合理使用3D－MIMO基站，仅在穷尽频率资源、技术手段仍难以满足覆盖、容量需求的特殊场景部署。

7.2.3 基站同步要求

TD－LTE系统需要严格的时间同步要求，原则上时间同步以GPS卫星信号为主用、1588v2备用，对于安装GPS困难的基站可采用1588v2时间同步。

（1）和TD－SCDMA共址建设的TD－LTE基站，如TD－LTE和TD－SCDMA共用BBU，则利用已有同步信号；如不共用BBU，原则上尽量新建GPS，在不具备新建条件时，通过分路方式引入同步信号，在确定分路方案时应考虑分路器带来的插损，确保TD－SCDMA和TD－LTE时间信号强度满足接收灵敏度要求。

（2）新选址建设的TD－LTE基站新建GPS引入同步信号。

（3）TD－LTE基站应支持1PPS＋TOD带外时间接口。

（4）为避免TDD系统间的上下行时隙干扰，TD－LTE系统F频段的上下行转换点需与TD－SCDMA系统的上下行转换点对齐。

（5）为减少4G终端的异频段间测量时间，并提高跨频段CA性能，TD－LTE全网各频段必须同步，即F/E/D帧头的设置应保持同步。因此，如图7－2所示，TD－LTE系统各频段（F/E/E）的帧头与空口10 ms有692.968 75 μs的偏置。

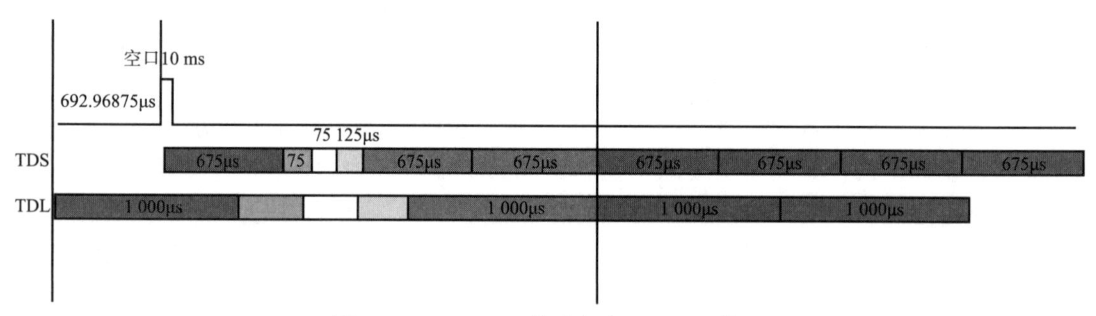

图7－2　TD－LTE帧头与空口10 ms偏置

7.2.4 基站传输带宽需求

由于TD－LTE系统相对于2G/3G的平均速率和峰值速率有较大提升，因此对机房传输条件也提出了较高的要求，各类基站对于S1/X2接口的带宽要求如表7－3所示。

表 7-3 TD-LTE 各类基站对于 S1/X2 接口的带宽要求

项目			宏站 /(Mb·s^{-1})	室分双路 /(Mb·s^{-1})	室分单路 /(Mb·s^{-1})
宏基站（宏站）	S111	平均传输速率	60	—	—
		峰值传输速率	330	—	—
	S11	平均传输速率	40	—	—
		峰值传输速率	220	—	—
	S222	平均传输速率	120	—	—
		峰值传输速率	660	—	—
室内覆盖基站	O1	平均传输速率	—	40~60	27~40
		峰值传输速率	—	110	55
	1×O2 2×O1	平均传输速率	—	80~120	54~80
		峰值传输速率	—	220	110

注：(1) 微基站单扇区单载频对 S1/X2 接口的带宽要求同宏基站单扇区单载频，平均传输速率为 20 Mb/s，峰值传输速率为 110 Mb/s。微基站的传输带宽需求根据扇区数和载频数确定。

(2) 室分平均速率和室分天线分布、用户分布等因素密切相关，根据目前测试情况取值为一个范围值，在传输带宽设置时按照平均传输速率 60 Mb/s 载频考虑。室内覆盖基站的传输带宽需求根据扇区数和载频数确定。

(3) 采用 CA 的基站，其传输带宽可参考相同载频配置的多载频小区传输带宽需求。

(4) 具体配置及预留的传输带宽由传输专业根据传输环的不同层面和不同因素综合取定。

7.2.5 网络结构要求

基站之间要尽量形成理想的蜂窝结构，为达到较好的覆盖效果，选址的楼宇一般要控制在规划点方圆 $R/4$（R 为基站覆盖半径）范围内，保持网络结构的合理性。

7.2.6 无线设计规范及要求

无线工程工作频段要求：除室外站、街道站及特殊站点的天线可以使用单频段天线外，工程中所有使用的无源器件必须满足 800~2 500 MHz 的要求。

1. 馈线使用原则

8D 线只作小于 2 m 的跳线使用，无论室内还是室外分布系统，能采用 7/8 馈线的都按 7/8 馈线设计，超过 30 m 的必须采用 7/8 馈线（特殊情况除外）。

2. 天线密度要求

(1) 室内覆盖。客房覆盖半径：8 m（天线间距 12~16 m）；写字楼：10 m（天线间距 16~18 m）；商场：12 m（天线间距 18~22 m）；停车场：15 m（天线间距 22~25 m）；电梯 4 层：12 m 以内。

(2) 居民小区覆盖。每栋楼必须有一副天线覆盖，半径在 30 m 以内。

3. 天线口电平设计

(1) 室内覆盖。电平保证在 8~12 dBm，一些中小型场所根据重要级别考虑设计。

(2) 小区覆盖：楼体墙壁安装天线：15~18 dBm，地面美化天线：20~25 dBm，楼顶安装天线：25~30 dBm。

4. 主机功率设计

1）输入功率要求

（1）在工程设计上，各类主机在合适的电平输入范围内，要有 3 dBm 余量。

（2）分布系统中的功率直放机输入总功率为 0 ~ 3 dBm。

（3）光纤直放站输入总功率在 0 dBm 左右，移频直放站输入总功率在 0 dBm 左右，无线直放站输入总功率为 -45 ~ -55 dBm。

2）输出功率要求

（1）主机输出功率 = 总功率 - 10lg(CH) - (0 ~ 3 dBm)余量。

（2）对于无线直放站，要考虑输出无用功率占总功率的比例。

（3）对于室外无线直放站还要考虑一定的能量储备。

基站设计要求

7.3 基站设计要求

7.3.1 基站设计参考规范

《电信专用房屋设计规范》（YD/T 5003—2005）

（1）中华人民共和国国家标准《电磁辐射防护规定》（GB 8702—1988）。

（2）中华人民共和国通信行业标准《电信设备安装抗震设计规范》（YD 5059—2005）。

（3）中华人民共和国通信行业标准《电信专用房屋设计规范》（YD/T 5003—2005）。

（4）中华人民共和国通信行业标准《900 ~ 1800M TDMA 数字蜂窝移动通信网工程设计规范》（YD/T 5104—2005）。

（5）中华人民共和国通信行业标准《2GHz TD - SCDMA 数字蜂窝移动通信网工程设计暂行规定》（YD 5112—2008）。

（6）中华人民共和国通信行业标准《第三代移动通信基站设计暂行规定》（YD/T 5182—2009）。

（7）中国移动通信企业标准《基站防雷与接地技术规范》（QB - A - 029—2011）。

（8）中国移动通信企业标准《集中直流远程供电系统技术规范》（QB - H - 007—2011）。

（9）中华人民共和国国家标准《航空无线电导航台站电磁环境要求》（GB 6364—1986）。

（10）《中华人民共和国公路安全保护条例》（2011 年 7 月 1 日实施）。

（11）《铁路运输安全保护条例》（2005 年 4 月 1 日实施）。

（12）《电力设施保护条例》（2011 年 1 月 8 日实施）。

（13）中华人民共和国民用航空行业标准《民用机场飞行区技术标准》（MH 5001—2006）。

（14）中华人民共和国国家标准《汽车加油加气站设计与施工规范》（GB 50156—2002）。

（15）《通信电源设备安装工程设计规范》（YD/T 5040—2005）。

（16）《通信局（站）防雷与接地工程设计规范》（GB 50689—2011）。

《通信电源设备安装工程设计规范》（YD/T 5040—2005）

7.3.2 站址高度及周围建筑物高度要求

天线高度在覆盖范围内基本保持一致，不宜过高，避免形成越区覆盖，

且要求天线主瓣方向无明显阻挡，要充分考虑基站的有效覆盖范围，使系统满足覆盖目标的要求。

（1）密集市区，基站站址高度宜控制在 25～40 m。

（2）一般市区，基站站址高度宜控制在 30～50 m。

（3）市区边缘或郊区的海拔很高的山峰（与市区海拔高度相差 100 m 以上），一般不考虑作为 TD－LTE 站址。

7.3.3 无线信号传播影响

基站应设在远离树林处以避免信号的快速衰落，尽量避免在树林中设站。山区、岸比较陡或密集的湖泊区、丘陵城市及有高层玻璃幕墙建筑的环境中选址时要注意信号反射及衍射的影响。天线主瓣方向不能正对街道，应与街道方向成一定夹角，主瓣方向场景开阔，智能天线周围 100 m 不能有明显反射物。

7.3.4 周围环境设计

（1）基站站址宜选择在交通便利、供电可靠、机房改造成本低的地方。

（2）避免选择今后可能有新建筑物影响覆盖区或存在干扰的站址。

（3）基站站址不应选择在易燃、易爆的仓库和材料堆积场，以及在生产过程中容易发生火灾和爆炸危险的工厂、企业附近。

（4）基站站址应选在地质良好、场地稳定的地带。应避开地质断层、土坡边缘、古河道和有开采价值的地下矿藏或古迹遗址的地方。

（5）基站站址应选择在不易受洪水淹灌的地区。如无法避开时，可将基站场地标高确定在高于该处历史最高洪水位的 0.5 m 以上。

（6）不宜在大功率无线发射台、大功率电视发射台、大功率雷达站以及有电焊设备、X 光设备或产生强脉冲干扰的高频机、高频炉的企业或医疗单位附近设站。

（7）基站站址不宜选择在生产过程中散发有害气体、多烟雾、粉尘、有害物质的工业企业附近。

（8）基站站址尽可能避免设在雷击区。

（9）不同通信铁塔间距离应保证 50 m 以上，如果小于 50 m，必须要在不同地网间保证三点以上互连。

（10）基站站址应与加油加气站保持一定的距离，基站与加油加气站的安全距离与加油加气站类型有关。

（11）当基站需要设置在飞机场附近时，其天线高度应符合机场净空高度要求，详细参考《民用机场飞行区技术标准》（MH 5001—2006）的第 5 章内容，并且需经相关部门批准。

（12）当基站需要设置在飞机场附近时，需考虑机场周边及延长线上导航台、定向台干扰问题，详细参考《航空无线电导航台站电磁环境要求》（GB 6364—1986）中 2.7 节和 3.6 节内容，并且需经相关部门批准。

（13）当基站需要设置在铁路附近时，应将基站设置在铁路线路安全保护区外，详细参考《铁路运输安全保护条例》（2005 年 4 月 1 日实施）第十条内容。

（14）当基站需要设置在公路附近时，应将基站设置在公路建筑控制区外，详细参考《中华人民共和国公路安全保护条例》（2011 年 7 月 1 日实施）第十一条内容。

(15) 当基站需要设置在高压电缆等电力设施附近时，应将基站设置在电力电缆线路保护区外，详细参考《电力设施保护条例》(2011 年 1 月 8 日实施) 第十条内容。

(16) 当基站需要设置在如学校、医院、部队等敏感区域时，需谨慎进行基站站址的选择。

7.4 无线工程工艺要求

7.4.1 机房物业类型、建筑结构等要求

基站机房不应选择木质结构或钢木结构房屋以及有雨水渗漏的房屋；机房不宜采用自建屋面房，若无其他站址可选，自建轻体房应按设计单位的技术措施（屋面卸载或结构加固等）进行改造，保证与主体结构可靠连接。

7.4.2 机房空间要求（高度、面积）

(1) 新选机房的出入口和通道能满足设备运输的要求。

(2) TD - LTE 共址基站机架数量至少要考虑两个近端机空间位置（D 频段 BBU、F 频段 BBU)，若原有综合柜空间不足，需考虑新增综合柜机架位置或采取壁挂等其他安装方式。

(3) TD - LTE 新建基站则要考虑预留 2G 及 TD - SCDMA 网络的建设需求，建议新建基站机房面积不小于 20 m^2，机房高度不小于 2.8 m，走线架高度一般为 2.2 ~ 2.4 m。

(4) 基站设备与机房内其他设备或墙体之间，应留有足够的维护操作空间、设备散热空间，在设备型号未确定并且机房空间允许的情况下，空间尺寸暂按下述考虑。

①BBU 高度均不超过 3U (1U = 4.445 cm)，所需安装空间不超过 4U。

②均支持 19 in (1 in = 2.54 cm) 机架安装和挂墙安装。

③均支持 -48 V 电源。

④基站设备前面板空间要求大于 600 mm。

⑤基站设备后面板空间要求大于 100 ~ 600 mm（部分厂家基站设备后面板须保留 600 mm空间)。

7.4.3 机房内部环境要求（通风、防潮等）

机房顶不宜有风管和水管，机房应该方便排水，如果机房进水，机房内的水应能方便、快速地排出，机房不应有潮湿发霉现象，不应靠近水泵房和洗车库。

7.4.4 机房其他要求

机房应设专用空调，并预留室外机的安装位置，机房空调的排水应能排到排水沟，并且有合适的排水路径和坡度，机房空调室外机的安装位置应该考虑方便散热，机房室外机与室内机的距离不宜超过 10 m。

7.4.5 自建机房的特别要求

如果没有合适的物业点，就需要考虑自建机房。自建机房可以建在楼顶，也可以建在地面；当自建机房建在楼面时，所选择的位置要考虑楼体承重问题，应该由土建专业确认以后再做相关的设计；当自建机房建在地面时，要特别注意地面的地质构造，所选位置要考虑机房基础建设要求，如果需要建设铁塔，还要考虑铁塔的建设位置以及铁塔塔基的建设要求；同时，所选位置要考虑防汛、防火等问题，如要远离水坑等。

7.4.6 D 频段共址新建站的特别要求

新建 TD - LTE 系统与现有基站共用机房时，需要在原机房增加 BBU 及相关配电设备。

如果机房内综合柜有足够的空间用于 BBU 的安装和运行，可利用原有综合柜；如果综合柜内空间不够，则建议新增综合柜或采取壁挂等其他安装方式。设备挂墙安装时，安装墙体应为水泥墙或砖（非空心砖）墙，且具有足够的强度方可进行安装。

新增设备机位在开关电源、交流配电屏、传输综合柜等开门式的设备机柜附近时，应注意机柜维护操作空间需求，如有的电源厂家设备要求后面板留有维护操作空间。新增设备机位在蓄电池组附近时，应注意柜式或架式的蓄电池组的维护空间要求（即注意蓄电池的抽取方向，允许单节蓄电池完整地从蓄电池组中抽取出来维护和更换）。新增设备机位在靠墙安装时，需要注意墙面上壁挂设备的维护空间，如 DDF 架、监控设备、挂墙安装的传输设备、光纤终端盒等。严禁在壁挂空调下方安装任何设备。

7.4.7 F 频段共址新建站的特别要求

F 频段 TD－LTE 主要是基于 TD－SCDMA 设备通过共机框升级实现。对于 TD－LTE 与 TD－SCDMA 不同厂家的情况，则与新增 D 频段共址站要求一致。勘察机房内空间时主要记录原 TD－SCDMA BBU 机框内是否有足够空余槽位（具体槽位不同厂家会有差异）安装 TD－LTE基带板及主控板，并拍照留档。如果没有空余槽位，是否可以通过调整或者更换 TD－SCDMA 的基带板来腾出空间。在新增 TD－LTE 基带板及主控板后，TD－SCDMA BBU 机框内的电源、风扇模块是否改造需要在勘察时特别注意（具体是否改造需要参考厂家的电源、风扇模块能力）。

7.4.8 天线安装位置要求

（1）设计时要确定根据仿真结果确定的天线方向角是否与实际情况相符，并确定相应方向角是否有合适的天线安装位置。

（2）由于智能天线的波束较窄，且智能天线的性能对 TD 系统网络覆盖效果有着极其重要的影响，因此在天线安装时对周围阻挡的要求也应更为严格。要求目标覆盖区域内，天线主瓣方向近距离内无高楼阻挡；沿天线扇区方向，自天线顶端至屋面边沿（或女儿墙边沿）的连线与抱杆之间的夹角不大于 45°。

（3）当天线安装在屋顶平台时，需要注意天线辐射不能被近处的物体所阻挡，主要是考虑第一菲涅耳半径内辐射没有被阻挡，并同时需要结合天线的垂直波瓣宽度和下倾角的影响。

（4）天线方位应避免天线主瓣沿街道（街道站除外）、河流等地物辐射，而造成对前方同频基站的严重干扰，也要避免天线前方近处有高大楼房而造成障碍或反射后干扰其后方的同频基站。

（5）两个相邻扇区定向天线的夹角不小于天线的水平半功率角，避免相邻扇区天线的辐射区重叠太多。

（6）天线下倾角对小区的覆盖范围、邻区干扰有着重要的影响，下倾角设置过大，小区边缘用户难以接入，而且会引起天线波瓣变形；下倾角设置过小，可能会出现严重的越区覆盖现象，使得邻区干扰增大，降低系统的容量。

7.4.9 天面改造要求

（1）RRU 采用抱杆安装时应该选用符合土建要求的抱杆。

（2）当 RRU 与智能天线同抱杆安装时，中间应保持不小于 300 mm 的间距，以便于施工和维护。

（3）RRU 设备下沿距楼面最小距离宜大于 500 mm，条件不具备时可适度放宽至 300 mm，以便于施工维护并防止雪埋或雨水浸泡。

（4）RRU 采用挂墙安装时，安装墙体应为水泥墙或砖（非空心砖）墙，且具有足够的强度方可进行安装。

（5）设备安装位置应选在方便施工安装、线缆连接和维护操作，且不影响建筑物整体美观的楼面墙体位置。

（6）设备安装时涉及的挂墙安装件的安装应符合相关设备供应商的要求。

（7）天线安装时，天线顶端应高出天线上安装支架顶部 20 cm。天线支架底端应比天线长出 20 cm，以保证天线安装的牢固。

7.4.10 RRU 设备安装要求

（1）RRU 重量（质量）最大不超过 25 kg。

（2）均支持 -48 V 电源，部分支持 220 V 交流电。

（3）RRU 与 BBU 的光纤长度单跳原则不能超过 10 km，部分厂家单跳可以超过 15 km。

（4）对于 RRU 与智能天线之间的跳线长度根据馈线损耗情况决定，馈线损耗原则不超过 3 dB。馈线长度一般情况不超过 5 m，特殊情况下可适当放宽到 10 m。

（5）设备安装时，设备上下左右应该预留不少于 100 mm 的散热空间，前面要预留 600 mm的维护空间。

（6）设备安装应选择方便施工安装、线缆连接和维护操作，且不影响建筑物整体美观的楼面墙体位置。

（7）设备安装时涉及的挂墙安装件的安装应符合相关设备供应商的安装及固定技术要求。

7.4.11 GPS 天线安装要求

（1）GPS 天线应安装在较开阔的位置上，保证周围较大的遮挡物（如树木、铁塔、楼房等）对天线的遮挡不超过 30°，天线竖直向上的视角应大于 90°，在条件许可时尽量大于 120°。

（2）为避免反射波的影响，GPS 天线尽量远离周围尺寸大于 200 mm 的金属物 1.5 m 以上，在条件许可时尽量大于 2 m。

（3）由于卫星出现在赤道的概率大于其他地点，对于北半球，应尽量将 GPS 天线安装在设备的南边。

（4）不要将 GPS 天线安装在其他发射和接收设备附近，不要安装在微波天线的下方，高压线缆下方，避免其他发射天线的辐射方向对准 GPS 天线。

（5）两个或多个 GPS 天线安装时要保持 2 m 以上的间距，建议将多个 GPS 天线安装在不同地点，防止同时受到干扰。

（6）在满足位置的情况下，GPS 天线馈线应尽量短，以降低线缆对信号的衰减。

（7）铁塔基站建议将 GPS 接收天线安装在机房建筑物屋顶上。

（8）GPS 天线应在避雷针 45°角保护范围内。

7.5 电源配套设计要求

7.5.1 独立新建 TD - LTE 基站

（1）各站均配置一套交直流供电系统，分别由一台交流配电箱（屏）、一套 -48 V 高频开关组合电源（含交流配电单元、高频开关整流模块、监控模块、直流配电单元）和两组（或一组）阀控式蓄电池组组成。

（2）各站要求引入一路不小于三类的市电电源，站内交流负荷应根据各基站的实际情况按 10 ~ 30 kW 考虑。

（3）交流配电箱的容量按远期负荷考虑，输入开关要求为 100 A，站内的电力计量表根据当地供电部门的要求安装。

（4）各站蓄电池组的后备时间建议：市区基站的蓄电池后备时间不少于 3 h，城郊及乡镇基站的蓄电池后备时间不少于 5 h（注：应结合基站重要性、市电可靠性、运维能力、机房条件、网络部门运维需要等因素确定）。

（5）各站宜配置两组蓄电池，机房条件受限或后备时间要求较小的基站可配置一组蓄电池。

（6）各站高频开关组合电源机架容量均按 600 A 配置，整流模块容量按本期负荷配置，整流模块数按 $n+1$ 冗余方式配置。

（7）电源电缆均应采用非延燃聚氯乙烯绝缘及护套软电缆。

（8）对于无专用机房或机房条件受限的小型基站，条件许可的情况下尽量采用直流 -48 V电源供电。

（9）TD - LTE 基站防雷系统、接地系统的设置应符合中国移动通信企业标准《基站防雷与接地技术规范》（QB - A - 029—2011）和《通信局（站）防雷与接地工程设计规范》（GB 50689—2011）的要求。

《基站防雷与接地技术规范》（QB - A - 029—2011）

（10）独立新建 TD - LTE 基站地线系统应采用联合接地方式，即工作接地、保护接地、防雷接地共设一组接地体的接地方式。在机房内应至少设置一个地线排。

7.5.2 共址新建 TD - LTE 基站

（1）共址新建 TD - LTE 基站市电容量以及市电引入电缆应能满足本次新增 TD - LTE 设备需求，对于原市电容量以及市电引入电缆不能满足要求的基站，应进行市电接入改造，并应向相关单位申请增容。

（2）对于需要进行市电接入改造的基站，应改造更换为不小于 4 mm × 25 mm 截面的铜芯或 4 mm × 35 mm 截面的铝芯电力电缆，进线开关容量应更换为 100 A 的进线开关。

（3）现有设备负荷按照实测值的 1.2 倍计算。

（4）蓄电池组应根据基站后备时间要求、机房可承受的荷载、机房面积等因素来确定是否需要更换和更换后的容量，更换后的蓄电池宜采用两组。

（5）当原有室内地线排不能满足新增 TD - LTE 设备的接地需求时，可在机房内的适当位置增加一个地线排，并用截面积不小于 95 mm^2 的铜芯电力电缆与原有的室内地线排并接。

（6）现有无线设备采用 -48 V 电源的基站电源设备配置改造原则如下。

①TD - LTE 设备应与现有无线设备采用同一套直流系统供电。如现有电源机架容量能满足新增 TD - LTE 设备需求，则只需增加整流模块对原开关电源进行扩容；如现有电源机架容量不能满足需求，则采用更换开关电源的办法解决；对于现有开关电源机架总容量小于 300 A（不含 300 A）的基站，应更换为机架总容量为 600 A 的开关电源。

②TD－LTE 设备供电要求暂定两路 32～63 A 的直流分路（开关电源为 3 个 RRU 提供 1 路直流分路，由 RRU 厂家负责进行分配和防雷）。基站开关电源的直流配电端子根据各基站的现有情况和需要进行改造。如现有直流配电端子不能满足新增 TD－LTE 设备的需求，或更换配电开关，或增加直流配电箱。直流配电箱的电源应从开关电源架母线排引接。

（7）现有无线设备采用＋24 V 电源的基站电源设备配置改造原则如下。

①在基站机房面积、楼板荷载及市电容量等条件许可的条件下，尽量为 TD－LTE 设备独立配置一套－48 V 直流电源系统。

②在机房条件不允许为 TD－LTE 设备独立配置一套－48V 直流电源系统时，则采用与现有无线设备共用一套直流供电系统并配置一个＋24 V/－48 V 的直流变换器为 TD－LTE 设备供电的方案。如现有电源机架容量能满足新增 TD－LTE 设备需求，则只需增加整流模块对原开关电源进行扩容；如现有电源机架容量不能满足需要，则需更换原有开关电源。更换后的开关电源采用机架总容量为 900 A 的组合开关电源。＋24 V/－48 V 的直流变换器宜从开关电源架母线排引接。

③＋24 V/－48 V 直流变换器机架输出容量要求不小于 100 A，变换器模块容量按本期负荷配置，变换器模块数按 $n+1$ 冗余方式配置。

④当原有室内地线排不能满足 TD－LTE 设备的接地需求时，可在机房内的适当位置增加一个地线排，并用截面积不小于 95 mm^2 的铜芯电力电缆与原有的室内地线排并接。

7.5.3 RRU 供电方案

（1）RRU 供电方案可分为－48 V 集中供电、－48 V 本地直流供电、交流 220 V 逆变器远供。工程实施中，应根据现场条件，结合 RRU 功耗、RRU 数量、RRU 与 BBU 安装距离、电源设备装机位置、线缆敷设难易程度等情况，确定 RRU 供电方案。

（2）当 RRU 距 BBU 的线缆长度不大于 100 m 时，用标配的供电电缆从信号源处的－48 V直流电源为其供电。

（3）当 RRU 距 BBU 的线缆长度大于 100 m 且不大于 300 m 时，可根据现场条件考虑以下 3 种供电方式。

①使用信号源处的－48 V 直流电源为 RRU 供电，标配的供电电缆不能满足电压降的要求时，可加粗供电电缆线径。

②线缆数量较多或敷设路由困难时，就近为 RRU 单独配置小型－48 V 直流电源系统设备。

③若电源设备安装位置受限或 RRU 为级联方式时，可采用从信源处引接经－48 V/～220 V 逆变器逆变后的交流电源为 RRU 供电，逆变器要求为 $N+1$ 工作方式。

（4）当 RRU 距 BBU 的线缆长度大于 300 m 时，可根据现场条件考虑以下两种供电方式。

①宜单独采用－48 V 直流电源为其供电，为 RRU 配置小型－48 V 直流电源系统设备。

②若电源设备安装位置受限或 RRU 为级联方式时，可采用从信源处引接经－48 V/～220 V 逆变器逆变后的交流电源为 RRU 供电，逆变器要求为 $N+1$ 工作方式。

7.6 土建配套设计要求

7.6.1 机房承重要求

在进行 TD－LTE 共址新建基站设计时，需要对机房承重进行重新核算。在满足基站设备承重要求后，方可安装设备。尤其对于利用非一层的民用建筑作为通信基站机房的情况，由于其楼面设计承载能力较低，需要特别注意承重的问题。在进行新址新建基站设计时，需满足通用的机房土建要求。

7.6.2　塔桅要求

TD－LTE 建设中，对于利旧天馈支撑结构应复核新增天线及 RRU 设备对原支撑结构的影响，如选择新建天馈支撑结构，需满足新建塔桅结构的相关设计要求。TD－LTE 天馈支撑结构的制作与安装应执行国家标准《钢结构工程施工质量验收规范》（GB 50205—2001），并符合设计要求。

《钢结构工程施工质量验收规范》（GB 50205—2001）

一般情况下，TD－LTE 天线安装方式分为铁塔上安装、增高架安装、桅杆安装（包含美化天线）。常用的桅杆安装方式有附墙安装、配重式安装和三叉式安装。附墙安装就是桅杆直接用锚栓和抱箍固定在墙体上，需要注意 RRU 或者功放的安装位置；配重式安装就是利用配重块来固定天线桅杆，需要核算屋面的承重能力，在北方地区还需注意不能破坏屋面的保温层；三叉式安装需要桅杆的支撑件与楼面有效连接，需要破坏防水层和保温层，注意对其防水层和保温层的修复。

在铁塔原天线平台安装 TD－LTE 天线时，可按迎风面积等效的原则，核算现有铁塔是否满足抗风要求。如平台已占满，需在塔身加装支臂，则应根据现有天线的实际尺寸，结合原设计要求，判断加装 TD－LTE 天线后，塔架迎风面积有无超过其设计范围，必要时需提请原设计单位进行铁塔结构复核。对屋面升高架也可以按照上述原则，结合原设计工艺要求，判断是否可以利用。

美化天线应确保基础结构和自身结构的安全可靠；屋面美化天线还应注重美化天线安装锚固的可靠性，并应采用多重锚固措施，避免在极限荷载下美化天线倾倒、坠落等危险情况的发生。

任务8　通信线路工程设计规范

8.1　光缆线路网的设计原则

光缆线路网的设计

（1）光缆线路网应安全可靠，向下逐步延伸至通信业务最终用户。光缆线路在城镇地段敷设应以采用管道方式为主，对不具备管道敷设条件的地段，可采用简易塑料管道、槽道或其他适宜的敷设方式。

（2）光缆线路网的容量和路由，在通信发展规划的基础上，综合考虑远期业务需求和网络技术发展趋势，确定建设规模。

（3）同一路由上的光缆容量应综合考虑，不宜分散设置多条小芯数光缆。原有多条小芯数光缆时，也不宜再增加新的小芯数光缆。

（4）干线光缆芯数按远期需求取定，本地网和接入网按中期需求配置，并留有足够冗余。

（5）新建光（电）缆线路时，应考虑共建共享的各电信运营企业的容量需求。

（6）光缆线路在野外非城镇地段敷设时应以采用管道或直埋方式为主，其中省内长途光缆线路和本地光缆线路也可采用架空方式。光缆线路在城镇地段敷设应以采用管道方式为主，对不具备管道敷设条件的地段，可采用简易塑料管道、槽道或其他适宜的敷设方式。

8.1.1 直埋光缆线路的设计原则

1. 直埋光缆埋深要求

1）普通直埋光缆

光缆埋深：主要考虑光缆的安全可靠性和工程投资。防外界破坏损伤是第一位的。我国北方还要考虑光缆防冻胀损伤，这种破坏危害更大。

东北一般土质（普通土、硬土）地段埋深为1.5 m，南方埋深为1.2 m，半石质和石质地段根据要求酌情浅埋。

2）水底光缆

（1）河深小于8 m（指枯水季节的深度）的区段。

（2）河床不稳定或土质松软：光缆埋入河底的深度应不小于1.5 m。

（3）河床稳定或土质坚硬：应不小于1.2 m。

（4）水深大于8 m的区域，可将光缆直接布放在河底不加掩埋。

2. 直埋光缆穿越障碍的处理

（1）过铁路和主要公路：顶4寸或3寸钢管，内穿ϕ28/32 mm子管。

（2）过一般公路：铺2寸塑料管；村屯：铺砖或2寸塑料管。

（3）过较大河流：水底光缆（水底光缆应伸出取土区，或伸出堤外不宜小于50 m）上加水泥沙浆袋或水泥盖板、加护坡，并在两岸的上下游分别设警示牌。

（4）过一般河流（水面宽小于50 m）：铺2寸塑料管（端口封堵），上加水泥沙浆袋或水泥盖板，河床不稳的要加护坡，并在两岸设警示牌。

（5）过小河、沟渠和水塘：水泥沙浆袋或铺水泥盖板，并在河岸一侧设警示牌。

（6）过陡坡、土坎：做护坡或护坎。

3. 直埋光缆标石的安装

（1）普通标石：在光缆线路的转弯点、排流线起止点、光缆预留点、光缆线路与其他障碍或线路交越点，光缆直线段每隔100 m（或50 m）埋设普通标石。

（2）监测标石：光缆接头地点埋设监测标石。

（3）标石埋设位置：一般标石宜埋设在光缆的正上方；接头监测标石埋设在光缆线路的路由上；转角标石埋设在光缆线路转弯处的交点上。

8.1.2 架空光缆线路的设计原则

1. 电杆、吊线和拉线选择

1）电杆的杆高

长途、本地网光缆线路一般选7～8 m电杆，过铁路、主要公路、河口等选高杆（接腿）。具体如下：普通杆路单根电杆应选用7 m、8 m、9 m；过铁路、主要公路、河口等特殊地段，应选用单接杆为10 m、11 m，品接杆在12 m及以上。

2）吊线的选择

（1）一般杆距用7/2.2钢绞线。当杆距大于120 m时需加做辅助吊线，辅助吊线可选用7/2.6或7/3.0钢绞线。

（2）跨越（过河飞线）杆路的建设方式如下。

当杆距为120～150 m，而无法做辅助吊线的特殊情况时，对于轻负荷区，做7/2.2吊线，但两端必须做终结；对于中负荷区，应做7/3.0或7/2.6吊线，两端也必须做终结。

3）拉线程式的选择

（1）终端杆拉线。应选择比吊线大一级的程式。

（2）角杆拉线。角深不大于13 m时，拉线同吊线程式。角深大于13 m时，应选择比吊线大一级的程式（一般不管角深大小都选择比吊线大一级的程式为好，现在建设必须为将来加挂吊线和光缆提供方便）。

（3）防风杆和防凌杆。侧面拉线可选用与吊线程式相同的镀锌钢绞线，防凌杆的顺线拉线应比吊线程式大一级。

防风杆和防凌杆拉线的隔装数，一般做法应符合以下要求：防风拉线每隔8空（挡）做一个；防凌拉线每隔32挡做一个。

2. 标准杆距

标准杆距为50 m。不是50 m的杆距为非标准杆距，为特殊情况采用。

3. 电杆保护

采用石笼子、护墩、护桩、分水桩、砸桩、穿鞋等对电杆进行保护。

8.1.3　光缆端别及预留

1. 光缆端别的配置

光缆和电缆一样，都有A、B端，必须按规律敷设和接续。为了使整个网具有很强的规律性，总结方法如下。

（1）线状网。依省会、地市、县城、乡镇和村屯为A→B端（由上到下的原则）。

（2）环形网。逆时针方向为A→B端。也有按东西南北进行光缆端别配置的，但这样容易混淆。

2. 光缆的预留

1）架空光缆预留

（1）架空光缆预留长度为实际长度的5‰，用于光缆的自然弯曲、单盘测试和配盘损耗等。

（2）架空光缆每隔1 km集中预留20 m（光缆接头除外），并安装在预留架上。

（3）架空光缆的角杆、直线杆每隔5杆挡做一次杆弯预留0.5 m。

（4）架空光缆接头预留20 m（含接头损耗）。

（5）架空光缆在长杆挡及特殊地段预留10 m。

2）直埋光缆预留

（1）直埋光缆预留长度为实际长度的7‰，用于光缆的自然弯曲、单盘测试和配盘损耗等。

（2）直埋光缆接头预留为15 m（含接头损耗）。

（3）水线光缆在大堤外预留5～10 m。

（4）直埋光缆进入城镇的管道末端人孔内预留10 m。

（5）直埋光缆进入城镇的管道部分在每个人孔内增加1 m，用于摆放在电缆托架上。

3）管道光缆预留

（1）管道光缆的预留长度为实际长度的5‰，用于光缆的自然弯曲、单盘测试和配盘损耗等。

（2）管道光缆在每个人孔内增加1 m，用于摆放在电缆托板上。

（3）管道光缆在接头处预留16 m（含接头损耗）。

（4）管道光缆视情况可在管道末端人孔内预留10 m。

4）局内光缆预留

除局内实际长度外，每端每条另外预留20 m。

5）特殊地段预留

如过铁路、公路及桥梁等另行考虑。

8.1.4 光缆线路防护

对光缆线路电气性能方面（接续）的基本要求：在接头处金属构件不连接，电气断开（防止电气积累）；若进入局站则要求光缆接保护地线。

1. 防雷

雷击大地时产生的电弧，会将位于电弧内的光缆烧坏、结构变形、光纤碎断以及损坏光缆内的铜线，会使光缆的塑料外护套发生针孔击穿，产生腐蚀，使光缆的寿命缩短。直埋光缆防雷采用排流线和消弧线（依雷暴日和土壤电阻率等因素决定选用几条排流线）。

2. 直埋光缆应埋设排流线防雷的地段

年平均雷暴日数大于20 d的地区；土壤电阻率超标（$\rho>100\ \Omega\cdot m$）地段；已经遭受雷击故障的地方；地形突变的地区（土壤电阻率相差较大）；大部分土壤电阻率普遍较大（$\rho>500\ \Omega\cdot m$）的地区中，只局部土壤电阻率较小的地段。

3. 防强电

1）无铜线光缆线路的防护措施

（2）光缆的金属护层和金属加强芯在接头处相邻光缆间不作电气连通，以减小积累段长度。

（2）在接近交流电气化铁道的地段，当进行光缆施工或检修时，应将光缆的金属护套与加强芯作临时接地处理，以保证人身安全。

（3）通过地电位升高区域时，光缆的金属护套与加强芯等金属构件不作接地处理。

（4）鉴于光缆线路的屏蔽效果很低，金属护套的绝缘介质强度又高，光缆通信线路均可不作接地，以降低工程造价，减少日常维修工作量。

2）有铜线光缆通信线路的防护措施

（1）光缆通信线路与强电线路平行接近时要按设计保持足够的距离，以增大它与强电线路的隔距或缩短影响积累段的长度来达到。

（2）光缆通信线路与高压电力线路、交流电气化铁道、发电厂或变电站的地线网、高压电力线杆塔的接地装置等强电设施接近时，其具体的隔距可根据设计决定。

（3）强电线路对光缆的短期危险影响，可在铜线上安装放电器。对于长期危险影响，可在铜线回路中安装防护滤波器。

（4）在不影响中继站供电的条件下，调整强电影响地段内的远供段组成，以缩短影响积累段的长度。

（5）增加光缆 PE 外护层的厚度。

8.2　电缆线路网的设计原则

（1）电缆线路网的容量和路由，在通信发展规划的基础上，考虑满足相应年限的需要，并与已建和后续工程相结合确定。

（2）考虑线路网的整体性，积极采用新技术、新设备，满足业务和用户的发展和变动，安全灵活、经济节约。

（3）城区内优先选择管道敷设方式，并逐步实现线路网的隐蔽入地，不破坏自然环境和景观。

（4）用户主干电缆设计，应在分析用户发展数量、地域和时间的基础上，通过选择不同配线方式、路由、对数、芯线递减点和建筑方式等技术措施，使主干电缆构成一个调度灵活、芯线使用率高、节省投资、便于发展、利于运营维护的网络。

（5）电缆线路网的配线方式应以交接配线为主，辅以直通配线和自由配线，不宜采用复接配线。

8.3　利旧原有线路设备原则

（1）管道式电缆不宜抽换。

（2）架空配线电缆及其他线路设备应尽量减少拆换，充分利旧。

原杆加挂设计勘察比新建杆路设计勘察省去选路由的麻烦；增加原杆路上设施的摸清和记录；还需考虑新建光缆的具体位置。综合起来，原杆加挂勘察比新建杆路难。

①原有杆路整修：换杆、补杆、移杆、电杆扶正、杆根保护、补换拉线等。

②杆面形式：几条吊线、几条光缆、是否同钩、架挂位置等。

③线路防护：补防护措施。

8.4　光（电）缆及终端设备的选择

8.4.1　光缆选择

光传输网中应使用单模光纤。光纤的选择必须符合国家及行业标准和 ITU－T 相关建议的要求。

（1）长途网光缆宜采用 G.652 或 G.655 光纤。

（2）本地网光缆宜采用 G.652 光纤。

（3）接入网光缆宜采用 G.652 光纤，当需要抗微弯光纤光缆时，宜采用 G.657A 光纤。

8.4.2　电缆的选择

（1）根据使用要求选择芯线绝缘层程式，绝缘层的电气性能和物理力学性能符合规定。

（2）根据电缆敷设方式、敷设场所和环境条件，选用全塑电缆时，电缆护套应采用铝塑综合护套；室内成端电缆和室内配线电缆必须采用非延燃型电缆。

（3）管道电缆的外径应适于敷设在管孔内。

（4）全塑电缆的工作环境温度为 －30 ～ ＋60 ℃，超出规定的温度范围时，应根据工作环境要求特殊选择。

8.4.3 终端设备的选择

（1）机房内原有 ODF 空余容量能够满足本期需要时，可不配置新的 ODF。

（2）配置的 ODF 容量应与引入光缆的终端需求相适应，外形尺寸、颜色应与机房原有设备一致。

（3）ODF 内光缆金属加强芯固定装置应与 ODF 绝缘。

（4）光纤终接装置的容量应与光缆的纤芯数相匹配，盘纤盒应有足够的盘绕半径和容积，以便于光纤盘留。

8.4.4 通信线路路由的选择

（1）线路路由方案的选择，应以工程设计委托书和通信网络规划为基础，进行多方案比较。工程设计必须保证通信质量，使线路安全可靠、经济合理，且便于施工、维护。

（2）对于干线光缆路由，在满足干线通信要求的前提下，可适当考虑沿线地区的通信需求，增加局站、增加纤芯数量和进行路由迂回。

（3）通信线路路由选择应考虑强电影响，不宜选择在易遭受雷击、化学腐蚀和机械损伤的地段，不宜与电气化铁路、高压输电线路和其他电磁干扰源长距离平行或过分接近。

（4）扩建光（电）缆网络时，应结合网络系统的整体性，优先考虑在不同道路上扩增新路由，以增强网络安全。

8.4.5 电缆线路路由的选择

（1）电缆线路路由的选择，应结合网络系统的整体性，将电缆路由与中继线路路由一并考虑，充分、合理地利用原有设施，确保短捷安全、经济灵活，并便于施工及维护。

（2）当电缆线路不可避免地穿越有化学和电气腐蚀的地区时，应采取必要的防护措施，不宜采用金属外护套电缆。

8.4.6 光电缆路由选择

1. 光电缆路由选择原则

（1）光电缆线路路由方案的选择，必须以工程设计任务书和光电缆通信网络的规划为依据。

（2）线路路由应进行多方案的比较，确保线路的安全可靠、经济合理、便于维护和施工。

（3）应选择短捷的路由。

（4）通常情况下干线路由不宜考虑本地网的加芯需求，不宜与本地网同缆敷设。

（5）综合考虑是否可以利用已有杆路、管道和墙壁资源。

2. 光电缆路由选择应注意的问题

（1）光电缆线路路由应以现有的地形、地物、建筑设施和既定的建设规模为主要依据，并考虑有关部门发展规划影响。

（2）光电缆线路路由一般应避开干线铁路，且不应靠近重大军事目标。

（3）长途光电缆线路应沿公路或可通行机动车辆的大路，但应避开公路用地、路旁设施、绿化带和规划改道地段，距公路距离不应小于 50 m。

（4）光电缆线路路由应选择在地质稳固、地势平坦的地段。

（5）光电缆线路路由穿越河流时，应选择在符合敷设水底光缆要求的地方，并兼顾大的路由走向，不宜偏离过远。

(6) 光电缆线路不宜穿越大的工业基地、矿区，如果不可避免，必须采取保护措施。

(7) 光电缆线路不宜穿越城镇，尽量少穿越村庄，能绕道而行最好。

(8) 光电缆线路不宜通过森林、果园、茶园、苗圃以及其他经济林场。

8.5 光电缆设计敷设方式

通信线路敷设方式如图 8-1 所示。

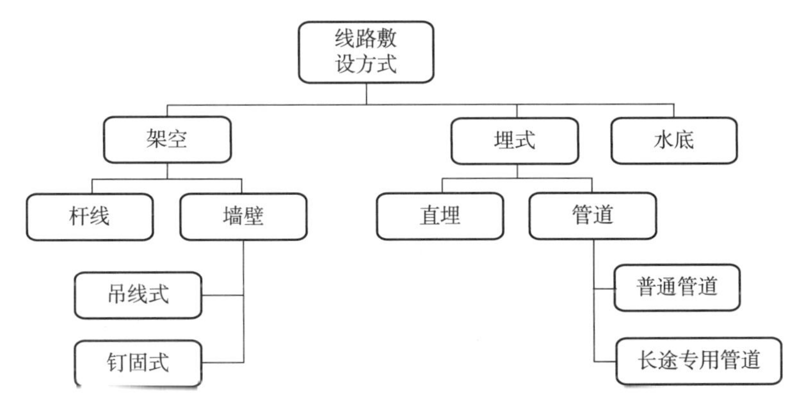

图 8-1 通信线路敷设方式

8.5.1 架空

1. 架空的应用情况

(1) 城市网基本营业区域以外的用户稀疏地点，可设置少量架空明线作为光电缆分线点向用户延伸线路。

(2) 小城市和乡镇本地网建设时可用架空明线过渡。

(3) 市区至乡镇、乡镇之间光电缆可采用架空明线。

(4) 发展慢、距离远兼有传输要求时，宜采用架空明线。

2. 杆线设计

杆线就是架设光电缆所用的电杆及附属设备。依电杆的材质分有木电杆和水泥电杆。木电杆一般均应经防腐处理以延长使用年限，现今很少使用。对于架空线路来说，就是将光电缆加挂在距地面有一定高度电杆上的一种线路建筑方式，它与地下敷设相比，虽然较易受到外界影响、不够安全、也不美观，但架设方便、建设费用低，市话光电缆中存在多处杆线敷设。各种架空杆路如图 8-2 (a)、(b) 所示。

由于光电缆本身有一定重量，机械强度较差，所以在架设光电缆时，必须另设光电缆吊线，并用挂钩把光电缆拖挂在吊线下面。挂设光电缆的吊线可按设计要求用三眼单槽夹板或三眼双槽夹板固定在电杆上。三眼单槽夹板如图 8-2 (c) 所示。

对于一些特殊地段的电杆，如终端杆、抗风杆、坡度杆等，要增加拉线来克服杆路上的不平衡张力，保障杆路的稳固性，增强机械强度，如图 8-3、图 8-4 所示。拉线与电杆的结合有捆扎法或抱箍法。捆扎法为拉线在电杆上自绕一圈再与电杆结合的方法；抱箍法为拉线用拉线抱箍与电杆结合的方法。拉线抱箍如图 8-3 所示。

图 8－2　各种架空杆路

（a）木电杆；（b）水泥电杆；（c）三眼单槽夹板

图 8－3　拉线抱箍

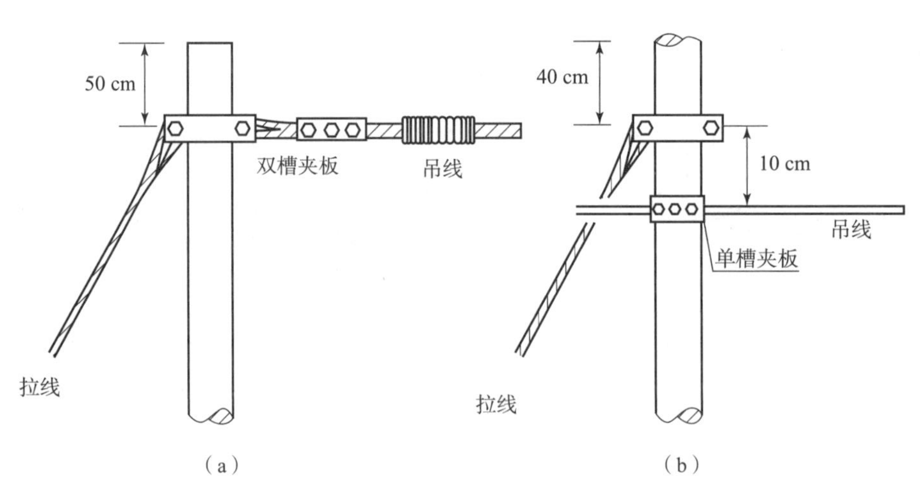

图 8－4　拉线示意图

（a）终端拉线；（b）角杆拉线

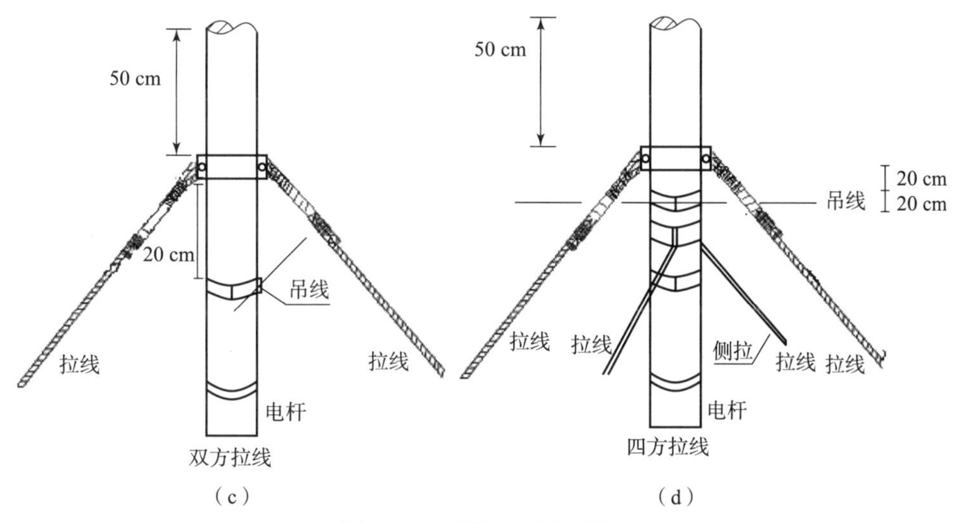

图8－4　拉线示意图（续）

（c）双方拉线；（d）四方拉线

8.5.2　直埋、管线

（1）直埋、管线应用情况。

①长途干线根据其重要性，一般采用直埋敷设。市话光电缆中对于建设管道和杆路都比较困难，且无其他可利用设施的地区，如公园、风景名胜区、大学校园等地区、光缆交接箱至管道处，可适当选择该敷设方式，一般情况不建议使用。

②局间、局前以及重要节点之间光电缆（及核心层和骨干层光缆）应采用管道敷设方式。

③不能建设架空明线地区建设的传输光电缆应采用管道敷设方式。

④骨干节点至主要电缆分线设备间光电缆应采用管道敷设方式。

（2）直埋是直接把光电缆经过一定的保护埋在地下的一种地下敷设光电缆方式。长途骨干光缆采用这种敷设方式较多，市话光电缆不多。

任务9　通信管道与通道工程设计规范

9.1　规划原则

（1）通信管道与通道规划应以城市发展规划和通信建设总体规划为依据。通信管道建设规划必须纳入城市建设规划。

（2）通信管道与通道应根据各运营商发展需要进行总体规划。

（3）城市街区内新建、改建的建筑物，楼外应预埋通信管道，并应与公用通信管道相连接。

（4）城市的桥梁、隧道、高等级公路等建筑应同步建设通信管道或留有通信管道的位置。必要时，应进行管道特殊设计。

（5）通信管道与通道规划应与城市道路和地下管道规划及其现状密切结合，主干道路可在道路两侧修建管道。管道建设宜与相关的市政建设统一规划，同步进行。

9.2 路由和位置的确定

（1）确定路由要求如下。

①通信管道与通道宜建在城市主要道路和住宅小区，对于城市郊区的主要公路也应建设通信管道。

②选择管道与通道路由应在管道规划的基础上充分研究分路建设的可能，以满足各运营商的需要和管道网路的灵活性。

③通信管道与通道路由应远离电蚀和化学腐蚀地带。

④选择地下、地上障碍物较少的街道。

⑤避免在已有规划而尚未成型，或虽已成型但土壤未沉实的道路上，以及流砂、翻浆地带修建管道与通道。

（2）选定位置要求如下。

①宜建在人行道下。如在人行道下无法建设，可建在慢车道下，不宜建筑在快车道下。

②高等级公路上的通信管道建筑位置选择依次是在隔离带下、路肩和防护网以内。

③为便于电缆引上，管道位置宜与杆路同侧。

④通信管道与通道中心线应平行于道路中心线或建筑红线。

⑤通信管道与通道位置不宜选在埋设较深的其他管线附近。

（3）通信管道与通道应尽量避免与燃气管道、高压电力电缆在道路同侧建设。

（4）人孔内不得有其他管线穿越。

（5）通信管道与铁道及有轨电车道的交越角不宜小于60°，交越时与道岔及回归线的距离不应小于3 m。

9.3 通信管道设计

9.3.1 通信管道容量的确定

（1）管孔需要量应按业务预测及具体情况计算确定。

（2）管道容量应按远期需要和合理的管群组合类型取定，并应留有适当的备用孔。为便于维护和施工，水泥管道管群组合宜组成矩形体，高度宜大于其宽度，但不宜超过一倍。塑料管、钢管等宜组成形状整齐的群体，形体可视具体情况而定。

（3）在一条路由上，为避免多次挖马路，管道应按远期容量一次敷设。在远期管孔需要量过大的宽阔马路上，可将管道建在马路两侧或通道。

（4）进局管道应根据终局需要量一次建设。管孔大于48孔时可做通道，由地下室接出。

9.3.2 通信管道材料及选择

（1）通信管道。通常采用的材料主要有水泥管块、硬质或半硬质聚乙烯（或聚氯乙烯）塑料管以及钢管等。

（2）水泥管道。由于水泥管块一直是通信管道建设采用的主要管块，且技术成熟，价格低廉，水泥管块被广泛用在城区的主干和配线管道建设上。

（3）塑料管道。由于塑料管道较水泥管道施工方便，并伴随塑料管材的价格降低，已逐步广泛应用在通信管道的建设上。

（4）通信用塑料管的材料主要有两种，即聚氯乙烯（PVC－U）和高密度聚乙烯（HDPE）管，由于聚氯乙烯管的耐低温性不如聚乙烯管，在低于－70 ℃时的特殊环境不宜采用聚氯乙烯管。

（5）塑料管道结构有单孔双壁波纹式塑料管、硅芯式塑料管、多孔式塑料管（包括蜂窝式塑料管和栅格式塑料管等）。工程中采用时应符合规范要求。

（6）管材的选用。对于城区新建的道路应首选水泥管道；对于城区原有道路各种综合管线较多、地形复杂的路段应选择塑料管道；用于光缆建设的专用管道应选用塑料管道。应根据使用的需要选择管孔与管孔组合。

9.3.3　通信管道及人孔建筑

（1）管道和人孔的荷载与强度，其设计标准应符合国家相关标准及规定。

（2）管道应建筑在良好的地基上，水泥管道应有基础；除地质确系坚实者外，塑料管道也应有基础，并可按土壤条件采用素土夯实、混凝土基础、钢筋混凝土基础。敷设塑料管道应根据所选择的塑料管材情况，采取相应的固定组群措施。

（3）对于地下水位较高和冻土层内的地段，应进行特殊设计。

（4）人孔应防止渗水。对于地下水位较高地段，管材可采用塑料管等有防水性能的管材。

（5）人孔形式应根据终期管群容量大小确定。

（6）人孔应建混凝土基础，遇到土壤松软或地下水位较高时，还应增设碴石地基和采用钢筋混凝土基础。

（7）郊区光缆专用塑料管道、配线管道引上或支线可设置手孔。

9.3.4　通信管道埋设深度

（1）进入人孔处的管道基础顶部距人孔基础顶部距离不少于0.40 m，管道顶部距人孔上覆底部的净距离不得小于0.30 m。管道理深（管顶至路面）不应低于表9－1的要求。

表9－1　路面至管顶的最小深度　　m

管型	人行道下	车行道下	与电车轨道交越（从轨道底部算起）	与铁道交越（从轨道底部算起）
水泥管、塑料管	0.5	0.7	1.0	1.5
钢管	0.3	0.5	0.7	1.2

（2）管道敷设应有一定的坡度，以利于渗入管内的地下水流向人孔。管道坡度应为3‰～4‰，不得小于2.5‰；如街道本身有坡度，可利用地势获得坡度。

9.3.5 通信管道弯曲与段长

（1）人孔的位置宜设置在设计的电缆分支点或引上点处、管线拐弯点上、道路交叉路口或拟建地下引入线路的建筑物旁，并注意保持与其他相邻管线的距离。

（2）管道段长按人孔位置而定。在直线路由上，水泥管道的段长最大不得超过 150 m；塑料管道可适当延长，高等级公路上的通信管道段长最大不得超过 250 m。对于郊区光缆专用塑料管道，根据选用的管材形式和施工方式不同段长可为 1 000 m 左右。

（3）每段管道应按直线敷设。如遇道路弯曲或需绕越地上、地下障碍物，且在弯曲点设置人孔而管道段又太短时，可建弯管道。弯曲管道的段长应小于直线管道最大允许段长。

9.3.6 电缆通道

（1）电缆通道容量大，可敷设的电缆条数多，若遇到下列情况可考虑建筑电缆通道。

①新建大容量电话局的出局段。

②通信管道穿越城市主干街道、高速公路、地下铁道等今后不易进行扩建管道，且管道容量大的地段。

③需要建设通信管道，且所需管孔数过大的街道。

（2）电缆通道的大小和埋深。电缆通道的宽度宜为 1.4 ~ 1.6 m，净高应不小于 18 m。电缆通道埋深（通道顶至路面）应不小于 0.3 m。

（3）电缆通道应建筑在良好的地基上，可按土壤条件采用混凝土基础或钢筋混凝土基础。

（4）电缆通道建筑应采取有效的防止漏水、排水、照明及通风措施。

本模块小结

（1）工程设计必须贯彻执行国家基本建设方针和通信技术经济政策，合理利用资源，重视环境保护。

（2）设计工作必须执行科技进步的方针，广泛采用适合我国国情的国内外成熟的先进技术。

（3）室内分布要大力加强分布式皮飞基站应用，在流量高、隔断少的场景应用比例不得低于 60%。

（4）光缆线路网应安全可靠，向下逐步延伸至通信业务最终用户。光缆线路在城镇地段敷设时应以采用管道方式为主，对不具备管道敷设条件的地段，可采用简易塑料管道、槽道或其他适宜的敷设方式。

（5）线路路由方案的选择，应以工程设计委托书和通信网络规划为基础，进行多方案比较。工程设计必须保证通信质量，使线路安全可靠、经济合理，且便于施工、维护。

（6）通信管道与通道规划应与城市道路和地下管道规划及其现状密切结合，主干道路可在道路两侧修建管道。管道建设宜与相关的市政建设统一规划，同步进行。

（7）管道应建筑在良好的地基上，水泥管道应有基础；除地质确系坚实者外，塑料管道也应有基础，并可按土壤条件采用素土夯实、混凝土基础、钢筋混凝土基础。敷设塑料管道应根据所选择的塑料管材情况，采取相应的固定组群措施。

（8）每段管道应按直线敷设。如遇道路弯曲或需绕越地上、地下障碍物，且在弯曲点设置人孔而管道段又太短时，可建弯管道。弯曲管道的段长应小于直线管道最大允许段长。

（9）电缆通道应建筑在良好的地基上，可按土壤条件采用混凝土基础或钢筋混凝土基础。

（10）电缆通道建筑应采取有效的防止漏水、排水、照明及通风措施。

（11）通信管道与通道规划应以城市发展规划和通信建设总体规划为依据。通信管道建设规划必须纳入城市建设规划。

（12）通信管道与通道应根据各运营商发展需要，进行总体规划。

（13）城市街区内新建、改建的建筑物，楼外应预埋通信管道，并应与公用通信管道相连接。

（14）管道容量应按远期需要和合理的管群组合类型取定，并应留有适当的备用孔。为便于维护和施工，水泥管道管群组合宜组成矩形体，高度宜大于其宽度，但不宜超过一倍。塑料管、钢管等宜组成形状整齐的群体，形体可视具体情况而定。

（15）通信光缆分为普通直埋光缆、水底光缆、架空光缆。

（16）对于干线光缆路由，在满足干线通信要求的前提下，可适当考虑沿线地区的通信需求，增加局站和纤芯数量及进行路由迂回。

习题与思考

一、填空题

1. 工程设计必须保证通信质量，做到________，________，________，能够满足施工、生产和使用的要求。

2. 通信工程设计的工作流程为________、________、________、________、________、________、________、________、________。

3. 通信管道与铁道及有轨电车道的交越角不宜小于________，建设项目名称应与立项名称一致，一般由________、________、________、________等属性组成。交越时与道岔及回归线的距离不应小于________ m。

4. 建设项目名称应与立项名称一致，一般由________、________、________、通信工程类型等属性组成。

5. 用户主干电缆设计，应在分析用户发展数量、地域和时间的基础上，通过选择不同配线方式、路由、对数、芯线递减点和建筑方式等技术措施，使主干电缆构成一个调度灵活，芯线________、________、________、利于运营维护的网络。

6. 通信工程文件一般由________、________和________三部分组成。

7. 通信设计单位根据________的要求，确定项目组成员，分派设计任务，制订工作计划。

8. 勘察工作开始前，应准备的工具有：准备好所用的________、仪表、测量工具、________、铅笔、橡皮等工具。

9. 进行工程设计，这一阶段主要包括以下几方面工作：

____

____。

12. 通信管道与通道宜建在城市________和________，对于城市郊区的________也应建设通信管道。

13. 选择管道与通道路由应在管道规划的基础上充分研究________的可能，以满足各运营商的需要和________的灵活性。

14. 在直线路由上，水泥管道的段长最大不得超过________ m，塑料管道可适当延长，高等级公路上的通信管道段长最大不得超过________ m。对于郊区光缆专用塑料管道，根据选用的管材形式和施工方式不同，段长可在________ m 左右。

15. 管道应建筑在良好的地基上，水泥管道应有基础；除地质确系坚实者外，塑料管道也应有基础，并可按土壤条件采用________、________、________。敷设塑料管道应根据所选择的塑料管材情况，采取相应的________措施。

16. 关于管材的选用，对于城区新建的道路应首选________，对于城区原有道路各种综合管线较多，地形复杂的路段应选择________，用于光缆建设的专用管道应选用________，并应根据使用的需要选择管孔与管孔组合。

17. S1 接口是________与________之间的接口，它分为________和________两个接口。S1 的控制面接口________提供 eNB 和________之间的信令承载功能。S1 的用户面接口________提供 eNB 和________之间的用户数据传输功能。

18. X2 接口是________和________之间的接口，该接口用于________、________以及终端的移动性管理，用户面接口称为________，控制面接口称为________。

19. 当天线安装在________时，需要注意天线辐射不能被近处的物体所阻挡，主要是考虑第一________半径内辐射没有被阻挡，并同时需要结合考虑天线的________和________的影响。

20. 密集市区，基站站址高度宜控制在________ m。

21. 一般市区，基站站址高度宜控制在________ m。

二、思考题

1. 简述通信工程设计工作流程。
2. 简述网络建设要严格遵循“三要三不要”的原则。
3. 简述通信管道与通道工程设计规划原则。
4. 水泥管和钢管在人行道下和车行道下埋设深度分别为多少？
5. 简略说明确定路由和位置的要求有哪些。
6. 简略说明通信管道的规划原则。
7. 简单绘制工程设计流程图。
8. 简单谈谈设计工作的重要性。
9. 分析通信设计文件的组成有哪些。

10. 一般情况下，TD－LTE 天线安装方式分为哪几种？
11. 简单谈谈设计工作的重要性。
12. 分析通信设计文件的组成有哪些。
13. 通信线路路由应该怎么选择？
14. 通信线路敷设方式有哪些？
15. 简单说明直埋光缆线路的设计原则。

任务10　通信工程制图基本知识

10.1　概述

通信工程图纸是在对施工现场仔细勘察和认真搜索资料的基础上，通过图形符号、文字符号、文字说明及标注来表达具体工程性质的一种图纸。它是通信工程设计的重要组成部分，是指导施工的主要依据。通信工程图纸里面包含了诸如路由信息、设备配置安放情况、技术数据、主要说明等内容。

通信工程制图就是将图形符号、文字符号按不同专业的要求画在一个平面上，使工程施工技术人员通过阅读图纸就能够了解工程规模、工程内容，统计出工程量及编制工程概预算。只有绘制出准确的通信工程图纸，才能对通信工程施工具有正确的指导性意义。通信工程图纸是指导通信工程建设施工的重要资料，也是编制通信工程概预算的基本依据。因此，通信工程技术人员必须掌握通信制图的方法。

为了使通信工程的图纸做到规格统一、画法一致、图面清晰，符合施工、存档和生产维护要求，有利于提高设计效率、保证设计质量和适应通信工程建设的需要，要求依据以下国家及行业标准编制通信工程制图与图形符号标准。

（1）《电气制图》（GB/T 6988.1～7）。

（2）《电气通用图形符号》（GB/T 4728.1～13）。

（3）《1:500　1:1000　1:2000 地形图图式》（GB/T 7929—1995）。

（4）《电气技术中的文字符号制订通则》（GB 7159—1987）。

（5）《建筑制图标准》（GB/T 50104—2001）。

（6）《电气系统说明书用简图的编制》（GB 7356—1987）。

（7）《电气工程制图与图形符号》（YD/T 5015—2007）。

《1:500　1:1000 1:2000 地形图图式》（GB/T 7929—1995）

10.2　通信工程制图的要求

（1）根据表述对象的性质、论述的目的与内容，选取适宜的图纸及表达手段，以便完整地表述主题内容。当几种手段均可达到目的时，应采用简单的方式，当多种画法均可达到表达的目的时，图纸宜简不宜繁。

（2）图面应布局合理、排列均匀、轮廓清晰、便于识别。

（3）应选取合适的图线宽度，避免图中的线条过粗或过细。标准通信工程制图图形符号的线条除有意加粗者外，一般都是粗细统一的，一张图上要尽量统一。但是，不同大小的图纸（如 A1 和图 A4）可有所不同，为了视图方便，大图的线条可以相对粗些。

（4）正确使用国标和行标规定的图形符号。派生新的符号时，应符合国标图形符号的派生规律，并应在适合的地方加以说明。

（5）在保证图面布局紧凑和使用方便的前提下，应选择适合的图纸幅面，使原图大小适中。

（6）应准确地按规定标注各种必要的技术数据和注释，并按规定进行书写和打印。

（7）工程设计图纸应按规定设置图衔，并按规定的责任范围签字，各种图纸应按规定顺序编号。

（8）线路工程，设计图纸应按照从左往右的顺序制图，并设指北针；线路图纸分段按“起点至终点，分歧点至终点”原则划分。

10.3　通信工程制图的统一规定

通信工程制图的统一规定

10.3.1　图纸幅面尺寸

（1）工程设计图纸幅面和图框大小应符合国家标准《电气技术用文件的编制 第 1 部分：规则》（GB 6988.1—2008）中的规定。一般采用 A0、A1、A2、A3、A4 及其加长的图纸幅面，目前大多数工程设计中都采用 A4 幅面。各种图纸幅面和图框尺寸大小关系如表 10－1 及图 10－1 所示。

表 10－1　图纸幅面和图框尺寸大小关系　　mm

幅面代号	A0	A1	A2	A3	A4
图框尺寸（宽×长）	841×1189	594×841	420×594	297×420	210×297
侧边框距 c	10			5	
装订侧边框距 a	25				

《技术制图 图纸幅面及格式》（GB 14689.1—2008）

（2）当上述幅面不能满足要求时，可按照《技术制图 图纸幅面及格式》（GB 14689.1—2008）的规定加大幅面，也可在不影响整体视图效果的情况下分割成若干张图绘制，这种情况在通信工程制图中常被采用。

（3）根据表述对象的规模大小、复杂程度、所要表达的详细程度、有无图衔及注释的数量来选择较小的合适幅面。

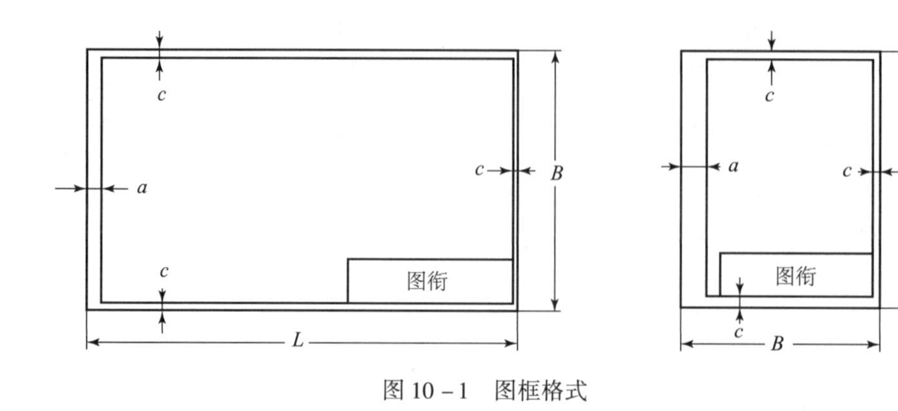

图 10－1　图框格式

10.3.2　图线形式及其应用

（1）图线形式及用途应符合表 10－2 的规定。

表 10－2　图线形式及用途

图线名称	一般用途	图线形式
实线	基本线条：图纸主要内容用线，可见轮廓线	————————
虚线	辅助线条：屏蔽线、机械连接线、不可见轮廓线、计划扩展内容用线	--------------------
点画线	图框线：表示分界线、结构图框线、功能图框线、分级图框线	—·—·—·—·—
双点画线	辅助图框线：表示更多的功能组合或从某种图框中区分不属于它的功能部件	—··—··—··—

（2）图线的宽度一般从以下系列中选用（单位：mm）：0.25、0.35、0.5、0.7、1.0、1.4 等。

（3）通常只选用两种宽度的图线，粗线的宽度为细线宽度的两倍，主要图线粗些，次要图线细些，对复杂的图纸也可采用粗、中、细 3 种线宽，线的宽度按 2 的倍数依次递增，但线宽种类也不宜过多。

（4）使用图线绘图时，应使图形的比例和配线协调恰当、重点突出、主次分明，在同一张图纸上，按不同比例绘制的图样及同类图形的图线粗细应保持一致。

（5）细实线是最常用的线条，在以细实线为主的图纸上，粗实线主要用于主回路线、图纸的图框及需要突出的设备、线路、电路等处，指引线、尺寸线、标注线应使用细实线。

（6）当需要区分新安装的设备时，则粗线表示新建，细线表示原有设施，虚线表示规划预留部分。在改建的电信工程图纸上，需要表示拆除的设备及线路用“×”来标注。

（7）平行线之间的最小间距不宜小于粗线宽度的两倍，同时最小不能小于 0.7 mm。

（8）在使用线型及线宽表示图形用途有困难时，可用不同颜色来区分。

10.3.3　图纸比例

（1）对于建筑平面图、平面布置图、管道线路图、设备加固图及零部件加工图等图纸，一般应有比例要求，对于系统框图、电路组织图、方案示意图等类图纸则无比例要求，但应按工作顺序、线路走向、信息流向排列。

（2）对平面布置图、线路图和区域规划性质的图纸，推荐的比例为1：10、1：20、1：50、1：100、1：200、1：500、1：1 000、1：2 000、1：5 000、1：10 000、1：50 000等，各专业应按照相关规范要求选用适合的比例。

（3）对于设备加固图及零部件加工图等图纸推荐的比例为1：2、1：4等。

（4）应根据图纸表达的内容深度和选用的图幅选择适合的比例，并在图纸上及图衔相应栏目处注明，对于通信线路及管道类的图纸，为了更方便地表达周围环境情况，可采用沿线路方向按一种比例，而周围环境的横向距离采用另一种比例或基本按示意性绘制。

10.3.4　尺寸注明

（1）一个完整的尺寸标注应由尺寸数字、尺寸界线、尺寸线及其终端等组成。

（2）图中的尺寸单位，除标高和管线长度以米（m）为单位外，其他尺寸均以毫米（mm）为单位，按此原则标注的尺寸可不加单位的文字符号。若采用其他单位时，应在尺寸数值后加注计量单位的文字符号，尺寸单位应在图衔相应栏目中填写。

（3）尺寸界线用细实线绘制，由图形的轮廓线、轴线或对称中心线引出，也可利用轮廓线、轴线或对称中心线作尺寸界线。尺寸界线一般应与尺寸线垂直。

（4）尺寸线的终端可以采用箭头或斜线两种形式，但同一张图中只能采用一种尺寸线终端形式，不得混用。

（5）采用箭头形式时，两端应画出尺寸箭头，指到尺寸界线上，表示尺寸的起止。尺寸箭头宜用实心箭头，箭头的大小应按可见轮廓线选定，其大小在图中应保持一致。

（6）采用斜线形式时，尺寸线与尺寸界线必须互相垂直。斜线用细实线，且方向及长短应保持一致。斜线方向应以尺寸线为准，逆时针方向旋转45°，斜线长短约等于尺寸数字的高度。

（7）图中的尺寸数字，一般应注写在尺寸线的上方或左侧，也允许注写在尺寸线的中断处，但同一张图样上注法应尽量保持一致。尺寸数字应顺着尺寸线方向书写并符合视图方向，数值的高度方向应和尺寸线垂直，并不得被任何图线通过。当无法避免时，应将图线断开，在断开处填写数字。在不致引起误解时，对非水平方向的尺寸其数字可水平地注写在尺寸线的中断处。标注角度时，其角度数字应注写成水平方向，一般应注写在尺寸线的中断处。

（8）有关建筑类专业设计图纸上的尺寸标注，可按《建筑制图标准》（GB/T 50104—2001）要求标注。

《建筑制图标准》（GB/T 50104—2001）

10.3.5　字体及写法

（1）图中书写的文字（包括汉字、字母、数字、代号等）均应字体工整、笔画清晰、排列整齐、间隔均匀，其书写位置应根据图面妥善安排，文字多时宜放在图的下面或右侧。文字内容从左向右横向书写，标点符号占一个汉字的位置，中文书写时，应采用国家正式颁布的简化汉字，字体宜采用长仿宋体。文字的字高（打印到图纸上的字高）应从以下系列中选用：2.5 mm、3.5 mm、5 mm、7 mm、10 mm、14 mm、20 mm。如需要书写更大的字，其高度应按$\sqrt{2}$的比值递增。图样及说明中的汉字宜采用长仿宋字体，大标题、图册封面、地形图等的汉字也可书写成其他字体，但应易于辨认。

（2）图中的“技术要求”“说明”或“注”等字样，应写在具体文字内容的左上方，并使用比文字内容大一号的字体书写，标题下均不画横线。具体内容多于一项时，应按下列顺序号排列。

①1、2、3…

②（1）、(2)、(3）…

③ ①、②、③…

（3）在图中所涉及数量的数字均应用阿拉伯数字表示。计量单位应使用国家颁布的法定计量单位。

10.3.6 图衔

（1）通信管道及线路工程图纸应有图衔，若一张图不能完整画出，可分为多张图纸，第一张图纸使用标准图衔，其后续图纸使用简易图衔。

（2）通信工程勘察设计制图常用的图衔种类有通信工程勘察设计各专业常用图衔、机械零件设计图衔和机械装配设计图衔。

（3）通信工程勘察设计各专业常用图衔的规格要求如图 10－2（a）所示，简易图衔规格要求如图 10－2（b）所示。

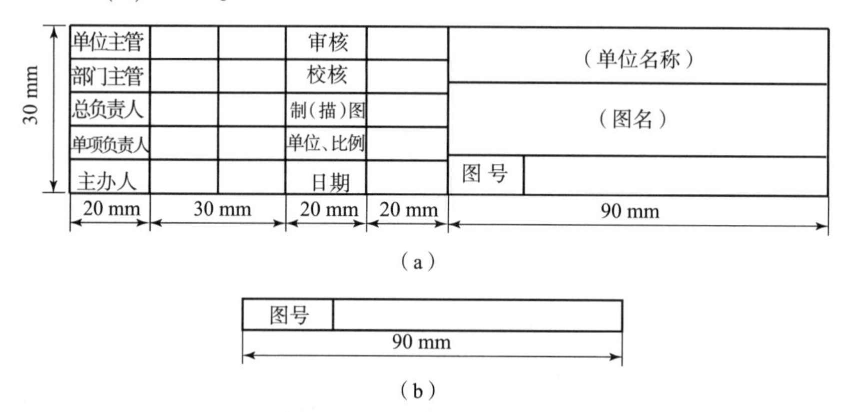

图 10－2　图衔的规格要求

（a）通信工程勘察设计常用图衔；（b）简易图衔

10.3.7 图纸编号

图纸编号的编排应尽量简洁，设计阶段一般图纸编号的组成可分为四段，按图 10－3 所示的规则处理。

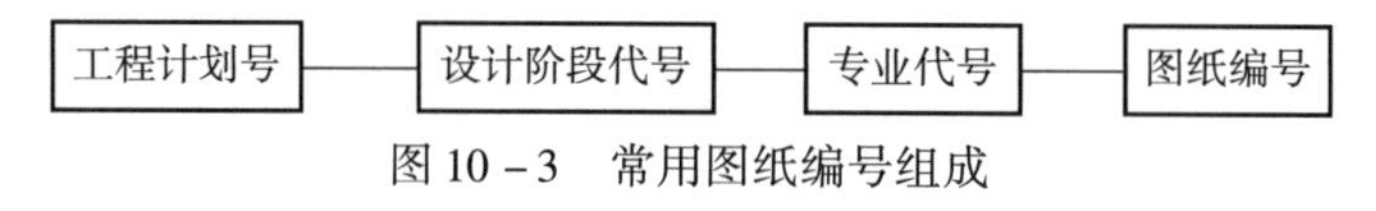

图 10－3　常用图纸编号组成

对于同计划号、同设计阶段、同专业而多册出版的图纸，为避免编号重复，可按图 10－4所示的规则处理。

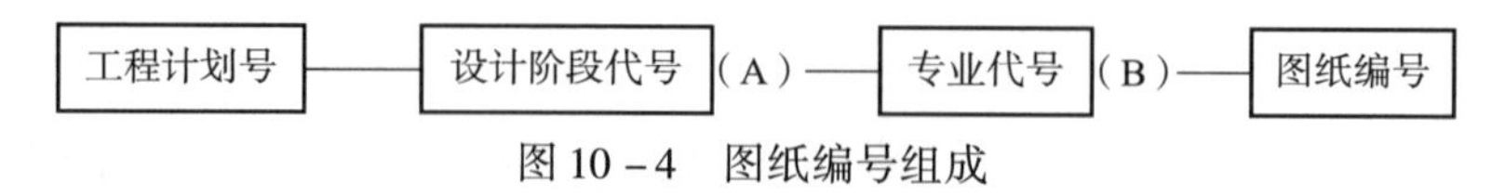

图 10－4　图纸编号组成

工程计划号可使用上级下达、客户要求或自行编排的计划号。设计阶段代号应符合表10－3的规定。

表10－3 设计阶段代号对应表

设计阶段	代号	设计阶段	代号	设计阶段	代号
可行性研究	Y	初步设计	C	技术设计	J
规划设计	G	方案设计	F	设计投标书	T
勘察报告	K	初设阶段的技术规范书	CJ	修改设计	在原代号后加X
咨询	ZX	施工图设计（一阶段设计）	S		

常用专业代号应符合表10－4的规定。

表10－4 常用专业代号表

名称	代号	名称	代号
长途明线线路	CXM	海底电缆	HDL
长途电缆线路	CXD	海底光缆	HGL
长途光缆线路	CXG或GL	市话电缆线路	SXD或SX
水底电缆	SDL	市话光缆线路	SXG或GL
水底光缆	SGL	通信线路管道	GD

注：（1）用于大型工程中分省、分业务区编制时的区分标识，可以是数字1、2、3或拼音字母的字头等。

（2）用于区分同一单项工程中不同的设计分册（如不同的站册），宜采用数字（分册号）、站名拼音字头或相应汉字表示。

（3）图纸代号：为工程计划号、设计阶段代号、专业代号相同的图纸间的区分号，应采用阿拉伯数字简单地编制（同一图号的系列图纸用括号内加注分号表示）。

（4）总说明附的总图和工艺图纸一律用YZ，总说明中引用的单项设计的图纸编号不变；土建图纸一律用FZ。

10.3.8 图纸编号案例

在上述所讲的国家通信行业制图标准对设计图纸的编号方法规定的基础上，一般每个设计单位都有自己内部的一套完整的规范，目的是为了进一步规范工程管理，配合项目管理系统实施，不断改进和完善设计图纸的编号方法。以设计院的图纸编号方法为例，通常具体规定如下。

1. 一般图纸编号原则

图纸编号 = 专业代号(2～3位字母) + 地区代号(2位数字) + 单册流水号(2位数字) + 图纸流水号(3位数字)

例如，江苏联通南京地区传输设备安装工程初步设计中的网络现状图的编号为GS0101－001。

通用图纸编号 = 专业代号(2位数字) + TY + 图纸流水号(3位数字)

例如，江苏联通南京地区传输设备安装工程初步设计通用图纸编号为GSTY－001。

图纸流水号由单项设计负责人确定。

2. 线路设计定型图纸编号原则

线路定型图编号按国家统一编号。例如，RK－01，指小号直通人孔定型图；JKGL－DX

-01，指架空光缆接头、预留及引上安装示意图。

3. 特殊情况图纸编号原则

若同一个图名对应多张图，可在图纸流水号后加（x/n），除第一张图纸外，后序图纸可以使用简易图衔，但图衔不得省略。“n”为该图名对应的图纸总张数，“x”为本图序号。例如，“××路光缆施工图”有 20 张图，则图号依次为“XL0101-001(1/20)~XL0101-001(20/20)”，这样编号便于审查和阅读。

10.3.9 注释、标志和技术数据

当含义不便于用图示方法表达时，可以采用注释。当图中出现多个注释或大段说明性注释时，应当把注释按顺序放在边框附近。注释可以放在需要说明的对象附近；当注释不在需要说明的对象附近时，应使用指引线（细实线）指向说明对象。

标志和技术数据应该放在图形符号的旁边；当数据很少时，技术数据也可以放在图形符号的方框内（如继电器的电阻值）；数据多时可以用分式表示，也可以用表格形式列出。

当使用分式表示时，可采用以下式，即

$$N\frac{A-B}{C-D}F$$

其中：N 为设备编号，应靠前或靠上放；A、B、C、D 为不同的标注内容，可增减；F 为敷设方式，一般靠后放。

当设计中需表示本工程前后有变化时，可采用斜杠方式：(原有数)/(设计数)。

当设计中需表示本工程前后有增加时，可采用加号方式：(原有数)+(增加数)。

当设计中需表示本工程前后有减少时，可采用减号方式：(原有数)-(减少数)。

常用的标注方式见表 10-5。图中的文字代号应以工程中的实际数据代替。

表 10-5 常用标注方式

序号	标注方式示意图	注释说明
1	N P P_1/P_2 P_3/P_3	对直接配线区的标注方式 【注：图中的文字符号应以工程数据代替（下同）】 其中： N——主干电缆编号，如 0101 表示 01 电缆上第一个直接配线区； P——主干电缆容量（初设为对数；施设为线序）； P_1——现有局号用户数； P_2——现有专线用户数，当有不需要局号的专线用户时，再用+(对数）表示； P_3——设计局号用户数； P_4——设计专线用户数
2	N (n) P P_1/P_2 P_3/P_4	对交接配线区的标注方式 其中： N——交接配线区编号，如 J22001 表示 22 局第一个交接配线区； n——交接箱容量，如 2 400（对）； P、P_1、P_2、P_3、P_4——含义同 1 注；

续表

序号	标注方式示意图	注释说明
3	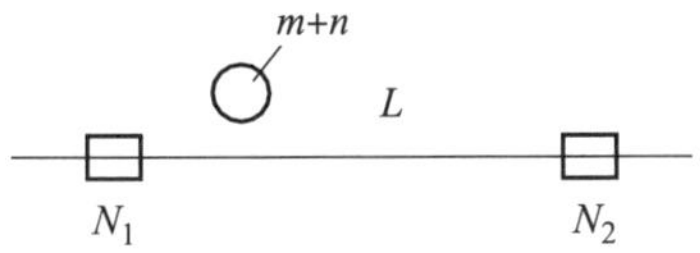 $m+n$ L N_1　N_2	对管道扩容的标注 其中： m——原有管孔数，可附加管孔材料符号； n——新增管孔数，可附加管孔材料符号； L——管道长度； N_1、N_2——人孔编号
4	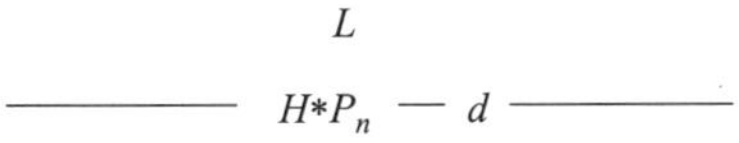 L $H*P_n - d$	对市话电缆的标注 其中： L——电缆长度； $H*$——电缆型号； P_n——电缆百对数； d——电缆芯线线径
5	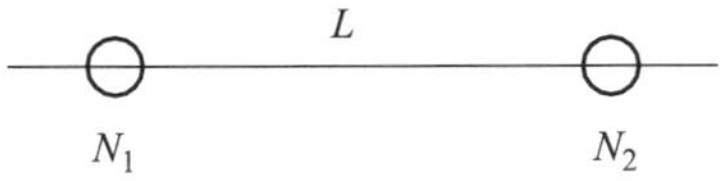 L N_1　N_2	对架空杆路的标注 其中： L——杆路长度； N_1、N_2——起止电杆编号（可加注杆材类别的代号）
6	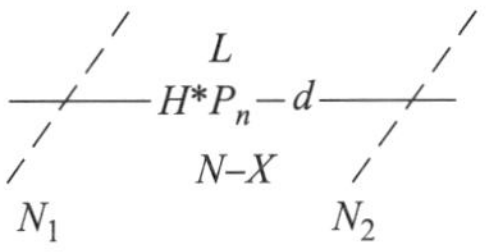 L $H*P_n-d$ $N\text{–}X$ N_1　N_2	对管道电缆的简化标注 其中： L——电缆长度； $H*$——电缆型号； P_n——电缆百对数； d——电缆芯线线径； X——线序； 斜向虚线——人孔的简化画法； N_1、N_2——表示起止人孔号； N——主杆电缆编号
7	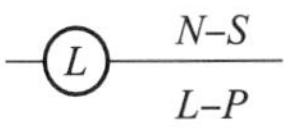 L　$\frac{N\text{–}S}{L\text{–}P}$	加感线圈表示方式 其中： N——加感编号； S——荷距段长； L——加感量，mH； P——线对数
8	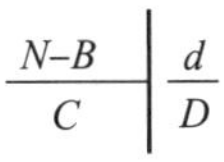 $\frac{N\text{–}B}{C}$ | $\frac{d}{D}$	分线盒标注方式 其中： N——编号； B——容量； C——线序； d——现有用户数； D——设计用户数

续表

序号	标注方式示意图	注释说明
9	$\dfrac{N\text{-}B}{C} \Big\| \dfrac{d}{D}$	分线箱标注方式 注：字母含义同 8
10	$\dfrac{WN\text{-}B}{C} \Big\| \dfrac{d}{D}$	壁龛式（W）分线箱标注方式 注：字母含义同 8

在通信工程设计中，由于文件名称和图纸编号多已明确，在项目代号和文字标注方面可适当简化，推荐如下。

（1）平面布置图中可主要使用位置代号或用顺序号加表格说明。

（2）系统方框图中可使用图形符号或用方框加文字符号来表示，必要时也可二者兼用。

（3）接线图应符合《电气技术用文件的编制 第 1 部分：规则》（GB/T 6988.1—2008）的规定。

对安装方式的标注应符合表 10－6 的规定。

表 10－6　对安装方式的标注

序号	代号	安装方式	英文说明
1	W	壁装式	Wall mounted type
2	C	吸顶式	Ceiling mounted type
3	R	嵌入式	Recessed type
4	DS	管吊式	Conduit suspension type

对敷设部位的标注应符合表 10－7 的规定。

表 10－7　对敷设部位的标注

序号	代号	安装方式	英文说明
1	M	钢索敷设	Supported by messenger wire
2	AB	沿梁或跨梁敷设	Along or across beam
3	AC	沿柱或跨柱敷设	Along or across column
4	WS	沿墙面敷设	On wall surface
5	CE	沿天棚顶板面敷设	Along ceiling or slab
6	SC	吊顶内敷设	In hollow spaces of ceiling
7	BC	暗敷设在梁内	Concealed in beam
8	CLC	暗敷设在柱内	Concealed in column
9	BW	墙内埋设	Burial in wall
10	F	地板或地板下敷设	In floor
10	CC	暗敷设在屋面或顶板内	In ceiling or slab

10.4 通信工程制图常用图例

通信工程图纸中的图形符号常称为图纸绘制的图例。显而易见，了解这些图例所表示的含义是阅读和理解通信工程图纸的基础。下面对通信功能图纸中的常用图例加以介绍。

10.4.1 移动通信设备常用图例

移动通信设备部分常用图例如表10－8所示。

表10－8 移动通信设备部分常用图例

序号	名称	图例	说明
1	手机		
2	基站	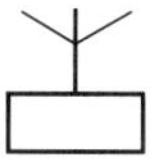	可在图形中加注文字符号表示不同技术，如BTS、GSM、CDMA、Node B、WCDMA或TD－SCDMA等基站
3	全向天线	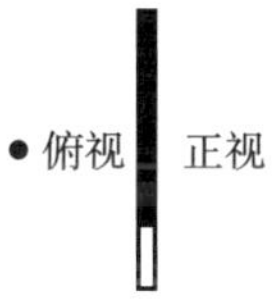 ● 俯视 正视	可在图形旁加注文字符号表示不同类型，如 Tx 发信天线 Rx 收信天线 Tx/Rx 收发共用天线
4	板状定向天线	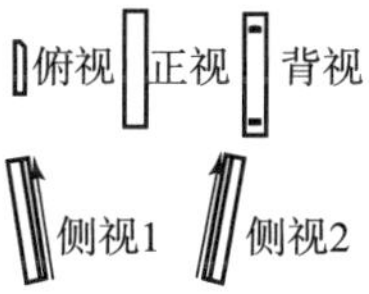 俯视 正视 背视 侧视1 侧视2	可在图形旁加注文字符号表示不同类型，如 Tx 发信天线 Rx 收信天线 Tx/Rx 收发共用天线
5	八木天线	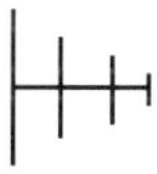	
6	吸顶天线		
7	抛物面天线		
8	馈线		
9	泄漏电缆		
10	二功分器	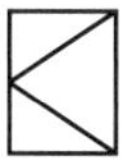	
10	三功分器	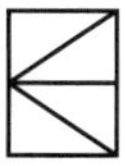	
12	耦合器	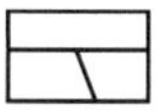	

10.4.2 通信线路工程常用图例

部分常用图例的认知及 CAD 绘制

1. 架空杆路常用图例

架空杆路常用图例如表 10－9 所示。

表 10－9 架空杆路常用图例

序号	名称	图例	说明
1	电杆的一般符号	○	可以用文字符号$\frac{A-B}{C}$标注 其中： A——杆路或所属部门 B——杆长 C——杆号
2	单接杆		
3	品接杆		
4	H 形杆		
5	L 形杆	Ⓛ	
6	A 形杆	Ⓐ	
7	三角杆	Δ	
8	四角杆	#	
9	带撑杆的电杆		
10	带撑杆拉线的电杆		
11	引上杆		小黑点表示电缆或光缆
12	通信电杆上装设避雷线		
13	通信电杆上装设带有火花间隙的避雷线		
14	通信电杆上装设放电器	A	在 A 处注明放电器型号

续表

序号	名称	图例	说明
15	电杆保护用围桩		河中打桩杆
16	分水桩	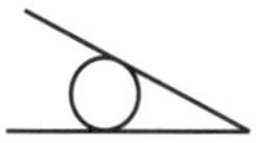	
17	单方拉线		拉线的一般符号
18	双方拉线	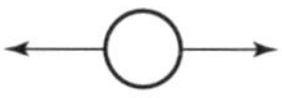	
19	四方拉线	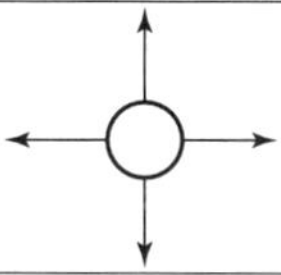	
20	有V形拉线的电杆	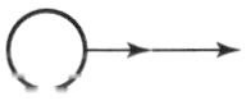	
21	有高桩拉线的电杆	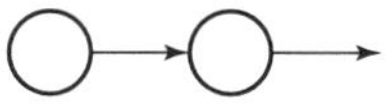	
22	横木或卡盘		

2. 通信管道常用图例

通信管道常用图例如表10－10所示。

表10－10 通信管道常用图例

序号	名称	图例	说明
1	直通型人孔	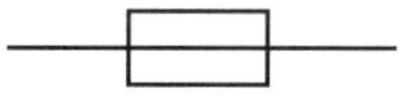	人孔的一般符号
2	手孔	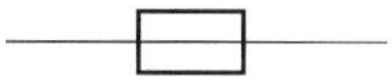	手孔的一般符号
3	局前人孔	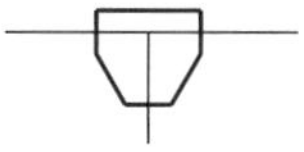	
4	直角人孔	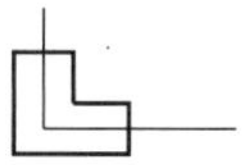	
5	斜通型人孔	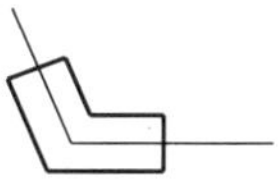	

续表

序号	名称	图例	说明
6	三通人孔	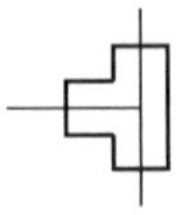	
7	四通人孔	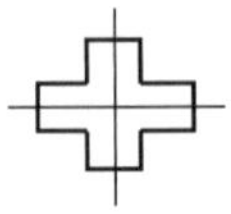	
8	埋式手孔	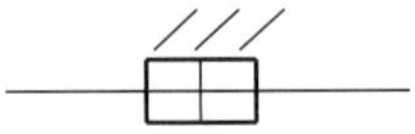	

3. 通信线路常用图例

通信线路常用图例如表 10－11 所示。

表 10－11　通信线路常用图例

序号	名称	图例	说明
1	通信线路		通信线路的一般符号
2	直埋线路		
3	水下线路、海底线路		
4	架空线路		
5	管道线路		管道数量、应用的管孔位置、截面尺寸或其他特征（如管孔排列形式）可标注在管道线路的上方 虚斜线可作为人（手）孔的简易画法
6	线路中的充气或注油堵头		
7	具有旁路的充气或注油堵头的线路		
8	沿建筑物敷设通信线路	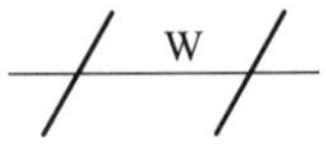 W	
9	接图线		

4. 通信线路设施与分线设备常用图例

通信线路设施与分线设备常用图例如表 10－12 所示。

表 10－12 通信线路设施与分线设备常用图例

序号	名称	图例	说明
1	防电缆光缆蠕动装置		类似于水底光电缆的丝网或网套锚固
2	埋式光缆电缆铺砖、铺水泥盖板保护		可加文字标注注明铺砖为横铺、竖铺及铺设长度或注明铺水泥盖板及铺设长度
3	埋式光缆电缆穿管保护		可加文字标注表示管材规格及数量
4	线路集中器		
5	埋式光缆电缆上方敷设排流线		
6	埋式电缆旁边敷设防雷消弧线		
7	光缆电缆预留		
8	光缆电缆蛇形敷设		
9	电缆充气点		
10	直埋线路标石		直埋线路标石的一般符号 加注 V 表示气门标石； 加注 M 表示监测标石
11	光缆电缆盘留		
12	电缆直通套管		
13	电缆气闭套管		
14	电缆分支套管		
15	电缆接合型接头套管		

续表

序号	名称	图例	说明
16	引出电缆监测线的套管		
17	含有气压报警信号的电缆套管		
18	压力传感器	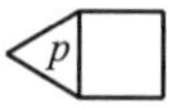	
19	电位针式压力传感器	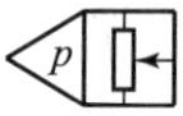	
20	电容针式压力传感器	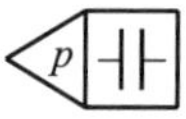	
21	水线房		
22	水线标志牌	 或 	单杆及双杆水线标牌
23	通信线路巡房		
24	电缆交接间		
25	架空交接箱		
26	落地交接箱		
27	壁龛交接箱		
28	室内分线盒		
29	室外分线盒		

5. 光缆常用图例

光缆常用图例如表 10－13 所示。

表 10－13 通信线路光缆常用图例

序号	名称	图例	说明
1	光缆		光纤或光缆的一般符号
2	光缆参数标注	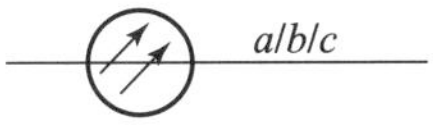 a/b/c	a—光缆型号 b—光缆芯数 c—光缆长度
3	永久接头		
4	可拆卸固定接头	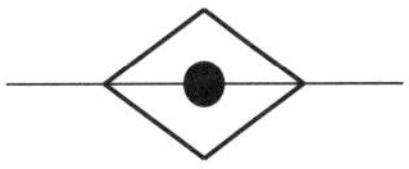	
5	光连接器（插头—插座）	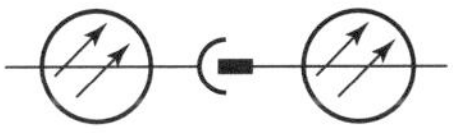	

10.4.3 地形图常用图例

地形图常用图例如表 10－14 所示。

表 10－14 地形图常用图例

序号	名称	图例	说明
1	房屋	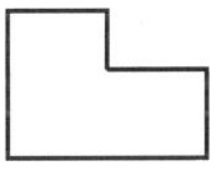	
2	在建房屋	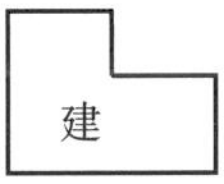 建	
3	破坏房屋	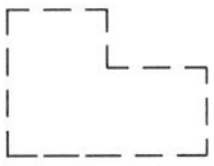	
4	栅栏、栏杆	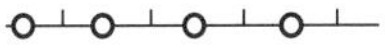	
5	篱笆		
6	铁丝网		
7	矿井		
8	盐井		

续表

序号	名称	图例	说明
9	油井	油	
10	露天采掘场	石	
11	塔形建筑物		
12	水塔		
13	油库		
14	粮仓		
15	打谷场（球场）	谷（球）	
16	体育场	体育场	
17	游泳池	泳	
18	喷水池		
19	假山石		
20	岗亭、岗楼		
21	一般铁路		
22	电气化铁路		

续表

序号	名称	图例	说明
23	电车轨道	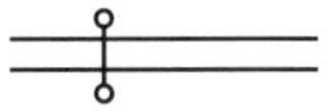	
24	一般公路	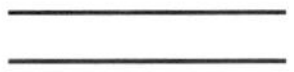	
25	建设中的公路	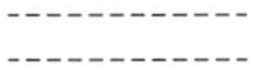	
26	乡村小路		
27	高架路	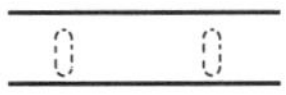	
28	漫水路面	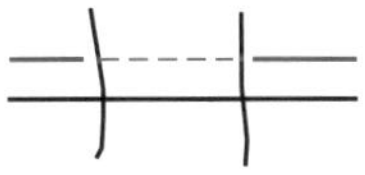	
29	架空输电线	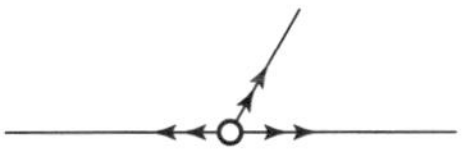	可标注电压
30	埋式输电线		
31	电线架	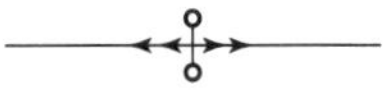	
32	沙地	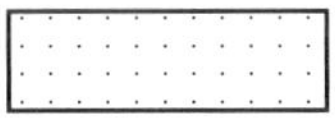	
33	砂砾土、戈壁滩	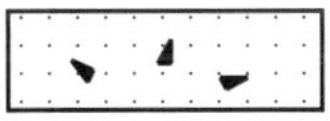	
34	盐碱地	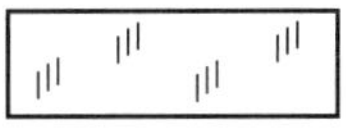	
35	稻田	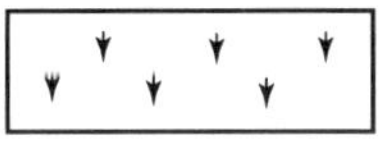	
36	旱地	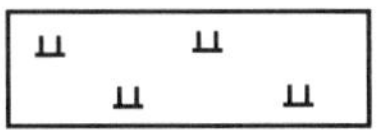	
37	菜地	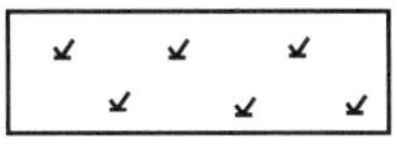	

续表

序号	名称	图例	说明
38	果园	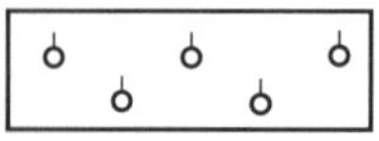	果园及经济林一般符号 可在其中加注文字，以表示果园的类型，如苹果园、梨园等，也可表示加注桑园、茶园等经济林
39	桑园	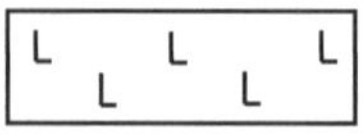	
40	天然草地	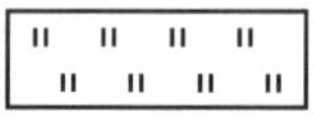	
41	人工草地	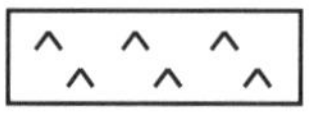	
42	花圃	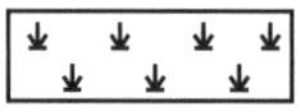	
43	苗圃	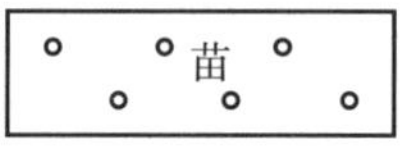 苗	

10.4.4 机房建筑及设施常用图例

机房建筑及设施常用图例如表 10－15 所示。

表 10－15 机房建筑及设施常用图例

序号	名称	图例	说明
1	墙		墙的一般表示方法
2	可见检查孔		
3	不可见检查孔		
4	方形孔洞		左为穿墙洞，右为地板洞
5	圆形孔洞		

续表

序号	名称	图例	说明
6	方形坑槽		
7	圆形坑槽		
8	墙预留洞	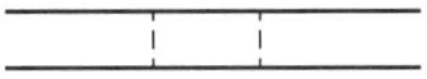	尺寸标注可采用“宽×高”或直径形式
9	墙预留槽	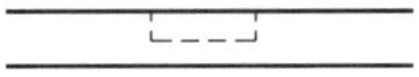	尺寸标注可采用“宽×高×深”形式
10	空门洞		
11	单扇门		包括平开或单面弹簧门 作图时开度可为45°或90°
12	双扇门		包括平开或单面弹簧门 作图时开度可为45°或90°
13	对开折叠门		
14	推拉门	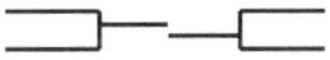	
15	栏杆		与隔断的画法相同，宽度比隔断小，应有文字标注
16	楼梯	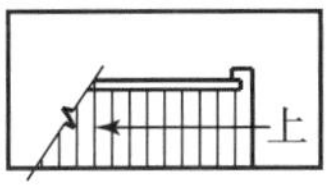 上	应标明楼梯上（或下）的方向
17	房柱	或	可依照实际尺寸及形状绘制，根据需要可选用空心或实心
18	折断线		不需画全的断升线
19	波浪线		不需画全的断开线
20	标高	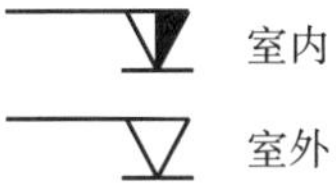 室内 室外	

10.5 通信工程 CAD 图纸的绘制

10.5.1 AutoCAD 简介

AutoCAD 是由美国 Autodesk 公司开发的一款大型计算机辅助绘图软件，主要用来绘制工程图样。该软件作为 CAD 领域的主流产品和工业标准，一直凭借其独特的优势而被全球设计工程师采用，目前广泛应用于机械、电子、通信、建筑、航空等行业。

AutoCAD 是一款辅助设计软件，可以满足通用设计和绘图的主要需求，并提供各种接口，可以和其他软件共享设计成果，并能十分方便地进行管理。它主要具有如下功能。

（1）强大的图形绘制功能。AutoCAD 提供了创建直线、圆、圆弧、曲线、文本、表格和尺寸标注等多种图形对象的功能。

（2）精确定位、定形功能。AutoCAD 提供了坐标输入、对象捕捉、栅格捕捉、追踪、动态输入等功能，利用这些功能可以精确地为图形对象定位和定形。

（3）方便的图形编辑功能。AutoCAD 提供了复制、旋转、阵列、修剪、倒角、缩放、偏移等方便实用的编辑工具，大大提高了绘图效率。

（4）图形输出功能。图形输出包括屏幕显示和打印出图，AutoCAD 提供了方便的缩放和平移等屏幕显示工具，模型空间、图纸空间、布局、图纸集、发布和打印等功能极大地丰富了出图选择。

（5）三维造型功能。AutoCAD 三维建模可让用户使用实体、曲面和网格对象创建图形。

（6）辅助设计功能。在 AutoCAD 中可以查询绘制好的图形尺寸、面积、体积和力学特性等；AutoCAD 提供多种软件接口，可方便地将设计数据和图形在多个软件中共享，进一步发挥各软件的特点和优势。

（7）允许用户进行二次开发。AutoCAD 自带的 AutoLISP 语言让用户可以自行定义新命令和开发新功能。通过 DXF、IGES 等图形数据接口，可以实现 AutoCAD 和其他系统的集成。此外，AutoCAD 支持 ObjectARX、ActiveX、VBA 等技术，提供了与其他高级编程语言的接口，具有很强的开发性。

10.5.2 AutoCAD 2015 绘图界面

AutoCAD 2015
绘图界面的介绍

AutoCAD 2015 绘图界面如图 10－3 所示，包括菜单栏浏览器、标题栏、快速访问工具栏、菜单栏、文件标签栏、功能区、绘图区、命令行窗口、滚动条、ViewCube 工具、导航栏和坐标系图标等。

1. 菜单栏浏览器

菜单栏浏览器按钮位于窗口左上角，单击该按钮，可以展开 AutoCAD 2015 用于管理图形文件的命令，如图 10－4 所示，可用于执行新建、打开、保存、打印等操作以及查看最近使用的文档等。

2. 标题栏

标题栏位于 AutoCAD 2015 绘图界面最上端，它显示系统正在运行的应用程序和用户正在打开的图形文件的信息。

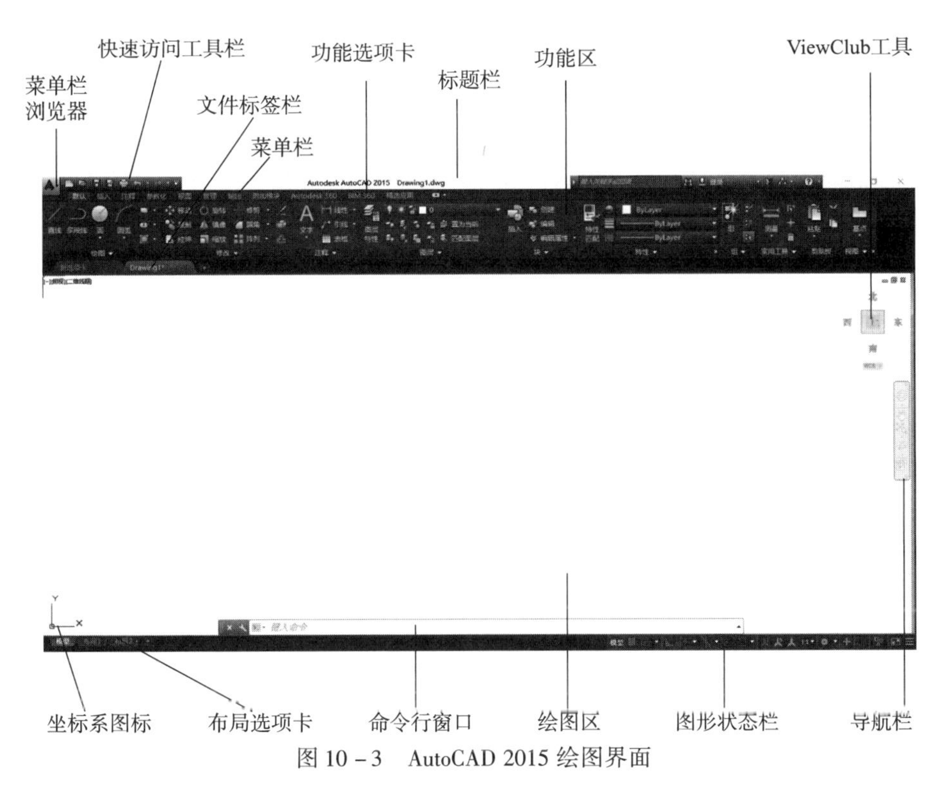

图 10－3　AutoCAD 2015 绘图界面

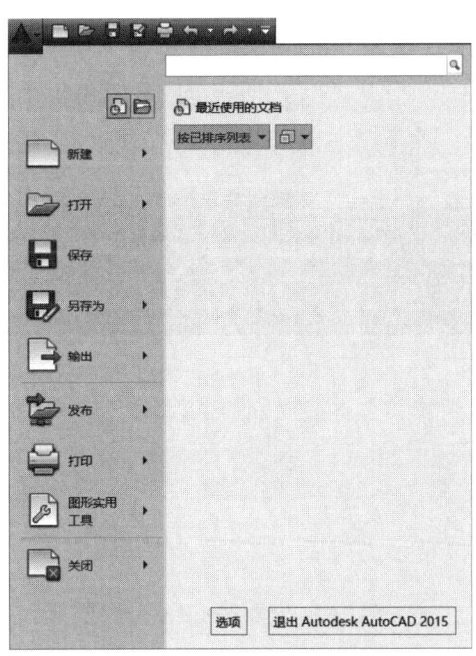

图 10－4　菜单栏浏览器

3. 快速访问工具栏

快速访问工具栏位于标题栏左侧，它提供了常用的快捷按钮，默认情况下，它由 7 个快捷按钮组成，如图 10－5 所示，依次为【新建】【打开】【保存】【另存为】【打印】

【放弃】【重做】按钮。

图 10－5　快速访问工具栏

4. 菜单栏

AutoCAD 2015 的菜单栏位于标题栏下方，为下拉式菜单，其中包含了相应的子菜单。菜单栏中有【文件】【编辑】【视图】【插入】【格式】【工具】【绘图】【标注】【修改】【参数】【窗口】和【帮助】共 12 个菜单，如图 10－6 所示。

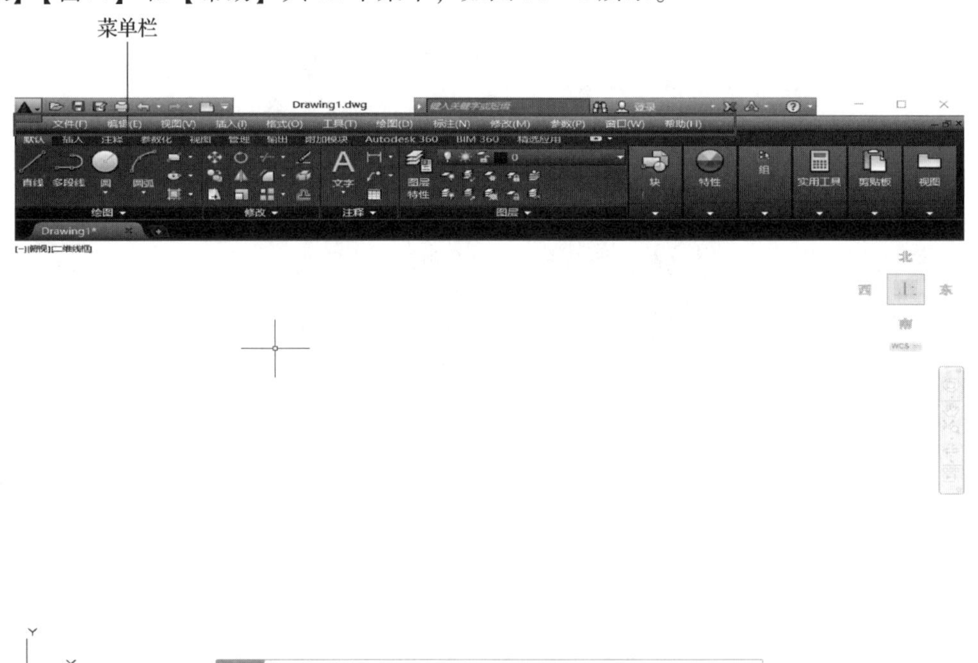

图 10－6　菜单栏

5. 文件标签栏

每一个打开的图形文件都会在标签栏中显示一个标签，单击文件标签即可快速切换至相应的图形文件窗口。

6. 功能区

功能区是一种智能的人机交互界面，它将 AutoCAD 常用的命令进行分类，并分别放置于各选项卡中，每个选项卡包含若干面板，其中放置相应的工具按钮，如图 10－7 所示。

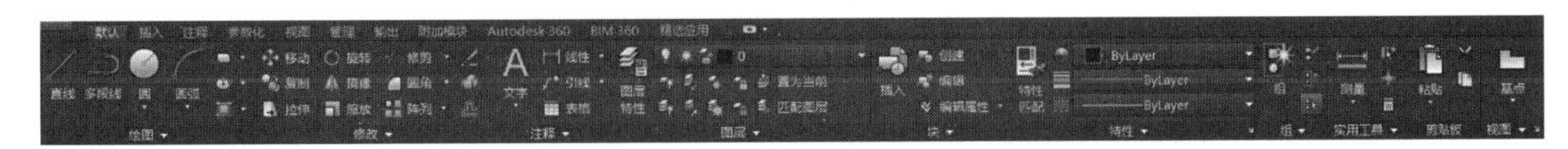

图 10－7　功能区

7. 绘图区

AutoCAD 2015 绘图界面中的一大片空白区域是用户进行绘图的主要工作区域，即绘图区，如图 10－8 所示。图形窗口的绘图区实际上是无限大的，用户可以通过【缩放】、【平移】等命令来观察绘图区的图形。

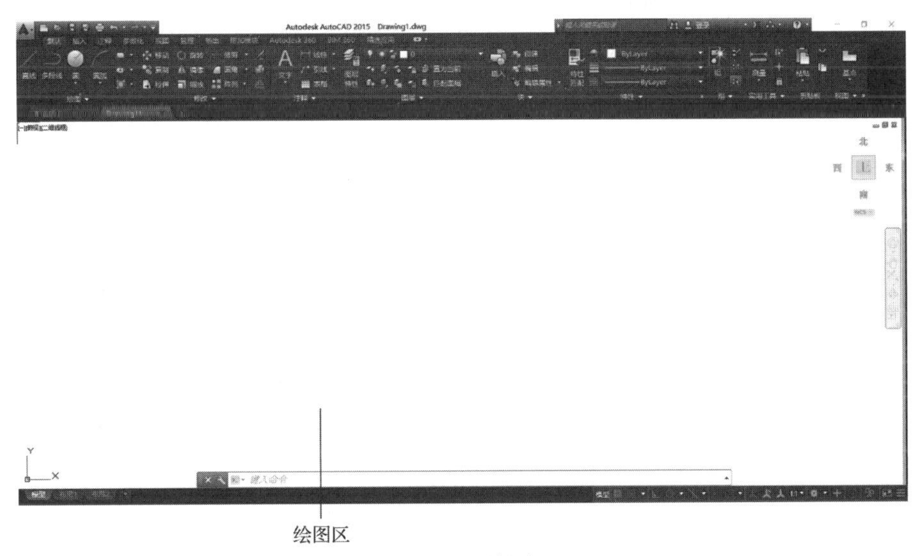

图 10－8　绘图区

8. 命令行窗口

图 10－9　命令行窗口

命令行窗口位于绘图界面底部，用于接收和输入命令，并显示 AutoCAD 的提示信息，如图 10－9 所示。

命令行窗口分为两部分，即命令行和命令历史窗口。命令行用于接收用户输入的命令（不区分大小写），并显示 AutoCAD 的提示信息。命令历史窗口中会显示本次 AutoCAD 启动后所用过的全部命令及提示信息，该窗口有垂直滚动条，可以上下滚动查看以前用过的命令。

AutoCAD 还提供文本窗口，其作用和命令历史窗口一样，记录了文件进行的所有操作。文本窗口默认不显示，可以通过按 F2 键调用。

9. 滚动条

滚动条包括垂直滚动条和水平滚动条，可以利用它们来控制图样在窗口中的位置。如果没有显示滚动条，可以选择【工具】|【选项】菜单命令，打开【选项】对话框，选择【显示】选项卡，在图 10－10 所示的【窗口元素】选项组中选中【在图形窗口中显示滚动条】复选框，单击【确定】按钮，屏幕上就会出现垂直滚动条和水平滚动条。

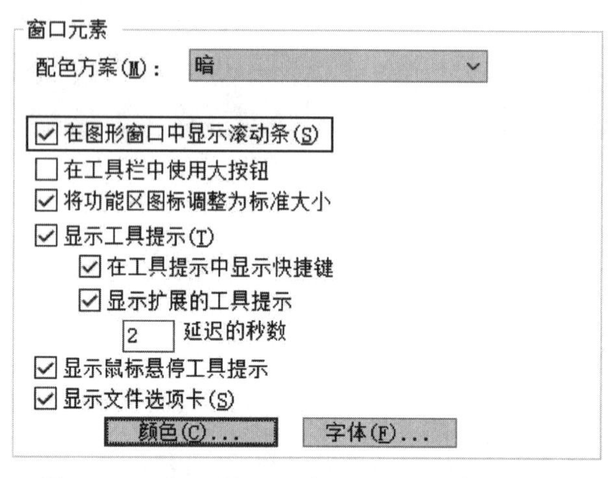

图 10－10　【显示】选项卡的【窗口元素】选项组

10. ViewCube 工具

ViewCube 工具在绘图区右上角，用于控制图形的显示和视角，如图 10－11 所示。一般在二维状态下，不用显示该工具。在【选项】对话框中选择【三维建模】选项卡，然后取消选中【在二维模型空间中】选项组中的【显示 ViewCube】复选框，单击【确定】按钮，即可取消 ViewCube 工具的显示。

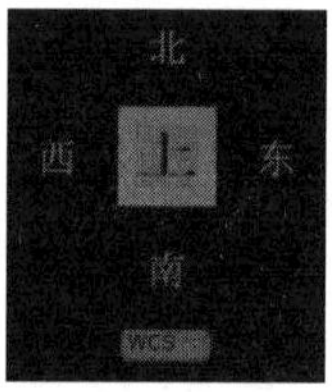

图 10－11　ViewCube 工具

11. 导航栏

导航栏位于绘图区右侧，用于控制图形的缩放、平移、回放、动态观察等，如图 10－12 所示。一般在二维状态下，不用显示导航栏。要关闭导航栏，只需单击导航栏右上角的按钮即可。在【视图】选项卡的【窗口】面板中打开【用户界面】下拉菜单，选中或取消选中【导航栏】复选框，也可以打开或关闭导航栏。

12. 坐标系图标

坐标系图标用来表示当前绘图所使用的坐标系形式及坐标的方向性等特征。可以关闭坐标系图标，让其不显示，也可以定义一个方便自己绘图的用户坐标系。如果想要关闭坐标系图标，可以选择【视图】|【视口工具】|【UCS 坐标】|【隐藏】菜单命令。

图 10－12　导航栏

10.5.3　CAD 软件绘图常用命令

1. 命令的调用方式

调用命令的方式有很多种，这些方式之间可能存在难易、繁简的区别。软件使用者可以在不断的练习中找到一种适合自己的最快捷的绘图方法或技巧。常用的命令调用方式主要有以下几种。

CAD 软件绘图常用命令

（1）菜单栏。使用菜单栏调用命令。例如，选择【绘图】|【直线】菜单命令，可执行直线命令。

（2）功能区。单击功能区中的命令按钮来执行命令。例如，单击功能区中的【直线】按钮，可执行直线命令。

（3）命令行。使用键盘输入调用命令。例如，在命令行中输入 LINE，然后按 Enter 键，可执行直线命令。

（4）右键快捷菜单。单击鼠标右键，在弹出的快捷菜单中选择相应命令即可激活相应功能。

（5）快捷键和功能键。使用快捷键和功能键是执行命令最简单、快捷的方式，常用的快捷键和功能键如表 10 – 16 所示。

表 10 – 16 常用的快捷键和功能键

快捷键或功能键	功能	快捷键或功能键	功能
F1	AutoCAD 帮助	Ctrl + N	新建文件
F2	文本窗口开/关	Ctrl + O	打开文件
F3/Ctrl + F	对象捕捉开/关	Ctrl + S	保存文件
F4	三维对象捕捉开/关	Ctrl + Shift + S	另存文件
F5/Ctrl + E	等轴测平面转换	Ctrl + P	打印文件
F6/Ctrl + D	动态 UCS 开/关	Ctrl + A	全部选择图线
F7/Ctrl + G	栅格显示开/关	Ctrl + Z	撤销上一步的操作
F8/Ctrl + L	正交开/关	Ctrl + Y	重复撤销的操作
F9/Ctrl + B	栅格捕捉开/关	Ctrl + X	剪切
F10/Ctrl + U	极轴开/关	Ctrl + C	复制
F11/Ctrl + W	对象追踪开/关	Ctrl + V	粘贴
F12	动态输入开/关	Ctrl + J	重复执行上一命令
Delete	删除选中的对象	Ctrl + K	超链接
Ctrl + 1	对象特性管理器开/关	Ctrl + T	数字化仪开/关
Ctrl + 2	设计中心开/关	Ctrl + Q	退出 CAD

调用命令后，系统并不能自动绘制图形，用户需要根据命令行窗口的提示进行操作才能绘制图形。提示有以下几种形式。

（1）直接提示。这种提示直接出现在命令行窗口，用户可以根据提示了解该命令的设置模式或直接执行相应的操作完成绘图。

（2）中括号内的选项。有时在提示内容中会出现中括号，中括号内的选项称为可选项。想使用该选项，可直接单击该选项或者使用键盘输入相应选项后小括号内的字母，按 Enter 键完成选择。

（3）尖括号内的选项。有时在提示内容中会出现尖括号，尖括号内的选项称为默认选项，直接按 Enter 键即可执行该选项。

2. 命令的重复

AutoCAD 2015 可以方便地使用重复的命令，命令的重复指的是执行已经执行过的命令。

在 AutoCAD 2015 中，有以下 5 种方法可用于重复执行命令。

（1）在无命令状态下，按 Enter 键或空格键即可重复执行上一次的命令。

（2）在无命令状态下，按键盘上的“↑”键或“↓”键，可以上翻或下翻已执行过的命令，翻至命令行中出现所需命令时，按 Enter 键或空格键即可重复执行该命令。

（3）在无命令状态下，在绘图区中右击，在弹出的快捷菜单中选择【重复 PLOT】命令，即可执行上一次的命令，如图 10－13（a）所示；若选择【最近的输入】命令，即可重复执行之前的某一命令 ，如图 10－13（b）所示。

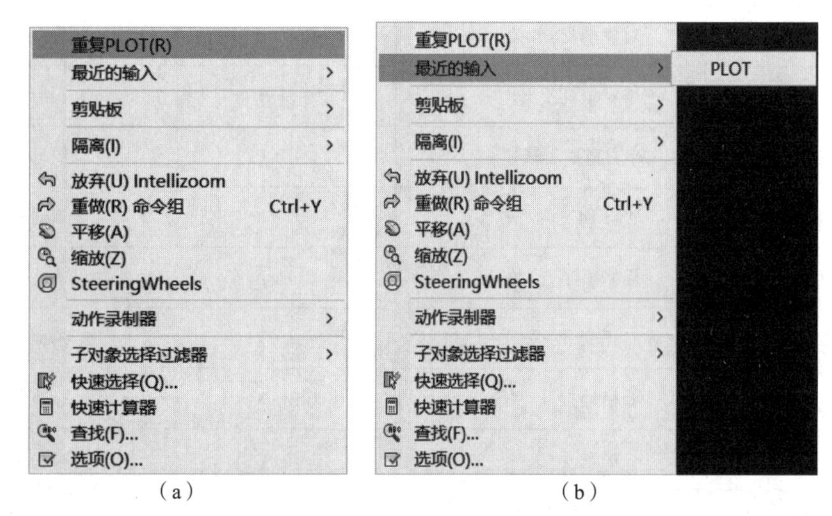

图 10－13　右键菜单命令

（a）选择【重复 PLOT】命令；（b）选择【最近的输入】命令

（4）在命令行上右击，在弹出的快捷菜单中选择【最近使用的命令】命令，即可重复执行之前的某一命令，如图 10－14 所示。

（5）在无命令状态下，单击命令行中的 按钮，在弹出的下拉菜单中选择最近使用的命令，如图 10－15 所示。

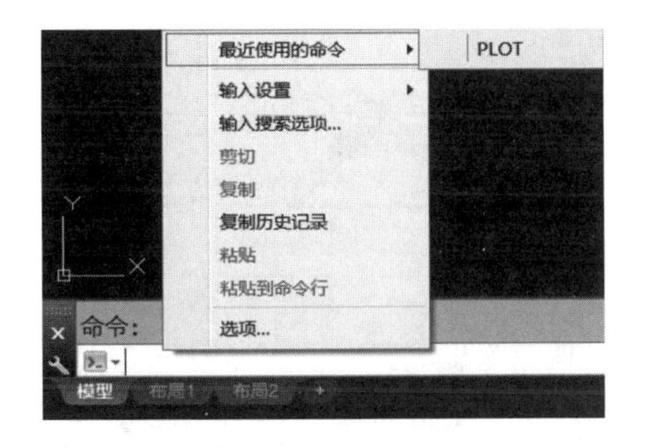

图 10－14　命令行右键快捷菜单

图 10－15　单击命令行中的 按钮

3. 命令的撤销

AutoCAD 2015 提供了撤销命令，比较常用的有 U 命令和 UNDO 命令。每执行一次 U 命令，放弃一步操作，直到图形与当前编辑任务开始时相同为止；而 UNDO 命令可以一次取消数个操作。

1）正在绘制中的命令撤销

下面以图 10－16 为例描述撤销命令的使用方法。

若只放弃最近一次绘制的直线，如只撤销第 3 条直线，可以按以下 4 种方法执行撤销命令。

（1）命令行：输入 U 或 UNDO。

（2）快捷键：Ctrl＋Z。

（3）右键快捷菜单：在绘图区右击，在弹出的快捷菜单中选择【放弃】命令。

（4）菜单栏：选择【编辑】|【放弃】菜单命令。

若要将图 10－16 中已绘制的 3 条直线全部放弃，可单击快速访问工具栏中的【放弃】按钮 。

2）已绘制完成的命令撤销

如图 10－17 所示，若已绘制完当前所需绘制的直线，此时通过在命令行中输入 U 或 UNDO、按 Ctrl＋Z 组合键、在绘图区右击并选择【放弃】命令、选择【编辑】|【放弃】菜单命令、单击快速访问工具栏中的【放弃】按钮 ，都可以将已绘制好的 3 条直线一次性放弃。

此外，通过单击快速访问工具栏中的【重做】按钮 ，可以恢复已经被放弃的操作，但重做命令的执行必须紧跟在撤销命令之后。

10.5.4　CAD 软件绘图环境设置

在使用 AutoCAD 2015 绘制图形前，用户需要在软件中对参数选项、绘图单位和绘图界限等进行必要的设置。

1. 参数选项设置

在 AutoCAD 2015 的菜单栏中选择【工具】|【选项】菜单命令，系统会弹出【选项】对话框，如图 10－18 所示。该对话框中包含【文件】【显示】【打开和保存】【打印和发布】【系统】【用户系统配置】【绘图】【三维建模】【选择集】【配置】和【联机】11 个选项卡，可根据用户需要对参数选项进行设置。

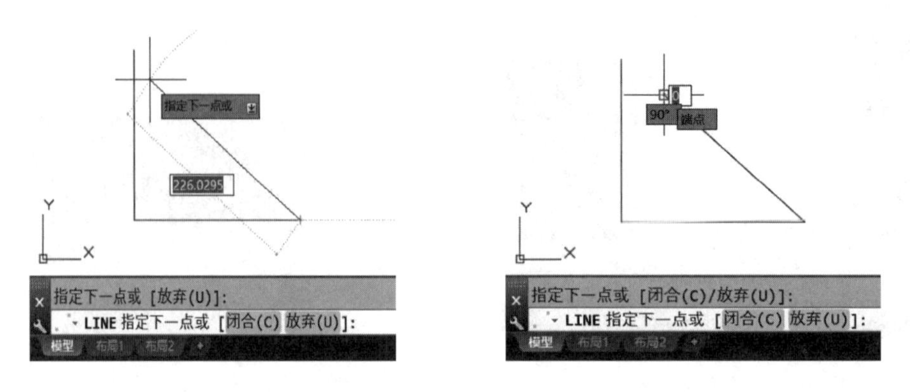

图 10－16　正在绘制直线　　　　图 10－17　绘制直线完成

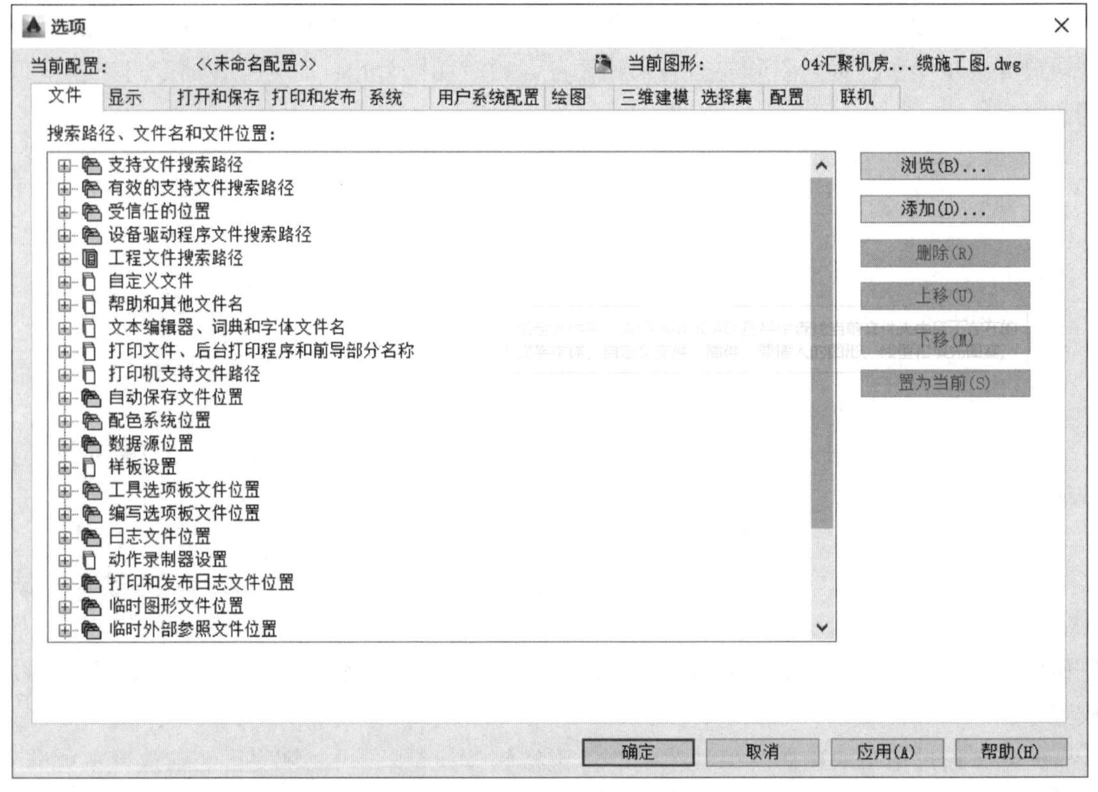

图 10－18　【选项】对话框

2. 绘图单位设置

尺寸是衡量物体大小的标准。在 AutoCAD 2015 的菜单栏中选择【格式】|【单位】菜单命令，系统会弹出【图形单位】对话框。在【图形单位】对话框中可以设置绘图时使用的长度单位、角度单位以及单位的显示格式和精度等参数。

3. 绘图界限设置

为了使绘制的图形不超过用户工作区域，需要设置绘图界限以表明边界。

例如，设置绘图界限为 A4 图纸范围，在命令行中输入 LIMITS 并按 Enter 键，具体操作如下。

命令：LIMITS

重新设置模型空间界限：

指定左下角点或［开(ON)|关(OFF)］<0.0000，0.0000>：0，0

指定右上角点<12.0000，9.0000>：297，210

10.5.5　AutoCAD 2015 绘图辅助工具

AutoCAD 2015
绘图辅助工具

辅助工具有利于用户使用 AutoCAD 2015 快速绘图，提高工作效率。辅助工具包括捕捉和栅格、正交、对象捕捉、自动追踪和动态输入等。

1. 捕捉和栅格

在绘制图形时，很难通过鼠标指针来精确地指定到某一点的位置。如果使用相关的辅助工具，可以完成这样的操作。

AutoCAD 2015 的栅格是用于标定位置的网格，能更加直观地显示图形界限的大小。捕捉功能用于设定光标移动的间距。启动状态栏中的栅格模式和捕捉模式，光标将准确捕捉到栅格点。

快捷键：F7（栅格）、F9（捕捉）。

在命令行中输入"DSETTINGS"并按 Enter 键，系统将弹出【草图设置】对话框，如图 10-19 所示。在【草图设置】对话框中可以进行具体参数的设置，如【捕捉间距】、【栅格间距】等。

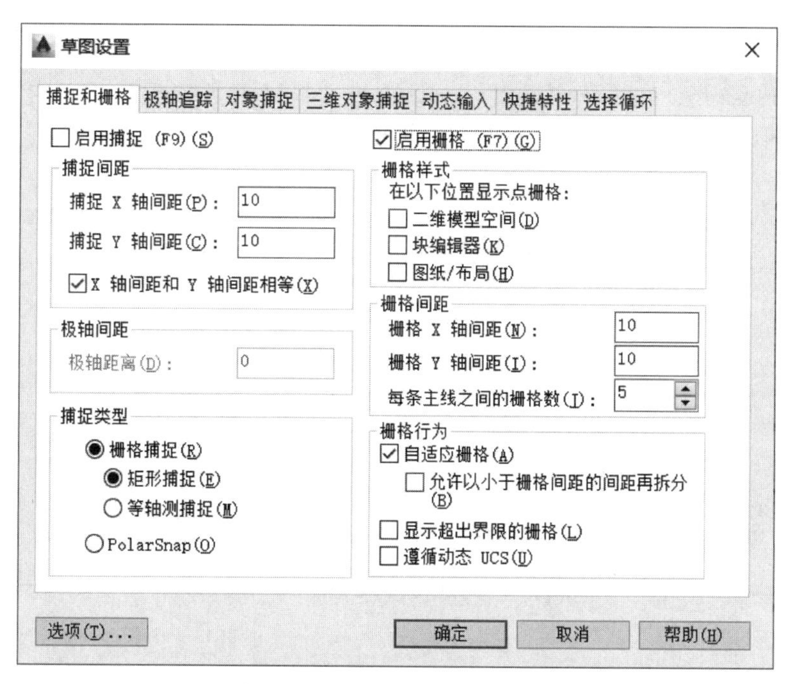

图 10-19　【草图设置】对话框

2. 正交

打开正交模式，只能绘制出与当前 X 轴或 Y 轴平行的线段。由于正交功能已经限制了直线的方向，所以绘制一定长度的直线时，只需输入直线的长度即可。

快捷键：F8（正交）。

3. 对象捕捉

对象捕捉是指将指定的点限制在现有对象的特定位置上，如端点、交点、中点、圆心等，而无须了解这些点的精确坐标。通过对象捕捉可以确保绘图的精确性。

快捷键：F3（对象捕捉）。

AutoCAD 2015 提供了两种对象捕捉模式，即临时捕捉和自动捕捉。

1）临时捕捉

临时捕捉模式是一种一次性的捕捉模式。当用户需要临时捕捉某个特征点时，应首先手动设置需要捕捉的特征点，然后进行对象捕捉，而且这种捕捉设置是一次性的，在下一次遇到相同的对象捕捉点时，还需要再次设置。

当命令行提示输入点的坐标时，如果使用临时捕捉模式，可同时按 Shift 键和鼠标右键，系统会弹出临时捕捉菜单，如图 10－20所示，在其中可以选择需要的对象捕捉点。

2）自动捕捉

自动捕捉模式要求使用者先设置好需要的对象捕捉点，以后当光标移动到这些对象捕捉点附近时，系统会自动捕捉这些点。

图 10－20　临时捕捉菜单

预先设置对象捕捉点的方法：在命令行中输入“DSETTINGS”并按 Enter 键，在【草图设置】对话框中选择【对象捕捉】选项卡，如图 10－21 所示，在该选项卡中可以选择需要设置的对象捕捉点。

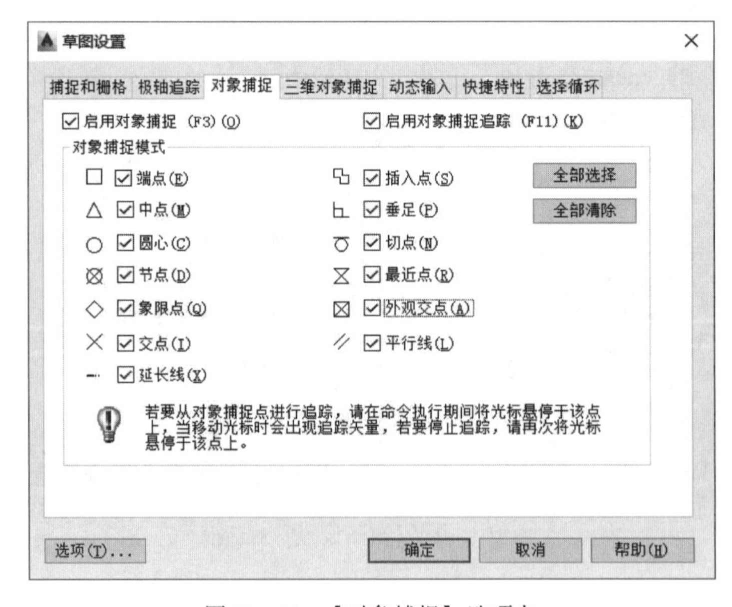

图 10－21　【对象捕捉】选项卡

4. 自动追踪

使用自动追踪功能可以使绘图更加精确。在绘图过程中，使用自动追踪功能能够按指定的角度绘制图形。自动追踪包括极轴追踪和对象捕捉追踪两种模式。

1）极轴追踪

极轴追踪功能可以在系统要求指定一个点时，按预先所设置的角度增量来显示一条无限延伸的辅助线，并沿辅助线追踪到光标点。在【草图设置】对话框的【极轴追踪】选项卡中，可以设置极轴追踪的参数，如图 10－22 所示。

快捷键：F10（极轴追踪）。

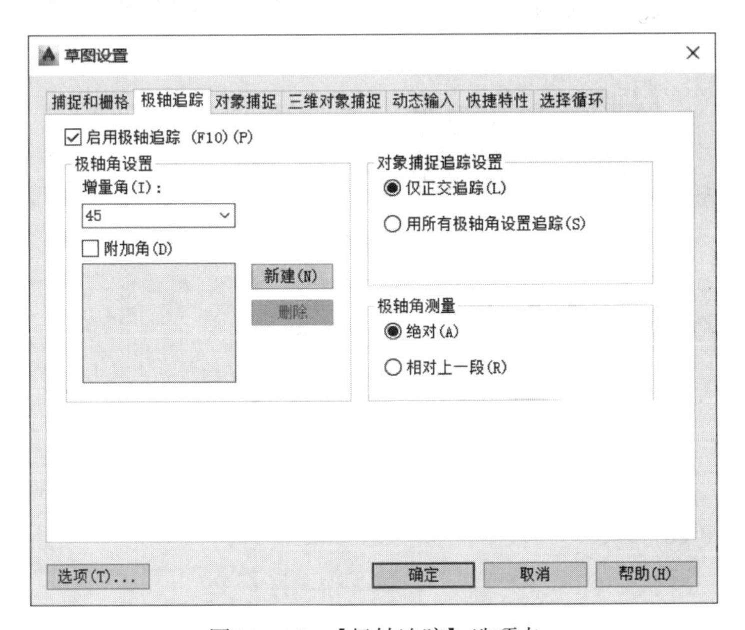

图 10－22　【极轴追踪】选项卡

2）对象捕捉追踪

对象捕捉追踪与对象捕捉功能是配合使用的。该功能可以使光标从对象捕捉开始，沿对齐路径进行追踪，并找到需要的精确位置。对齐路径是指和对象捕捉点水平对齐、垂直对齐或者按设置的极轴追踪角度对齐的方向。

快捷键：F11（对象捕捉追踪）。

5. 动态输入

在 AutoCAD 2015 中，在【草图设置】对话框的【动态输入】选项卡中，可以进行指针输入或标注输入相关参数的设置，从而极大地提高绘图效率，如图 10－23 所示。

1）启用指针输入

在【草图设置】对话框的【动态输入】选项卡中，选中【启用指针输入】复选框，单击【指针输入】选项组中的【设置】按钮，系统会弹出【指针输入设置】对话框，如图 10－24所示，可以设置指针的格式和可见性。

2）启用标注输入

在【草图设置】对话框的【动态输入】选项卡中，选中【可能时启用标注输入】复选框，单击【标注输入】选项组中的【设置】按钮，系统会弹出【标注输入的设置】对话框，如图 10－25 所示，可以设置标注输入的可见性。

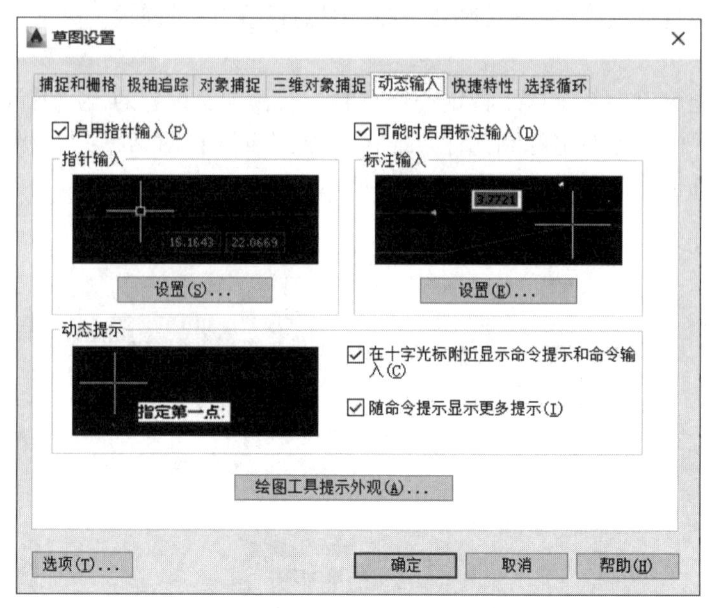

图 10－23　【动态输入】选项卡

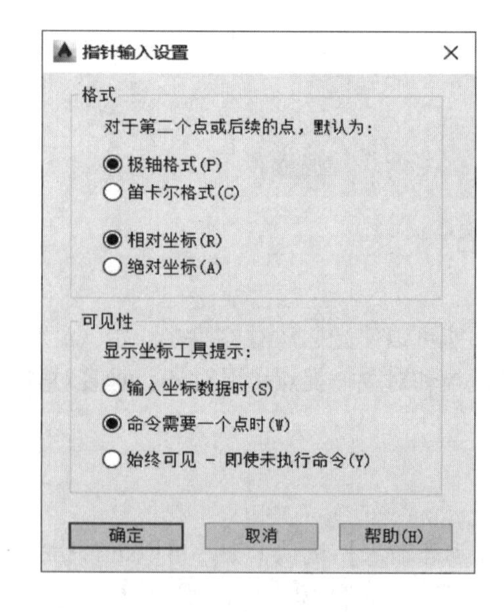

图 10－24　【指针输入设置】对话框

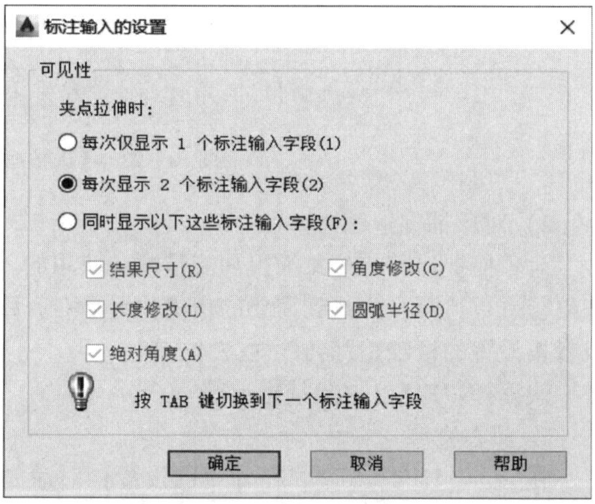

图 10－25　【标注输入的设置】对话框

3）显示动态提示

在【草图设置】对话框的【动态输入】选项卡中，选中【动态提示】选项组中的【在十字光标附近显示命令提示和命令输入】复选框，可以在光标附近显示命令提示。

10.6　通信工程图纸的识读

10.6.1　通信工程图纸识读技巧

对于通信工程图纸的识读不仅要了解上述相应的基础知识，而且要掌握一定的识读技巧，才能提高通信工程图纸识读的效率和正确性。通信工程图纸识读的常用技巧包括以下几个。

（1）收集工程建设资料，了解工程相关背景。通过收集通信工程建设的基本说明资料，可以了解通信工程建设的基本背景、建设目的、主要建设内容和大致要求，有了这些基础知识，就可以大致了解所要阅读的通信工程图纸所要表达的主要内容，这对于提高通信工程图纸的阅读和理解速度往往会有较大帮助。

（2）在阅读图纸之前，应了解相应类型通信工程的施工过程和基本施工工艺，这对理解图纸中所描述的施工内容也会大有裨益。

（3）首先熟悉图纸中的相关图例。如前所述，通信工程图纸是通过各种图例来表示工程施工内容的，因此在具体开始阅读通信工程图纸之前一定要先清楚图纸所表示通信工程的类型，并根据工程类型熟悉相关图例的含义，为理解图纸打下基础。一般通信工程图纸中所用的图例既可以是上述的常用图例，也可以是图纸绘制者自定的图例，图纸中采用自定图例时一般都会在图纸中给出相应的文字说明，因此在阅读通信工程图纸时可先看图纸中的图例说明。

（4）采用先整体后局部的阅读顺序。阅读通信工程图纸时应采用先大致看一下整张图纸所描述的全局信息，以对工程全貌有个大致的了解，再对各部分细节进行阅读分析，这样往往更容易理解图纸所表达的具体内容。

10.6.2　通信工程图纸的基本构成

通信工程图纸的构成

从图 10－26 中可以看出，通信工程图纸一般包含以下组成部分。

（1）图形符号。如图 10－26 所示，通信工程图纸中常常采用各种形状各异的符号来表示通信工程中的各种设备和建筑、设施。例如，传输、交换、接入等各种功能的通信设备，以及机房内的配线架、空调、走线桥架等辅助设施；也常用相应的图形符号来表示通信线路工程中的通信管道、人（手）孔、架空通信线路中的线杆、吊线、拉线等设施。

总之，图形符号是通信工程图纸中表示工程施工内容的最主要手段，也是通信工程图纸中占据图纸幅面最多的一个组成部分。通信工程图纸中使用的各种图形符号常称为图纸绘制的图例。

（2）标注。标注是通信工程图纸中另一个重要组成部分，主要用来在通信工程图纸中表示各种设备或设施的空间位置、大小尺寸以及缆线规格等，如通信设备的外轮廓尺寸、通信设备在机房布局中的相关定位尺寸、通信线路各段的距离、所用光缆或电缆的规格等。

（3）注解。注解主要指通信工程图纸中的文字说明部分，用来对图形符号不便表达的通信工程设计或施工要求进行说明。通信工程图纸绘制时采用的非通用图例也常采用注解的方式在图纸中进行说明，以方便其他相关人员对图纸的理解和阅读。

（4）图衔。图衔通常又称为图纸的标题栏，也是图纸的重要组成部分，图衔中一般包含通信工程图纸的图纸名称、图纸编号、图纸设计单位名称以及单位主管、部门主管、总负责人、单项负责人、设计人、审核人等相关人员姓名等相关信息。

10.6.3　通信工程图纸读图示例

图 10－27 所示为某通信工程管道建设部分图纸，试阅读图纸并描述该通信管道工程施工内容。

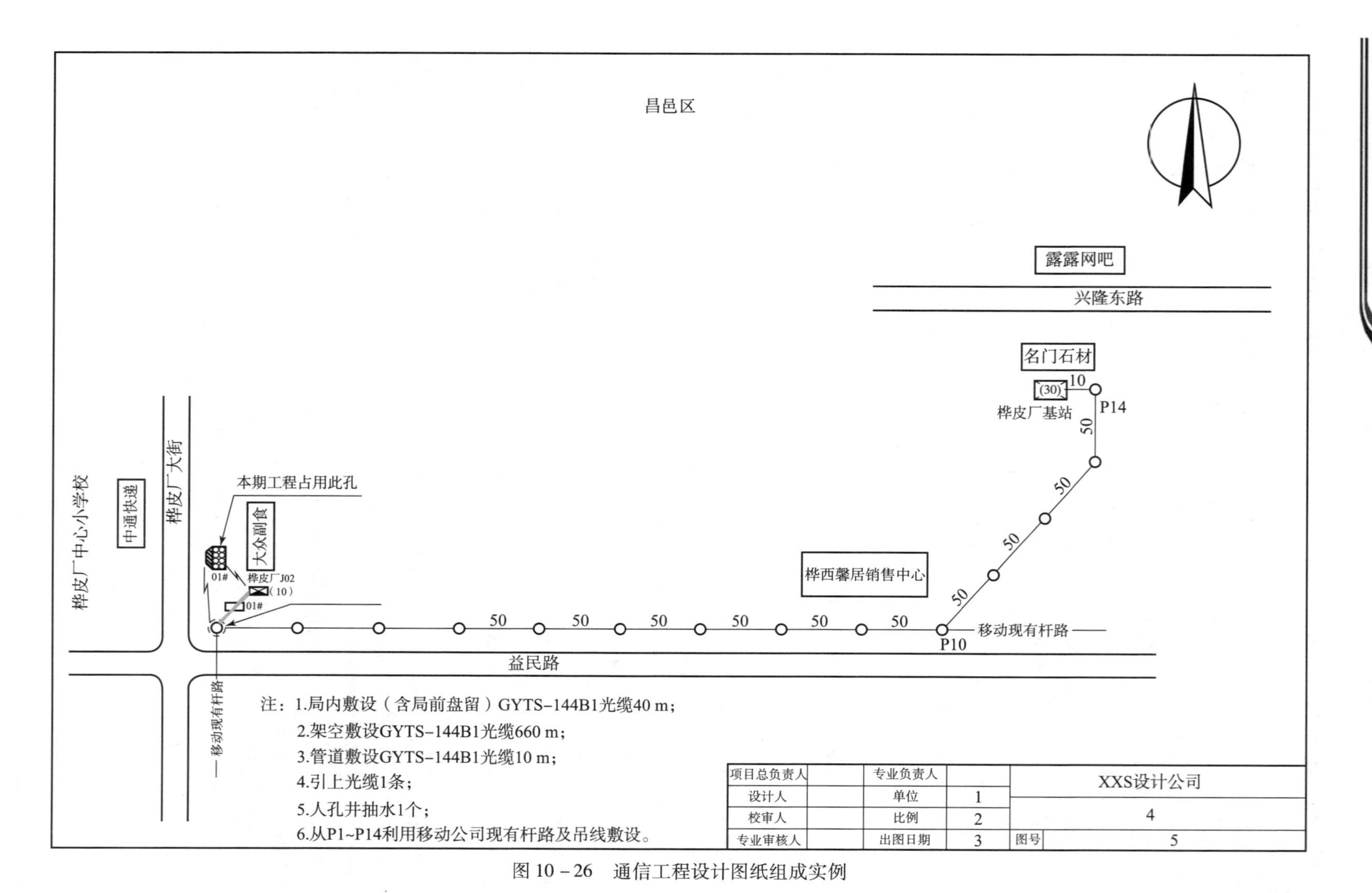

图 10－26　通信工程设计图纸组成实例

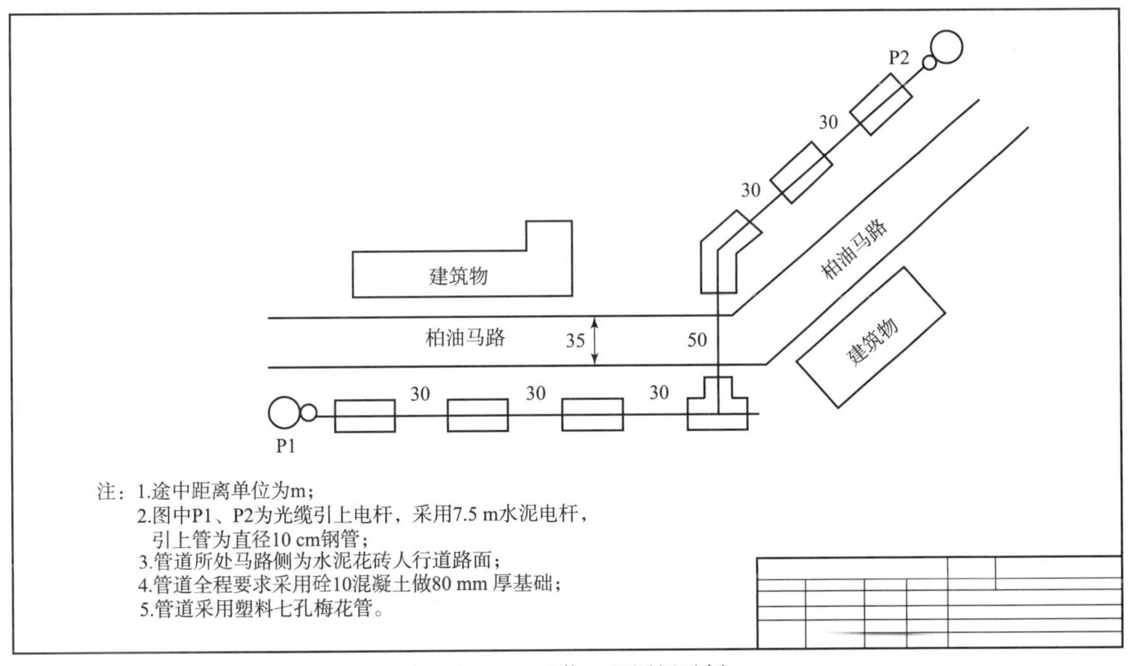

图 10－27　通信工程图纸示例

根据前述知识，该图纸阅读过程如下。

（1）从所给图纸标题栏中可知，这是一张通信管道工程的施工图纸，则可以知道其描述的内容应该是通信管道工程的施工。因此应该回忆并熟悉一下通信管道工程图纸的常用图例，以便为后继的阅读图纸做好准备。

（2）根据对通信管道工程施工过程的了解，通信管道工程的施工一般包括路由测量——开挖路面——开挖管道沟和人（手）孔坑——进行管道基础和人（手）孔建筑——铺设通信管道、接头包封——土方回填等基本过程。那么可以知道，要阅读的这张图纸所描述的也应该是这几方面的具体施工要求。

（3）大致浏览所给图纸，可以知道该图纸整体描述的是要跨越一条马路建设一段通信管道，整张图纸主要包括施工图形、图例说明、注解基本组成部分。

（4）仔细阅读图纸的每一部分，可以知道图纸描述的具体内容如下。

本工程是一段通信管道工程，由于管道相关内容在图中都是采用粗实线表示的，表明这些管道设施都是要新建的，根据图中所示图例和其他图例知识可知，具体要新建的内容包括两根线杆并附引上管、5 个小号直通人孔、2 个小号三通人孔和 6 段通信管道。

从图中的标注尺寸和注解说明可知，要新建的管道总长度为 $30+30+30+50+30+30=200$ m，其中 35 m 为要穿过柏油马路的部分，其余部分管道则铺设在人行道的水泥花砖路面下。

图纸注解中提出了施工的具体要求：管道全程要求用混凝土做 80 mm 厚基础，但没有提出要做管道接头包封的要求。

图纸注解中一并给出了所用线杆、引上管、通信管道等材料的程式和规格，分别为 7.5 m长度的水泥电杆、直径 10 cm 的钢管、塑料七孔梅花管。

上述读图示例是以通信管道建设过程为例说明的，其他类型通信工程图纸的读图过程与此类似，不同之处主要在于不同类型通信工程图纸所采用的具体图例不同、所描述的具体施工内容不同。无论何种类型的通信工程图纸，只要明了图纸中所用各种图例的含义，了解相应类型通信工程的基本施工过程和常用施工工艺，通过上述的读图过程就可以从图纸中理解该工程所要完成的具体工作内容。

10.7 通信工程设计草图制图

10.7.1 制作草图工具

制作草图的常用工具有铅笔（2B 最好）、四色笔、橡皮、A4 白纸、简易制图板，如图 10－28 所示。

图 10－28 勘察常用工具

10.7.2 制作草图规范

1. 方向标

完整的草图不能缺少方向标，方向标对于工程图纸来说就像人的一双眼睛那样重要，线路工程图纸中一般所画方向标是指北针，指北针的方向一般向上或向左，不提倡向右，禁止向下；指北针一般处于草图的右上方。

2. 工程草图主体

中继段路由：A、B 站名，光电缆由 A→B 敷设方式描绘，如架空、管线、直埋等，间距要准确。路由主要参照物：乡镇村庄、道路名称；医院、学校、工厂等建筑物；河流、大桥、森林、池塘、田地、丘陵、山地等地形；高压线等。路由特殊记录：终端、中间预留情况；引上、引下地方，敷设钢管型号方式；短距直埋状况及保护；过路杆高、拉线、吊线程式，分歧点其他线向，是否有其他类似资源平行敷设，高压线交叉处；需要顶管地段、施工时可能会遇到的障碍；必要时三角定标。

3. 中继段名称

注明中继段名称。

4. 草图勘测日期、勘测人员名字

注明草图勘测日期、勘测人员名字。

10.7.3 制作草图技巧

（1）提倡用铅笔绘制，携带橡皮擦，以免出错时能及时修改。

（2）确定中继段 A、B 的位置，脑海里勾勒出图纸大概走向，标出方向标，结合 A4 纸面考虑比例，合理规划草图。

（3）结合实际现场情况，考虑可行性、准确性、美观性，接近 CAD 图纸属性描绘草图。

任务 11 通信工程图纸绘制要求

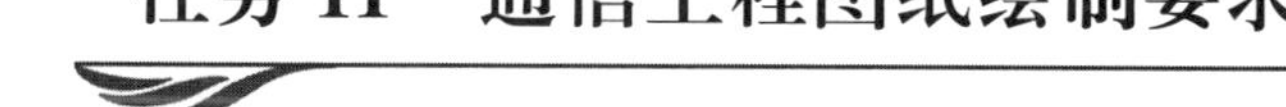

11.1 通信工程图纸绘制的要求及注意事项

11.1.1 绘制线路施工图的要求

（1）线路图中必须有图框，图衔正确。

（2）线路图中必须有指北针。

（3）如需要反映工程量，要在图纸中绘制工程量表。

如图 11-1 所示，线路图中必须有图框、图衔、工程量表、指北针等。

11.1.2 绘制机房平面图的要求

（1）机房平面图中内墙的厚度规定为 240 mm。

（2）机房平面图中必须有出入口，如门。

（3）必须按图纸要求尺寸将设备画进图中。

（4）图纸中如有馈孔，勿忘将馈孔加进去。

（5）在图中主要设备上加注尺寸标注（图中必须有主设备尺寸及主设备到墙的尺寸）。

（6）平面图中必须有“××层机房”字样。

（7）平面图中必须有指北针、图例、说明。

（8）机房平面图中必须加设备配置表。

（9）根据图纸、配置表将编号加进设备配置表。

（10）要在图纸外插入标准图衔，并根据要求在图衔中加注单位比例、设计阶段、日期、图名和图号等。

注：建筑平面图、平面布置图及走线架图必须在单位比例中加入单位 mm。

11.1.3 出设计时图纸中的常见问题

通信建设工程设计中一般包括设计说明、概预算说明及表格、附表、图纸。当完成一项工程设计时，在绘制工程图方面，根据以往的经验，常会出现以下问题。

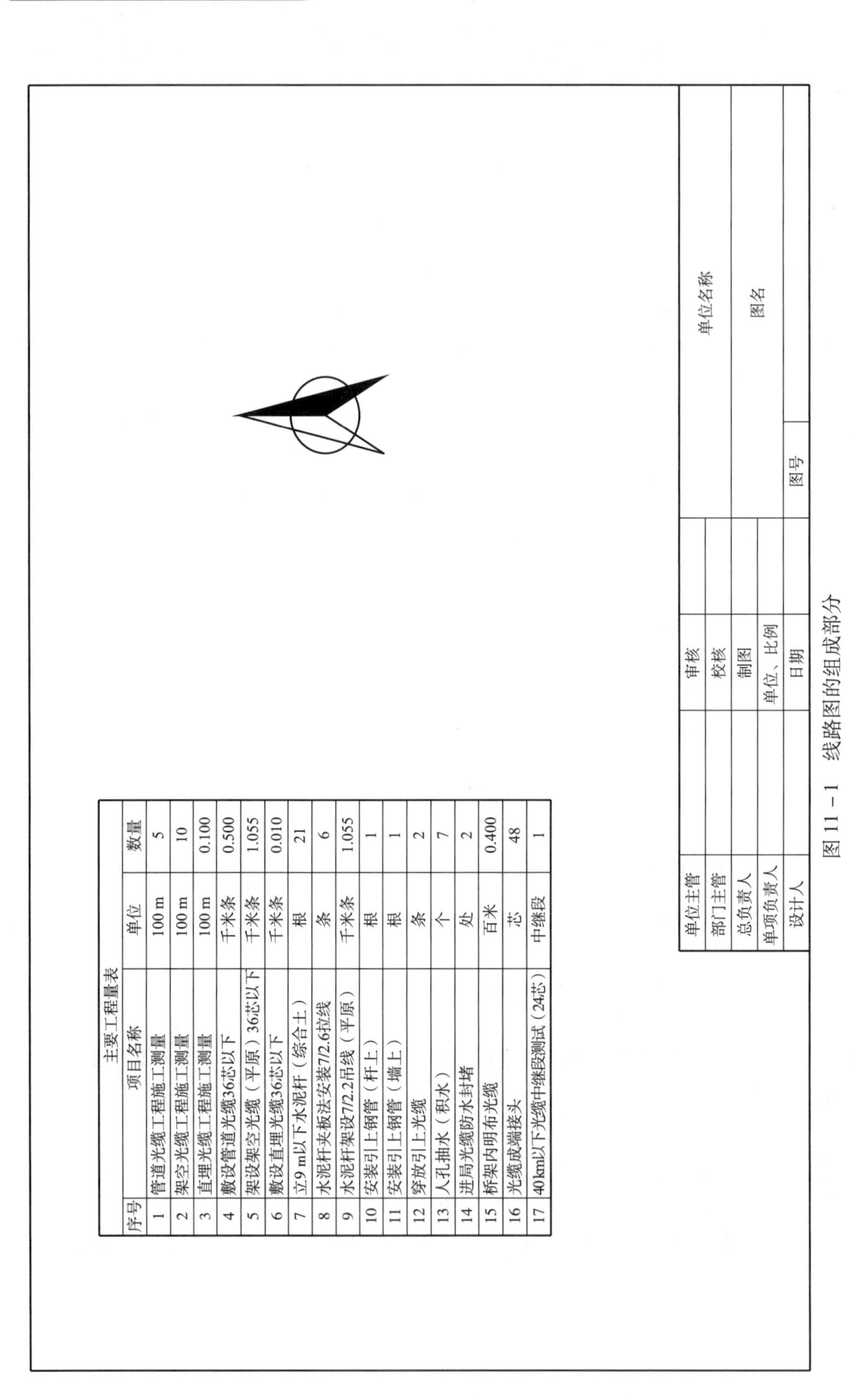

主要工程量表

序号	项目名称	单位	数量
1	管道光缆工程施工测量	100 m	5
2	架空光缆工程施工测量	100 m	10
3	直埋光缆工程施工测量	100 m	0.100
4	敷设管道光缆36芯以下	千米条	0.500
5	架设架空光缆（平原）36芯以下	千米条	1.055
6	敷设直埋光缆36芯以下	千米条	0.010
7	立9 m以下水泥杆（综合土）	根	21
8	水泥杆夹板法安装7/2.6拉线	条	6
9	水泥杆架设7/2.2吊线（平原）	千米条	1.055
10	安装引上钢管（杆上）	根	1
11	安装引上钢管（墙上）	根	1
12	穿放引上光缆	条	2
13	人孔抽水（积水）	个	7
14	进局光缆防水封堵	处	2
15	桥架内明布光缆	百米	0.400
16	光缆成端接头	芯	48
17	40 km以下光缆中继段测试（24芯）	中继段	1

图 11－1　线路图的组成部分

（1）图纸说明中序号会排列错误。

（2）图纸说明中缺标点符号。

（3）图纸中出现尺寸标注字体不一或标注太小，线路工程图纸中一般要求字体为宋体，字高2.5，宽0.8。

（4）图纸中缺少指北针。

（5）图衔中图号与整个工程编号不一致。

（6）出设计时前后图纸编号顺序有问题。

（7）出设计时图衔中图名与目录不一致。

（8）出设计时图纸中内容颜色有深浅之分。

11.2 施工图设计阶段图纸内容及应达到的深度

施工图设计的深度

11.2.1 有线通信线路工程

有线通信线路工程施工图设计阶段图纸内容及应达到的深度如下。

（1）批准初步设计线路路由总图。

（2）长途通信线路敷设定位方案的说明，并附在比例为1：2 000的测绘地形图上，绘制线路位置图，标明施工要求，如埋深、保护段落及措施、必须注意的施工安全地段及措施等；地下无人站内设备安装及地面建筑的安装建筑施工图；光缆进城区的路由示意图和施工图以及进线室平面图、相关机房平面图。

（3）线路穿越各种障碍点的施工要求及具体措施，每个较复杂的障碍点应单独绘制施工图。

（4）水线敷设、岸滩工程、水线房等施工图及施工方法说明。水线敷设位置及埋深应有河床断面测量资料为根据。

（5）通信管道、人孔、手孔、光（电）缆引上管等的具体定位位置及建筑形式，孔内有关设备的安装施工图及施工要求；管道、人孔、手孔结构及建筑施工采用定型图纸，非定型设计应附结构及建筑施工图；对于有其他地下管线或障碍物的地段，应绘制剖面设计图，标明其交点位置、埋深及管线外径等。

（6）长途线路的维护区段划分、巡房设置地点及施工图（巡房建筑施工图另由建筑设计单位编发）。

（7）本地线路工程还应包括配线区划分、配线光（电）缆线路路由及建筑方式、配线区设备配置地点位置设计图、杆路施工图、用户线路的割接设计和施工要求的说明。施工图应附中继、主干光缆和电缆、管道等的分布总图。

（8）枢纽工程或综合工程中有关设备安装工程进线室铁架安装图、电缆充气设备室平面布置图、进局光（电）缆及成端光（电）缆施工图。

11.2.2 通信设备安装工程

通信设备安装工程施工图设计阶段图纸内容应达到的深度如下。

1. 数字程控交换工程设计

应附市话中继方式、市话网中继系统图、相关机房平面图。

2. 微波工程设计

应附全线路由图、频率极化配置图、通路组织图、天线高度示意图、监控系统图、各种站的系统图、天线位置示意图及站间剖面图。

3. 干线线路各种数字复用设备、光设备安装工程设计

应附传输系统配置图、远期及近期通路组织图、局站通信系统图。

4. 移动通信工程设计

(1) 移动交换设备安装工程设计。应附全网网络示意图、本业务区网络组织图、移动交换局中继方式图、网络同步图。

(2) 基站设备安装工程设计。应附全网网路结构示意图、本业务区通信网路系统图、基站位置分布图、基站上下行传输损耗示意框图、机房工艺要求图、基站机房设备平面布置图、天线安装及馈线走向示意图、基站机房走线架安装示意图、天线铁塔示意图、基站控制器设备的配线端子图、无线网络预测图纸。

(3) 寻呼通信设备安装工程设计。应附网络组织图、全网网络示意图、中继方式图、天线铁塔示意图。

(4) 供热、空调、通风设计。应附供热、集中空调、通风系统图及平面图。

(5) 电气设计及防雷接地系统设计。应附高、低压电供电系统图，变配电室设备平面布置图。

11.3 通信工程制图范例

1. 架空光缆线路施工图

架空光缆线路施工图如图 11 -2 所示。

2. 管道线路工程图

(1) 新建管道光缆施工图，如图 11 -3 所示。

(2) 新建管道施工图，如图 11 -4 所示。

(3) 光缆交接箱管道施工图，如图 11 -5 所示。

3. 无线基站工程图

(1) 基站设备布置平面图，如图 11 -6 所示。

(2) 基站走线路由图及布缆表基站设备布置平面图，如图 11 -7 所示。

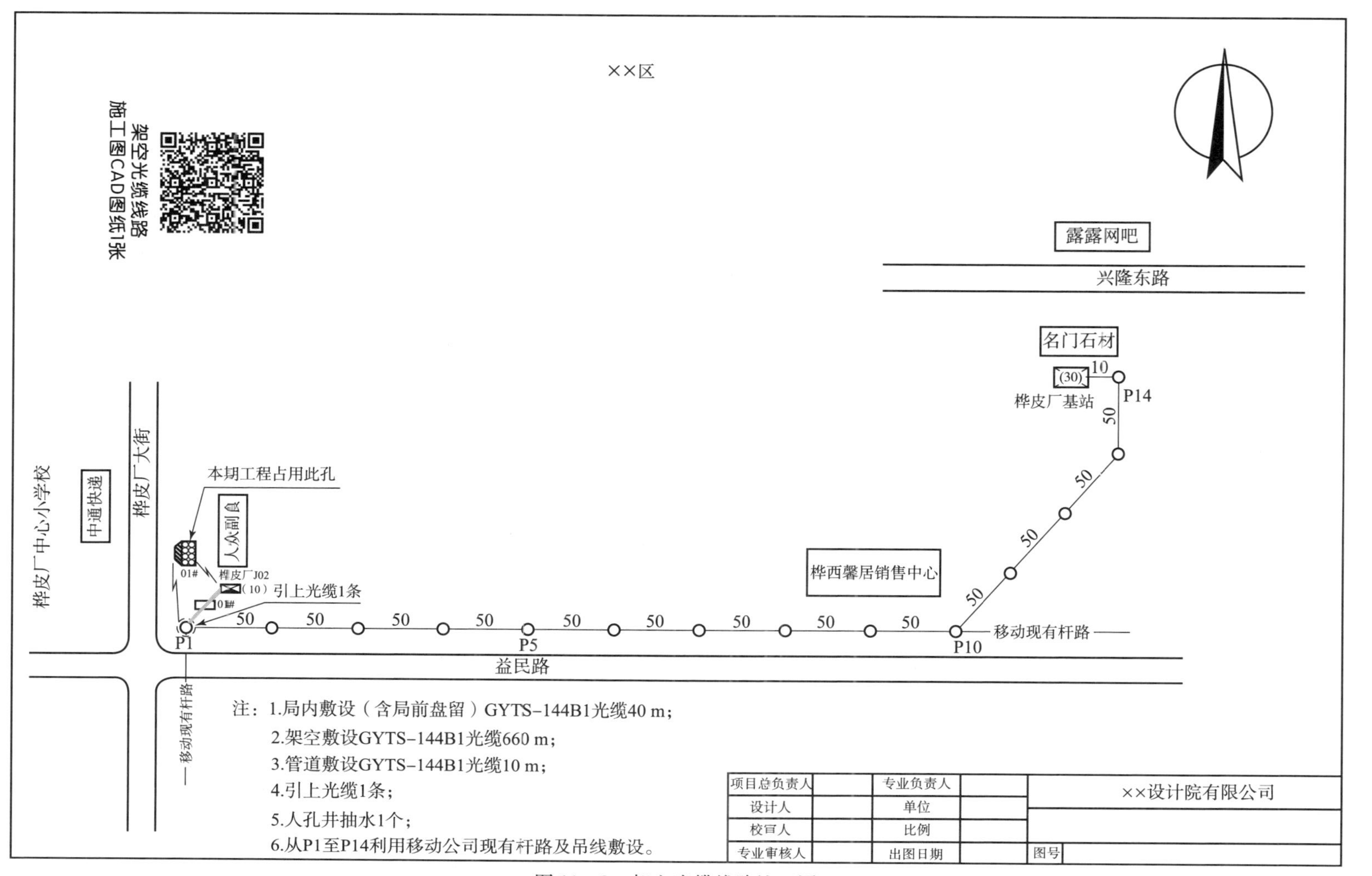

图 11－2　架空光缆线路施工图

架空光缆线路
施工图CAD图纸1张

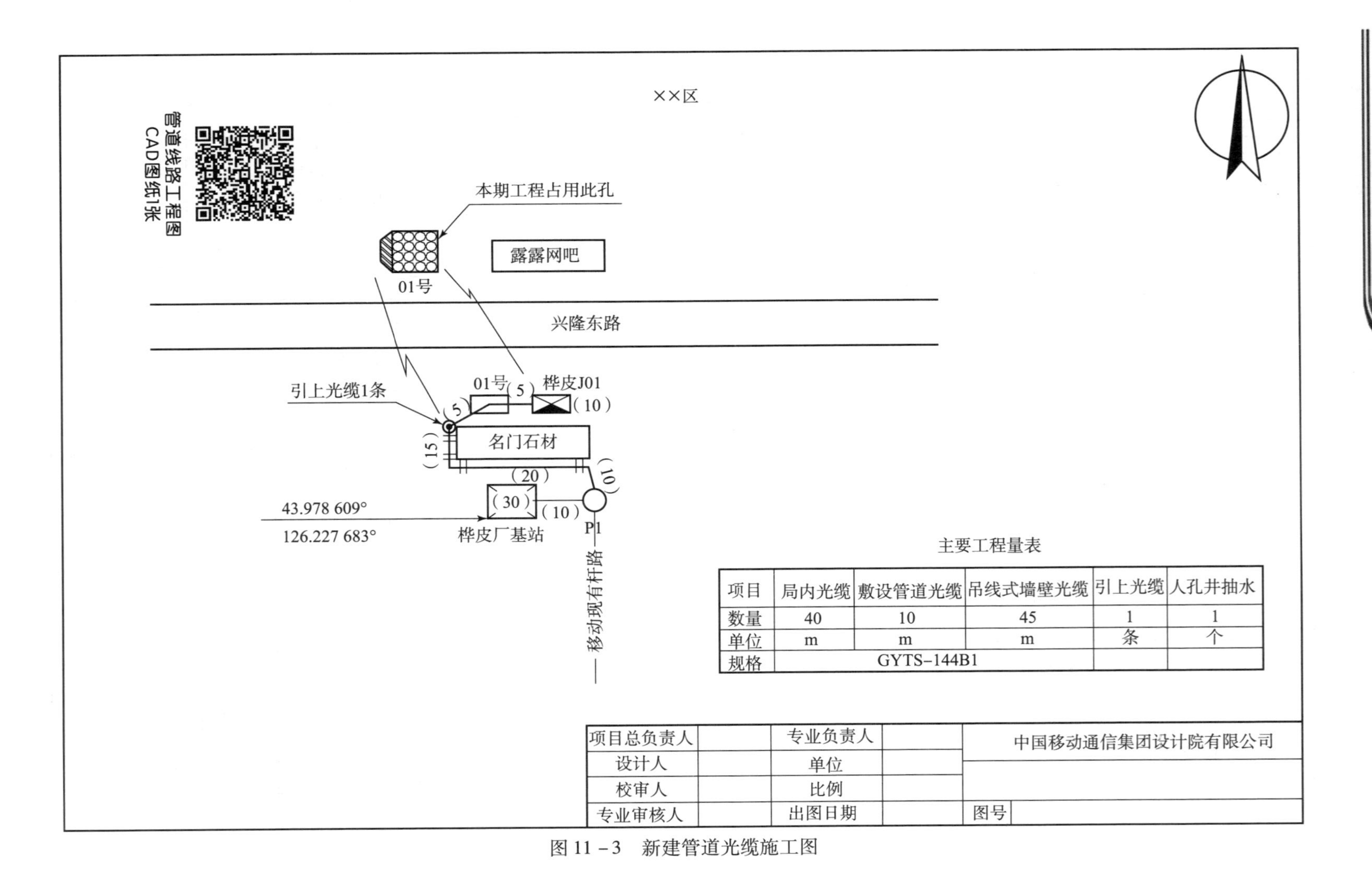

项目	局内光缆	敷设管道光缆	吊线式墙壁光缆	引上光缆	人孔井抽水
数量	40	10	45	1	1
单位	m	m	m	条	个
规格	GYTS-144B1				

图 11－3 新建管道光缆施工图

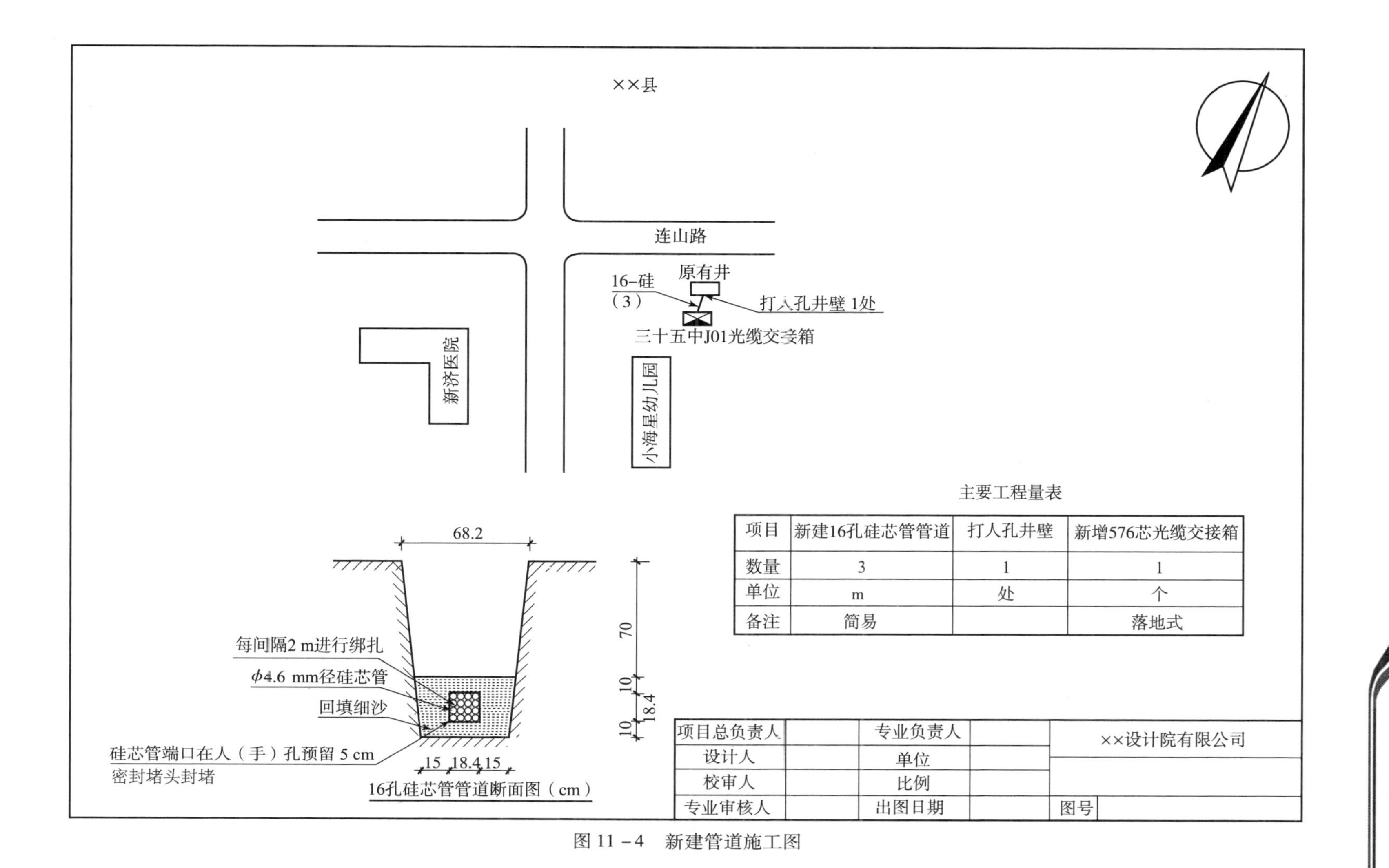

图 11－4　新建管道施工图

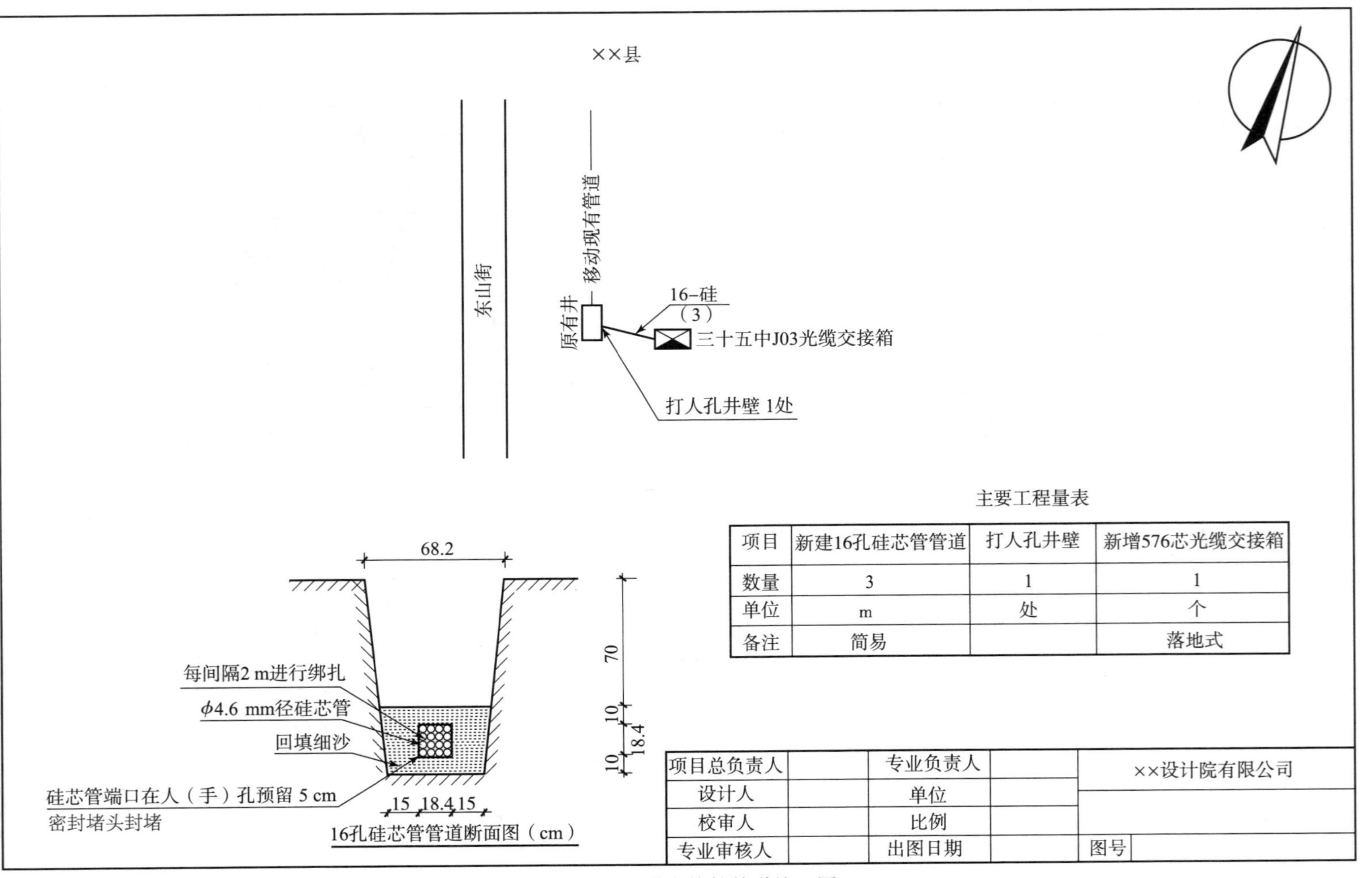

图 11－5　光缆交接箱管道施工图

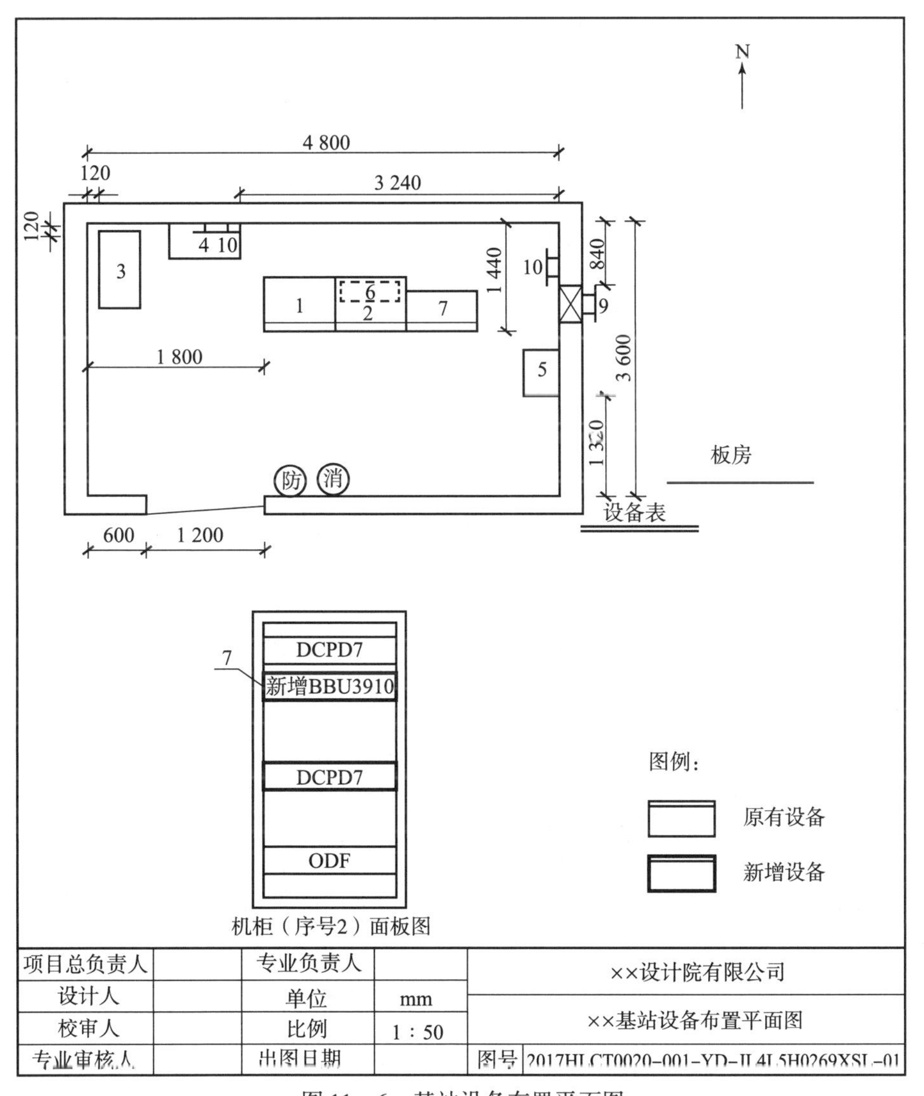

图 11－6　基站设备布置平面图

无线基站工程图
电子图 CAD 图纸 1 张

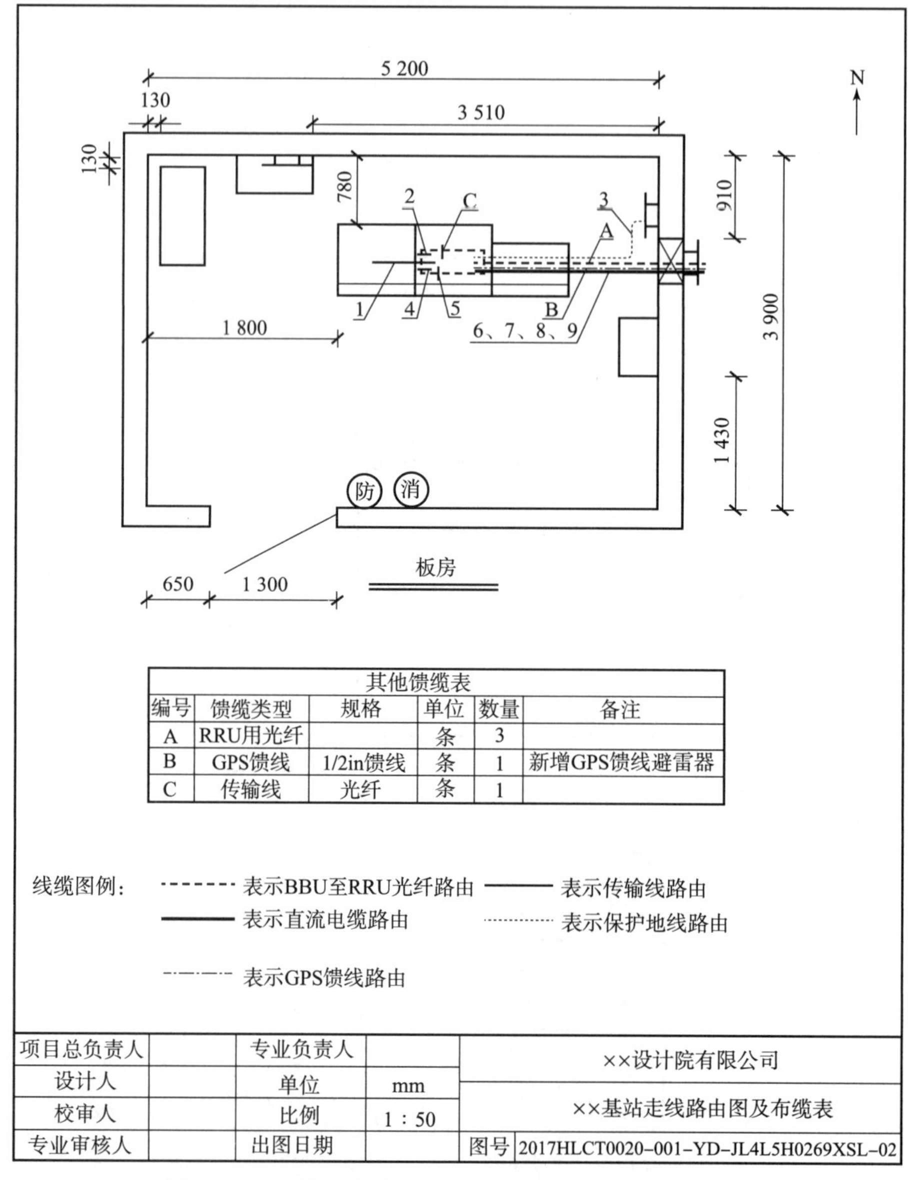

其他馈缆表

编号	馈缆类型	规格	单位	数量	备注
A	RRU用光纤		条	3	
B	GPS馈线	1/2in馈线	条	1	新增GPS馈线避雷器
C	传输线	光纤	条	1	

项目总负责人		专业负责人		××设计院有限公司
设计人		单位	mm	××基站走线路由图及布缆表
校审人		比例	1：50	
专业审核人		出图日期		图号 2017HLCT0020-001-YD-JL4L5H0269XSL-02

图 11－7　基站走线路由图及布缆表基站设备布置平面图

本模块小结

（1）对于不同类型的工程设计，其工程制图的绘制要求及制图所应达到的深度也有所不同。在本模块里，针对有线通信线路工程，介绍了各项单项工程中需要绘制哪些图纸以及要求达到的设计深度。

（2）通信线路施工图纸是施工图设计的重要组成部分，它是指导施工的主要依据。施工图纸包含了如路由信息、技术数据、主要说明等内容，施工图应该在仔细勘察和认真搜集资料的基础上绘制而成。

（3）通信主干线路的施工图纸主要包括这几个部分的内容，即主干线路施工图、管孔图、杆路图、总配线架上列图和交接箱上列图等。配线线路工程施工图设计一般有新建配线区和调改配线区两种。新建配线区配线线路施工图原则上以一个交接箱为单位作为一个设计文本。通信配线线路工程施工图主要包括配线线路施工图、配线管路图、交接箱上列图等。

（4）在绘制线路施工图时，首先要按照相关规范要求选用适合的比例，为了更为方便地表达周围环境情况，可采用沿线路方向按一种比例，而周围环境的横向距离采用另一种比例或基本按示意性绘制。

（5）绘制工程图时，要按照工作顺序、线路走向或信息流向进行排列，线路图纸分段按起点至终点、分歧点至终点原则划分。

（6）对于线路图绘制时必须加入指北针。

习题与思考

一、选择题

1. 当采用 A4 图纸绘图时，其图框尺寸（$B \times L$）为（　　）

A. 50×30　　B. 594×841　　C. 420×594　　D. 297×420

E. 210×297

2. 当采用 A3 图纸绘图且横向排列时，其侧边框距 c 和装订侧边框距 a 分别为（　　）mm。

A. 10，5　　B. 10，25　　C. 5，25　　D. 5，10

E. 25，10

3. 工程图纸中，实线（————————）的一般用途是（　　）。

A. 基本线条：图纸主要内容用线，可见轮廓线

B. 辅助线条：屏蔽线，机械连接线、不可见轮廓线、计划扩展内容用线

C. 图框线：表示分界线、结构图框线、功能图框线、分级图框线

D. 辅助图框线：表示更多的功能组合或从某种图框中区分不属于它的功能部件

4. 工程图纸中，虚线（-----------------）的一般用途是（　　）。

A. 基本线条：图纸主要内容用线，可见轮廓线

B. 辅助线条：屏蔽线，机械连接线、不可见轮廓线、计划扩展内容用线

C. 图框线：表示分界线、结构图框线、功能图框线、分级图框线

D. 辅助图框线：表示更多的功能组合或从某种图框中区分不属于它的功能部件

5. 图线的宽度选用为 0.25，0.35，0.5，（　　），（　　），1.4 等。

A. 0.7，1.0　　B. 0.65，1.0　　C. 0.7，0.9　　D. 0.6，0.9

二、填空题

1. 通信工程制图就是将________、________按不同专业的要求画在一个平面上，使工程施工技术人员通过阅读图纸就能够了解________、________，统计出________及________。只有绘制出准确的通信工程图纸，才能对通信工程施工具有正确的指导性意义。

2. 通信制图中应选取合适的________，避免图中的线条________。标准通信工程制图图形符号的线条除有意加粗者外，一般都是________，一张图上要尽量统一。但是，不同大

小的图纸如________和图________可有所不同，为了视图方便，________可以相对粗些。

3. 通过收集通信________的基本说明资料，可以了解通信工程建设的________、________、________和________，有了这些基础知识，就可以大致了解所要阅读的通信工程图纸所要表达的主要内容。

4. 开始阅读通信工程图纸之前一定要先清楚图纸所表示________，并根据________熟悉相关图例的含义，为________打下基础。

5. ________是通信工程图纸中的另一个重要组成部分，主要用在通信工程图纸中表示各种________的________、________以及________等，如通信设备的外轮廓尺寸、通信设备在机房布局中的________、通信线路________、所用光缆或________等。

6. 完整的草图不能缺少________，________对于工程图纸来说就像人的一双眼睛那样重要，线路工程图纸中一般所画方向标是________，指北针的方向一般________，不提倡向右，禁止________；指北针一般处于草图的________。

7. 当含义不便于用图示方法表达时，可以采用________。当图中出现多个________或大段说明性________时，应当把注释按顺序放在________。注释可以放在需要说明的对象附近；当注释不在需要说明的对象附近时，应使用________（细实线）指向说明对象。

8. 使用图线绘图时，应使图形的比例和配线________、________、________，在同一张图纸上，按不同比例绘制的图样及同类图形的图线粗细应________。

9. 图衔通常又称为图纸的________，也是图纸的重要组成部分，图衔中一般包含通信工程图纸的________、________、图纸________，以及单位主管、________、总负责人、________、设计人、________等相关人员姓名等相关信息。

10. 管道、人孔、手孔结构及建筑施工采用________，非定型设计应附________及________。

三、思考题

1. 简单分析指北针在工程图纸内的作用。
2. 通信工程图纸纸张大小分为几种？分别是什么？
3. 通信建设工程设计中一般分为几大部分？
4. 简单阐述绘制机房平面图的要求有哪些。
5. 绘制图纸时可能遇到的问题有哪些？是否有解决的办法？
6. 通信工程图纸的重要基本构成是什么？
7. CAD 中正交的快捷键是什么？开启正交对我们绘制图纸有什么帮助？
8. 绘制线路施工图重要的要求有哪些？

任务12　通信建设工程概预算定额

12.1　概述

12.1.1　通信工程概预算的基本概念

通信工程概预算是通信工程文件的重要组成部分，它是根据各个不同设计阶段的深度和建设内容，按照国家主管部门颁发的概预算定额，设备、材料价格，编制方法、费用定额、费用标准等有关规定，对通信建设项目、单项工程按实物工程量法预先计算和确定的全部费用文件。

概预算定额与费用定额的区别：概预算定额对应表3甲，费用定额对应全套表。

概算与预算的区别：两阶段设计时，初步设计编制概算，施工图设计编制预算，此时概算有预备费，预算无预备费。

一阶段设计时，直接编制预算，此时有预备费。

12.1.2　通信工程概预算的主要作用

1. 概算的作用

（1）确定和控制投资、编制和安排投资计划、控制施工图预算的依据。

（2）签订建设项目总承包合同、实行投资包干的依据。

（3）考核工程设计技术经济合理性和工程造价的依据。

（4）筹备设备、材料和签订订货合同的依据。

（5）在工程招标承包制中确定标底的依据。

2. 预算的作用

（1）考核工程成本、确定工程造价的依据。

（2）签订工程承、发包合同的依据。

（3）工程价款结算的主要依据。

（4）考核施工图设计技术经济合理性的依据。

12.1.3 通信工程定额的发展过程

我国通信建设工程定额的发展大致经历了以下几个阶段。

（1）“433 定额”。1990 年，邮电部〔1990〕433 号颁布《通信工程建设概算预算编制办法及费用定额》和《通信工程价款结算办法》。

（2）“626 定额”。1995 年，邮电部〔1995〕626 号颁布《通信建设工程概算、预算编制办法及费用定额》《通信建设工程价款结算办法》和《通信建设工程预算定额》（共三册），贯彻了“量价分离、技普分开”，并且从全统定额中分离出来。

（3）“75 定额”。2008 年，工信部规〔2008〕75 号颁布《通信建设工程概算、预算编制办法》《通信建设工程费用定额》《通信建设工程施工机械、仪表台班费用定额》和《通信建设工程预算定额》（共五册）。

（4）“451 定额”。2016 年，工信部通信〔2016〕451 号颁布《信息通信建设工程概预算编制规程》《信息通信建设工程费用定额》和《信息通信建设工程预算定额》（共五册）。

目前，我国整体的技术发展周期逐渐缩短，通信工程定额应随着技术的不断更新、升级，及时进行改革与调整，以适应经济发展的需要。

12.1.4 现行通信建设工程定额的构成

现工信部通信〔2016〕451 号，2016 年 12 月 30 日发布通知：为适应通信建设行业发展的需要，合理有效地控制通信建设工程投资，规范通信建设工程计价行为，根据国家法律法规及有关规定，对《通信建设工程概算、预算编制办法》及相关定额（2008 年版）进行修订，形成了《信息通信建设工程预算定额》《信息通信建设工程费用定额》及《信息通信建设工程概预算编制规程》，现予以发布，自 2017 年 5 月 1 日起施行。工业和信息化部发布的《关于发布〈通信建设工程概算、预算编制办法〉及相关定额的通知》（工信部规〔2008〕75 号）同时废止。

（1）工信部通信〔2016〕451 号《信息通信建设工程费用定额》。

（2）工信部通信〔2016〕451 号《信息通信建设工程概预算编制规程》。

（3）工信部通信〔2014〕457 号《通信建设工程定额编制管理办法》。

《信息通信建设工程费用定额》及《信息通信建设工程概预算编制规程》

12.2　通信建设工程预算定额

12.2.1　预算定额的作用

预算定额的作用主要有以下几个方面。

(1) 预算定额是编制施工图预算、确定和控制建筑安装工程造价的计价基础。

(2) 预算定额是落实和调整年度建设计划，对设计方案进行技术经济比较分析的依据。

(3) 预算定额是施工企业进行经济活动分析的依据。

(4) 预算定额是编制标底、投标报价的基础。

(5) 预算定额是编制概算定额和概算指标的基础。

12.2.2　预算定额的编制程序

预算定额的编制大致可分为以下5个阶段。

1. 准备工作阶段

1) 拟定编制方案应主要考虑的内容

(1) 编制目的和任务。

(2) 编制范围及编制内容。

(3) 编制原则和水平要求、项目划分和表现形式。

(4) 编制依据。

(5) 编制定额的单位及人员。

(6) 编制地点及经费来源。

(7) 工作的规划及时间安排。

2) 划分编制小组

根据专业需要划分编制小组。

2. 收集资料阶段

1) 收集现行规定、规范和政策法规资料

主要收集以下几方面的资料。

(1) 现行的定额及有关资料。

(2) 现行的建筑安装工程施工及验收规范。

(3) 安全技术操作规程和现行有关劳动保护的政策法规。

(4) 设计标准规范。

(5) 编制定额必须依据的其他有关资料。

2) 收集定额管理部门积累的资料

需要收集的资料包括：

(1) 日常定额解释资料。

(2) 补充定额资料。

(3) 新结构、新工艺、新材料、新技术用于工程实践的资料。

3) 普遍收集资料

在已确定的编制范围内，用表格的形式收集定额编制基础资料，以统计资料为主，注明所需要的资料内容、填表要求和时间范围。其优点是口径统一，便于资料整理，并具有广泛性。

4）专题座谈

邀请建设单位、设计单位、施工单位及管理单位有经验的专业人员开座谈会，请他们从不同的角度就以往定额存在的问题提出意见和建议，以便在编制新定额时改进。

5）专项查定及试验

进行必要的专项查定及试验工作。

3. 编制阶段

1）确定编制细则

（1）统一编制表格及编制方法。

（2）统一计算口径、计量单位和小数点位数。

（3）统一名称、专业用语、符号代码。

2）确定项目划分和计算规则

确定定额的项目划分和工程量计算规则。

3）对相关定额数据进行计算、复核和测算

对定额人工、材料、机械台班和仪表台班耗用量进行计算、复核和测算。

4. 审核阶段

1）审核定稿

定额初稿的审核工作是定额编制过程中必要的程序，是保证定额编制质量的措施之一。审稿工作应由经验丰富、责任心强且多年从事定额工作的专业技术人员承担，审稿要注意以下几点。

（1）文字表达确切通顺，简明易懂。

（2）定额的数据准确无误。

（3）章节、项目之间没有矛盾。

2）预算定额的水平测算

在新定额编制成稿向上级报告以前，必须与原定额进行比对测算，分析水平升降原因，测算方法如下。

（1）按工程类别比例测算，首先在定额执行范围内，选择有代表性的各类工程分别以新旧定额对比测算，并按测算的年限、工程所占比例加权以考察宏观影响。

（2）单项工程比较测算法。以典型工程分别用新旧定额对比测算，以考察定额水平升降及其原因。

5. 定稿报批阶段

1）征求意见

定额编制初稿完成以后，需要组织征求各有关方面意见，通过对反馈意见分析研究，在统一意见基础上分类整理，制订修改方案。

2）报批

按修改方案对初稿修改后，整理出一套完整、字迹清楚的定额报批稿，在批准后交付印刷。

3）立档、成卷

（1）定额编制资料是贯彻执行中需查对资料的唯一依据，也是修编定额的历史数据，应作为技术档案永久保存。

（2）立档成卷目录。

①编制文件资料档。

②编制依据资料档。

③编制计算资料档。

④编制方案资料档。

⑤编制第一、第二稿原始资料档。

⑥讨论意见资料档。

⑦修改方案资料档（包括定额印刷底稿全套）。

⑧新定额水平测算资料档。

⑨工作总结和报材料档。

⑩作会议记录、记录资料。

12.2.3 通信工程概预算编制的依据

1. 概算编制的依据

（1）批准的可行性研究报告。

（2）初步设计图纸、设备材料表和有关技术文件。

（3）国家相关管理部门发布的有关法律、法规、标准规范。

（4）《通信建设工程预算定额》（目前通信工程用预算定额代替概算定额编制概算）、《通信建设工程费用定额》《通信建设工程施工机械、仪表台班费用定额》及其有关文件。

（5）建设项目所在地政府发布的土地征用和赔补费等有关规定。

（6）有关合同、协议等。

2. 预算编制的依据

（1）批准的初步设计概算及有关文件。

（2）施工图、通用图、标准图及说明。

（3）国家相关管理部门发布的有关法律、法规、标准规范。

（4）《通信建设工程预算定额》《通信建设工程费用定额》《通信建设工程施工机械、仪表台班费用定额》及其有关文件。

（5）建设项目所在地政府发布的有关土地征用和赔补费等有关规定。

（6）有关合同、协议等。

12.2.4 通信工程概预算编制的原则

现行通信建设工程预算定额的编制，主要遵照以下几个原则。

1. 贯彻相关政策精神

贯彻国家和行业主管部门关于修订通信建设工程预算定额相关政策精神，结合通信行业的特点进行认真调查研究、细算粗编，坚持实事求是，做到科学、合理、便于操作和维护。

2. 贯彻执行“控制量”“量价分离”“技普分开”的原则

（1）控制量：指预算定额中的人工、主材、机械和仪表台班的消耗量是法定的，任何单位和个人不得随意调整。

（2）量价分离：指预算定额中只反映人工、主材、机械和仪表台班的消耗量，而不反映其单价。单价由主管部门或造价管理归口单位另行发布。

（3）技普分开：为适应社会主义市场经济和通信建设工程的实际需要取消综合工。凡是由技工操作的工序内容均按技工计取工日，凡是由非技工操作的工序内容均按普工计取工日。

通信设备安装工程均按技工计取工日（即普工为零）。

通信线路和通信管道工程分别计取技工工日、普工工日。

3. 预算定额子目编号规则

定额子目编号由三部分组成：第一部分为册名代号，表示通信建设工程的各个专业，由汉语拼音（首字母）缩写组成；第二部分为定额子目所在的章号，由一位阿拉伯数字表示；第三部分为定额子目所在章内的序号，由 3 位阿拉伯数字表示。具体表示方法参见图 12 -1。

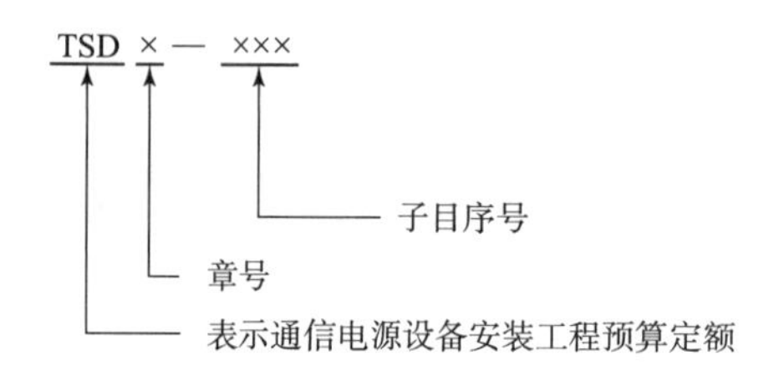

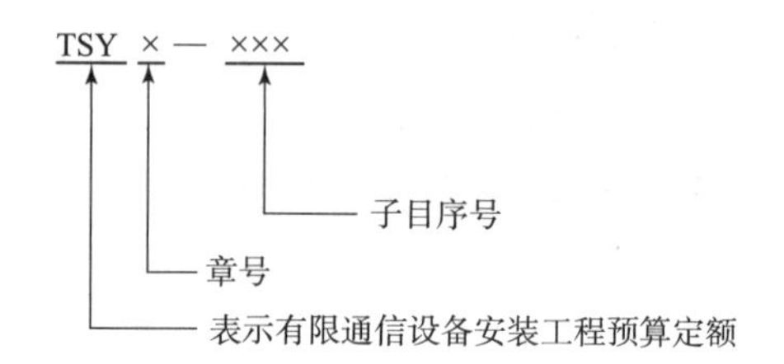

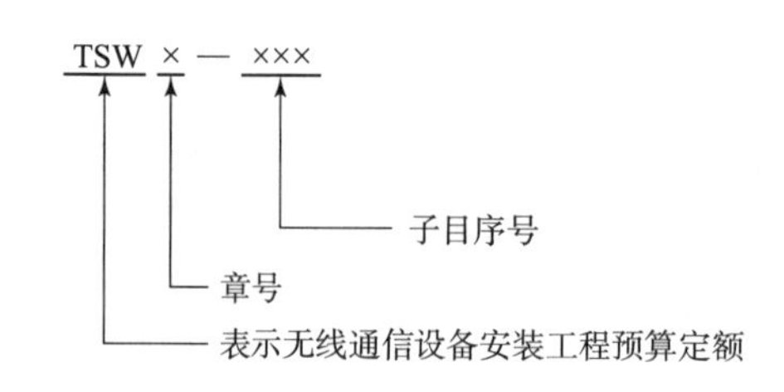

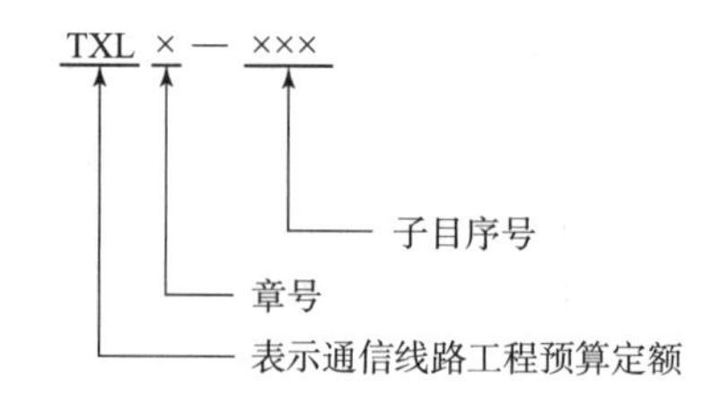

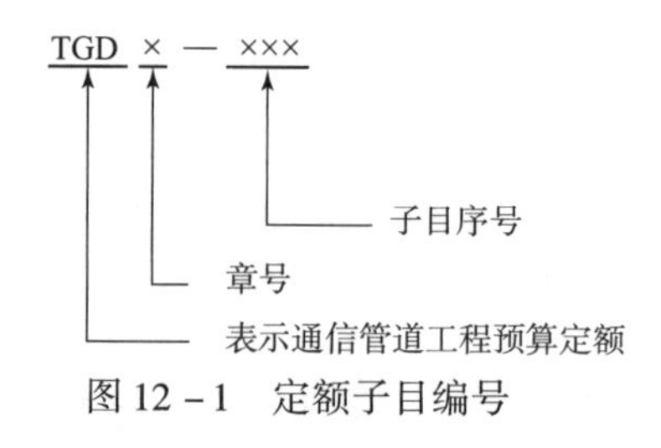

图 12 -1　定额子目编号

12.2.5　现行通信工程概预算定额的构成

信息通信建设工程预算定额 2016 415 定额 1 -5

1. 预算定额的册构成

为适应通信建设行业发展需要，合理、有效控制通信建设工程投资，规范通信建设工程计价行为，根据国家法律法规及有关规定，对《通信建设工程概算、预算编制办法》及相关定额（2008 年版）进行修订，形成了《信息通信建设工程预算定额》共五册。包括第一册《通信电源设备安装工程》、第二册《有线通信设备安装工程》、第三册《无线通信设备安装工程》、第四册《通信线路工程》、第五册《通信管道工程》。

2. 每册预算定额的构成

每册通信建设工程预算定额由总说明、册说明、章节说明、定额项目表和附录构成。

1）总说明

总说明不仅阐述定额的编制原则、指导思想、编制依据和适用范围，同时还说明编制定额时已经考虑和没有考虑的各种因素以及有关规定和使用方法等。在使用定额时应了解和掌握这部分内容，以便正确地使用定额，《信息通信建设工程预算定额》（2016 版）总说明具体内容引用如下。

（1）《信息通信建设工程预算定额》（以下简称《预算定额》）是完成规定计量单位工程所需要的人工、材料、施工机械和仪表的消耗量标准。

（2）《预算定额》共分五册，内容如下。

第一册《通信电源设备安装工程》（册名代号 TSD）

第二册《有线通信设备安装工程》（册名代号 TSY）

第三册《无线通信设备安装工程》（册名代号 TSW）

第四册《通信线路工程》（册名代号 TXL）

第五册《通信管道工程》（册名代号 TGD）

（3）《预算定额》是编制信息通信建设项目投资估算、概算、预算和工程量清单的基础，也可作为信息通信建设项目招标、投标报价的基础。

（4）《预算定额》适用于新建、扩建工程，改建工程可参照使用。用于扩建工程时，其扩建施工降效部分的人工工日按乘以系数 1.1 计取，拆除工程的人工工日计取办法见各册的相关内容。

（5）《预算定额》是以现行通信工程建设标准、质量评定标准及安全操作规程等文件为依据，按符合质量标准的施工工艺、合理工期及劳动组织形式条件进行编制的。

①设备、材料、成品、半成品、构件符合质量标准和设计要求。

②通信各专业工程之间、与土建工程之间的交叉作业正常。

③施工安装地点、建筑物、设备基础、预留孔洞均符合安装要求。

④气候条件、水电供应等应满足正常施工要求。

（6）定额子目编号原则。定额子目编号由三部分组成：第一部分为册名代号，由汉语拼音（字母）缩写而成；第二部分为定额子目所在的章号，由一位阿拉伯数字表示；第三部分为定额子目所在章内的序号，由 3 位阿拉伯数字表示。

（7）关于人工。

①定额人工分为技工和普工。

②定额人工消耗量包括基本用工、辅助用工和其他用工。

基本用工：完成分项工程和附属工程实体单位的加工量。

辅助用工：定额中未说明的工序用工量，包括施工现场某些材料临时加工、排除故障、维持安全生产的用工量。

其他用工：定额中未说明的而在正常施工条件下必然发生的零星用工量，包括工序间搭接、工种间交叉配合、设备与器材施工现场转移、施工现场机械（仪表）转移、质量检查配合以及不可避免的零星用工量。

（8）关于材料。

①材料分为主要材料和辅助材料。定额中仅计列构成工程实体的主要材料，辅助材料以费用的方式表现，其计算方法按《信息通信建设工程费用定额》的相关规定执行。

②定额中的主要材料消耗量包括直接用于安装工程中的主要材料净用量和规定的损耗量。规定的损耗量指施工运输、现场堆放和生产过程中不可避免的合理损耗量。

③施工措施性消耗部分和周转性材料按不同施工方法、不同材质分别列出一次使用量和一次摊销量。

④定额不含施工用水、电、蒸汽消耗量，此类费用在设计概算、预算中根据工程实际情况在建筑安装工程费中按相关规定计列。

(9) 关于施工机械。

①施工机械单位价值在 2 000 元以上，构成固定资产的列入定额的机械台班。

②定额的机械台班消耗量是按正常合理的机械配备综合取定的。

(10) 关于施工仪表。

①施工仪器仪表单位价值在 2 000 元以上，构成固定资产的列入定额的仪表台班。

②定额的施工仪表台班消耗量是按信息通信建设标准规定的测试项目及指标要求综合取定的。

(11)《预算定额》适用于海拔高程 2 000 m 以下，地震烈度为 7 度以下的地区，超过上述情况时按有关规定处理。

(12) 在以下地区施工时，定额按下列规则调整。

①高原地区施工时，定额人工工日、机械台班消耗量乘以表 12 -1 所列出的系数。

表 12 -1　高原地区调整系数表

海拔高程		2 000 m 以上	3 000 m 以上	4 000 m 以上
调整系数	人工	1.13	1.3	1.37
	机械	1.29	1.54	1.84

②原始森林地区（室外）及沼泽地区施工时人工工日、机械台班消耗乘以系数 1.30。

③非固定沙漠地带，进行室外施工时，人工工日乘以系数 1.10。

④其他类型的特殊地区按相关部分规定处理。

以上四类特殊地区若在施工中同时存在两种以上情况时，只能参照较高标准计取一次，不应重复计列。

(13)《预算定额》中带有括号表示的消耗量，系供设计选用；“ * ”表示由设计确定其用量。

(14) 凡是定额子目中未标明长度单位的均指 mm。

(15)《预算定额》中注有“ × ×以内”或“ × ×以下”者均包括“ × ×”本身；“ × ×以外”或“ × ×以上”者则不包括“ × ×”本身。

(16) 本说明未尽事宜，详见各章节和附注说明。

2) 册说明

册说明阐述该册的内容、编制基础和使用该册应注意的问题及有关规定等。特列举如下。

第一册《通信电源设备安装工程》的册说明引用如下。

(1)《通信电源设备安装工程》预算定额覆盖了通信设备安装工程中所需的全部供电系

统配置的安装项目，内容包括 10 kV 以下的变、配电设备，机房空调和动力环境监控，电力缆线布放，接地装置，供电系统配套附属设施的安装与调试。

（2）本册定额不包括 10 kV 以上电气设备安装；不包括电气设备的联合试运转工作。

（3）本册定额人工工日均以技工作业取定。

（4）本册定额中的消耗量，凡有需要材料但未予列出的，其名称及用量由设计按实计列。

（5）本册定额用于拆除工程时，其人工按表 12－2 所示系数进行计算。

表 12－2 拆除工程人工系数

名称	拆除工程人工系数	
	不需入库	清理入库
第一章的变压器	0.55	0.70
第四章的室外直埋电缆	1.00	—
第五章的接地极、板	1.00	—
除以上内容外	0.40	0.60

第二册《有线通信设备安装工程》的册说明引用如下。

（1）《有线通信设备安装工程》预算定额共包括五章内容：安装机架、缆线及辅助设备；安装、调测光纤通信数字传输设备；安装、调测数据通信设备；安装、调测交换设备；安装、调测视频监控设备。

（2）本册定额第一章“安装机架、缆线及辅助设备”为有线设备安装工程的通用设备安装项目。

（3）本册定额人工工日均以技术工（简称“技工”）作业取定。

（4）本册定额中的消耗量，凡是带有括号表示的，系供设计时根据安装方式选用其用量。

（5）使用本定额编制预算时，凡明确由设备生产厂家负责系统调测工作的，仅计列承建单位的“配合调测用工”。

（6）本册定额中所列“配合调测”定额子目，是指施工单位无法独立完成，需配合专业调测人员所做工作（包括配合测试区域的协调、调测过程中故障处理、旁站配合硬件调整等），由设计根据工程实际套用。

（7）本册定额用于拆除工程时，其人工工日按表 12－3 所列系数进行计算。

表 12－3 拆除工程时人工工日系数

章号	第一章	第二章	第三章	第四章
拆除工程系数	0.40	0.15	0.30	0.40

第三册《无线通信设备安装工程》的册说明引用如下。

（1）《无线通信设备安装工程》预算定额共包括五章内容：安装机架、缆线及辅助设备；安装移动通信设备；安装微波通信设备；安装卫星通信地球站设备；安装铁塔及铁塔基础施工。

（2）本册定额第一章“安装机架、缆线及辅助设备”为无线设备安装工程的通用设备安装项目，第二章至第五章为各专业设备安装项目。

（3）本册定额人工工日均以技工作业取定。

（4）本册定额用于拆除工程时，其人工工日按表 12－4 所列系数进行计算。

表 12－4　拆除工程人工工日系数

名称	拆除工程人工工日系数
第二章的天、馈线及室外基站设备	1.00
第三章的天、馈线及室外单元	1.00
第四章的天、馈线及室外单元	1.00
第五章的铁塔	0.70
除上述内容外	0.40

第四册《通信线路工程》的册说明引用如下。

（1）《通信线路工程》预算定额适用于通信光（电）缆的直埋、架空、管道、海底等线路的新建工程。

（2）通信线路工程，当工程规模较小时，人工工日以总工日为基数按下列规定系数进行调整。

①工程总工日在 100 工日以下时，增加 15%。

②工程总工日在 100～250 工日时，增加 10%。

（3）本定额中以分数表示的消耗量，系供设计选用。

（4）本定额拆除工程不单立子目，发生时按表 12－5 所列规定执行。

表 12－5　定额拆除工程占新建工程百分比

序号	拆除工程内容	占新建工程定额的百分比/%	
		人工工日	机械台班
1	光＋（电）缆（不需清理入库）	40	40
2	埋式光（电）缆（清理入库）	100	100
3	管道光（电）缆（清理入库）	90	90
4	成端电缆（清理入库）	40	40
5	架空、墙壁、室内、通道、槽道、引上光（电）缆（清理入库）	70	70
6	线路工程各种设备以及除光（电）缆外的其他材料（清理入库）	60	60
7	线路工程各种设备以及除光（电）缆外的其他材料（不需清理入库）	30	30

（5）敷设光（电）缆工程量计算时，应考虑敷设的长度和设计中规定的各种预留长度。

第五册《通信管道工程》的册说明引用如下。

（1）《通信管道工程》预算定额主要是用于城区通信管道的新建工程。

（2）本定额中带有括号表示的材料，系供设计选用；“＊”表示由设计确定其用量。

（3）通信管道工程，当工程规模较小时，人工工日以总工日为基数按下列规定系数进行调整。

①工程总工日在100工日以下时，增加15%。

②工程总工日在100～250工日时，增加10%。

（4）本定额的土质、石质分类参照国家有关规定，结合通信工程实际情况，划分标准详见附录一。

（5）开挖土（石）方工程量计算见附录二。

（6）主要材料损耗率及参考容重表见附录三。

（7）水泥管管道每百米管群体积参考表见附录四。

（8）通信管道水泥管块组合图见附录五。

（9）100 m长管道基础混凝土体积一览表见附录六。

（10）定型人孔体积参考表见附录七。

（11）开挖管道沟土方体积一览表见附录八。

（12）开挖100 m长管道沟上口路面面积见附录九。

（13）开挖定型人孔土方及坑上口路面面积见附录十。

（14）水泥管通信管道包封用混凝土体积一览表见附录十一。

3）章节说明

章节说明主要包括：分部、分项工程的工作内容，工程量计算方法和本章节有关规定计量单位、起讫范围，应扣除和应增加的部分等。这部分是工程量计算的基本规则，必须全面掌握。

特列举第五册《通信管道工程》中第一章“施工测量与挖、填管道沟及人孔坑”说明如下。

（1）本章分为施工测量与开挖路面、开挖与回填管道沟及人（手）孔坑、碎石底基、支撑挡土板及抽水。

（2）开挖路面按照具体施工方式划分为人工开挖路面与机械开挖路面两部分。

（3）开挖管道沟及人（手）孔坑按照具体施工方式划分为人工开挖管道沟及人（手）孔坑与机械开挖管道沟及人（手）孔坑两部分。定额中不包括地下、地上障碍物处理的用工、用料，工程中发生时由设计按实际计列。

（4）回填土石方定额是按人工回填取定的，包括回填及夯实（压实）等全部工序内容。

（5）开挖管道沟、人（手）孔坑土方及挖掘路面面积，可参考附录八至附录十。

（6）管道沟沟底宽度由管道基础和所需操作余度确定。管道基础在63 cm以下宽时，其沟底宽度为基础宽度加30 cm（即每侧各加15 cm）；管道基础63 cm以上时，其沟底宽度为基础宽度加60 cm（即每侧各加30 cm）；无基础管道的沟底宽度，应为管群宽度加40 cm（即每侧各加20 cm）。当设计规定管道沟槽需要支撑挡土板时，沟底宽度应另增加10 cm。铺设碎石底基根据沟底宽度和底基高度测算后套用碎石底基子目。

（7）管道沟回填土体积，按开挖土方体积扣除地面以下管道和人（手）孔（包括基础）所占的体积计算。

（8）凡在铺砌路面下开挖管道沟和人（手）孔坑时，其沟（坑）土方量应减去开挖的路面铺砌物所占的体积。

（9）倒运土方应由设计人员根据施工现场情况以所埋设的管群和人（手）孔（包括混

凝土基础）体积的总和计算倒运土方的工程量。

（10）开挖土石方时，应由设计人员根据施工现场土质情况，合理确定放坡系数。

4）定额项目表

定额项目表是预算定额的主要内容，项目表不仅给出了详细的工作内容，还列出了在此工作内容下的分部分项工程所需的人工、主要材料、机械台班和仪表台班的消耗量，特列第四册《通信线路工程》中第二章“敷设埋式光（电）缆”的第三节“埋式光（电）缆保护与防护”内的一个定额项目表引用如表 12－6 所示。

表 12－6　定额项目表

定额编号			TXL2－037	TXL2－038	TXL2－039	TXL2－040	TXL2－041
项目			砖砌专用塑料管道光缆手孔				埋设定型手孔
			Ⅰ型 （1.2×0.9×1.0）	Ⅱ型 （2.6×0.9×0.1）	Ⅲ型 （0.1×0.9×0.7）	Ⅳ型 （2.6×0.9×0.7）	
定额单位			个				
名称		单位	数量				
人工	技工	工日	6.40	8.67	5.12	6.94	1.00
	普工	工日	6.14	8.33	4.91	6.66	2.00
主要材料	水泥 32.5	t	0.40	0.69	0.26	0.44	—
	中粗砂	t	1.40	1.78	0.69	1.17	—
	碎石 5～35	t	0.75	1.48	0.62	1.13	—
	机制砖	千块	0.72	1.18	0.45	0.70	—
	圆钢 ϕ10 mm	kg	7.21	10.83	8.01	16.02	—
	圆钢 ϕ8 mm	kg	3.00	7.87	4.71	9.42	—

5）附录

预算定额最后列有附录，供使用预算定额时参考。其中册附录情况如下。

第一册、第二册、第三册没有附录。第四册有 3 个附录，名称分别为附录一“土壤及岩石分类表”、附录二“主要材料损耗率及参考容重表”、附录三“光（电）缆工程成品预制件材料用量表”。第五册有 11 个附录，名称分别为附录一“土壤及岩石分类表”、附录二“开挖土（石）方工程量计算表”、附录三“主要材料损耗率及参考容重表”、附录四“水泥管管道每百米管群体积参考表”、附录五“通信管道水泥管块组合图”、附录六“100 m 长管道基础混凝土体积一览表”、附录七“定型人孔体积参考表”、附录八“开挖管道沟土方体积一览表”、附录九“开挖 100 m 长管道沟上口路面面积”、附录十“开挖定型人孔土方及坑上口路面面积”、附录十一“水泥管通信管道包封用混凝土体积一览表”。

12.3　新版451定额与旧版75定额对比分析

12.3.1　修编的主要内容及修编规程内容介绍

主要对《信息通信建设工程概预算编制规程》《信息通信建设工程费用定额》《信息通信建设工程预算定额》进行修订。

（1）扩大了定额的适用范围，将部分土建工程纳入定额（铁塔基础）。本规程适用于信息通信建设项目新建和扩建工程的概算、预算的编制；改建工程可参照使用。信息通信建设项目涉及土建工程时（铁塔基础施工工程除外），应按各地区有关部门编制的土建工程的相关标准编制概算、预算。

（2）人员资格要求。取消了与资质相关的条款，加强信息化管理。概算、预算的编制和审核以及从事信息通信工程造价相关工作的人员必须熟练掌握《信息通信建设工程预算定额》等文件，通信主管部门通过信息化手段加强对从事概预算编制及工程造价从业人员的监督管理。

（3）信息通信建设单项工程项目划分表。优化结构、增加单项工程内容。

（4）概、预算表。调整了表格的结构及格式，修编了编制说明。

12.3.2　新旧预算定额对比与解读

1. 通信工程预算定额修编内容

1）重新核算人、材、机、仪消耗量

人工消耗量总体下调了20%～50%，机械、仪表消耗量总体下调了10%～40%，如表12－7所示。

表12－7　人工消耗降低比率

专业	人工消耗量降低比率/%
设备	20～40
线路、管道	30～50
调测工日	40～70

消耗量下调主要基于以下原因：施工效率提升；施工工艺修改；设备集成化程度提高；实地调研、测算，使消耗量更符合工程实际（合格工程）。

2）电源册打破仪表基价模式，新增仪表及台班单价

“75定额”电源册各子目中的仪表使用费是以基价形式体现的。本次修编将电源册各子目中用到的仪表均进行了细化，并测算出台班单价。

3）细化、完善定额使用场景并提高子目适用性

通过深入调研，根据工程实际需要细化定额子目，使定额更加易用，将定额模块化，便于根据不同需求进行组价。本次定额修编共新增子目500条，新增近30%，如表12－8所示。

2. 新旧通信工程预算定额水平测算对比

新定额水平测算与“75定额”造价对比，整体造价稳中有升，如表12－9和表12－10所示。

表 12-8　定额修编统计表

专业册	主要修编内容	新增定额子目数量	修改定额子目数量	子目总数
通信电源设备册	（1）新增室外一体化开关电源、机房降噪、机房空调安装和动环监控等定额子目； （2）修改电源设备、供电系统、电池组安装等定额子目； （3）重新核算定额子目的消耗量	36 条	284 条	335 条
有线通信设备册	（1）新增光传送网（OTN）设备、分组传送网设备、视频监控设备一体化专线设备安装等定额子目； （2）修改机架、缆线及辅助设备、光纤数字传输设备、数据通信设备等定额子目； （3）重新核算定额子目的消耗量	129 条	235 条	372 条
无线通信设备册	（1）新增移动通信铁塔安装工程、新型天线、新型基站设备的安装调测等定额子目； （2）修改安装基站附属设备、安装设备板件、安装射频拉远单元、敷设馈线、基站系统调测等定额子目； （3）重新核算定额子目的消耗量	250 条	401 条	651 条
通信线路册	（1）新增微管、微槽、微缆敷设，机械开挖路面，引上管道，敷设大芯数架空光缆，安装架空式和壁挂式光缆交接箱，光缆单盘测试等定额子目； （2）修改敷设管道及其他光（电）缆、光（电）缆接续与测试、安装线路设备等定额子目； （3）重新核算定额子目的消耗量	52 条	652 条	877 条

表 12-9　新定额与“75 定额”造价提升比率表

名称	增幅/%	
	加权平均	算术平均
工程费	12.44	12.84
不含主材建安费	28.89	31.17

注：表中数据是在各专业费用基础上分别采用加权平均法、算术平均法测算得出。加权平均法权值的计算基于通信各专业工程总投资占年度总投资的比率。

表 12-10　各专业造价提升水平（不含主材的建安费）

专业	提升比率/%	备注
电源	30	
有线、无线设备	20	
线路、管道	20~30	不同工程区别较大，在-10%~40%

任务 13 通信建设工程费用定额

13.1 新版通信建设工程费用定额和旧版的变化

1. 新版通信建设工程费用定额构成

费用定额是指工程建设过程中各项费用的计取标准，通信建设工程费用定额依据通信建设工程的特点，对其费用构成、定额及计算规则进行了相应的规定。

通信建设工程项目总费用由各单项工程总费用构成，如图 13－1 所示。

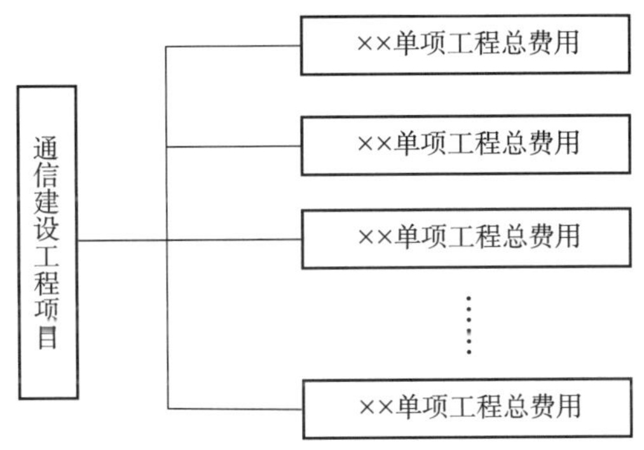

图 13－1 通信建设工程项目总费用构成

单项工程总费用由工程费、工程建设其他费、预备费、建设期利息四部分组成。新版通信建设单项工程总费用组成如图 13－2 所示。

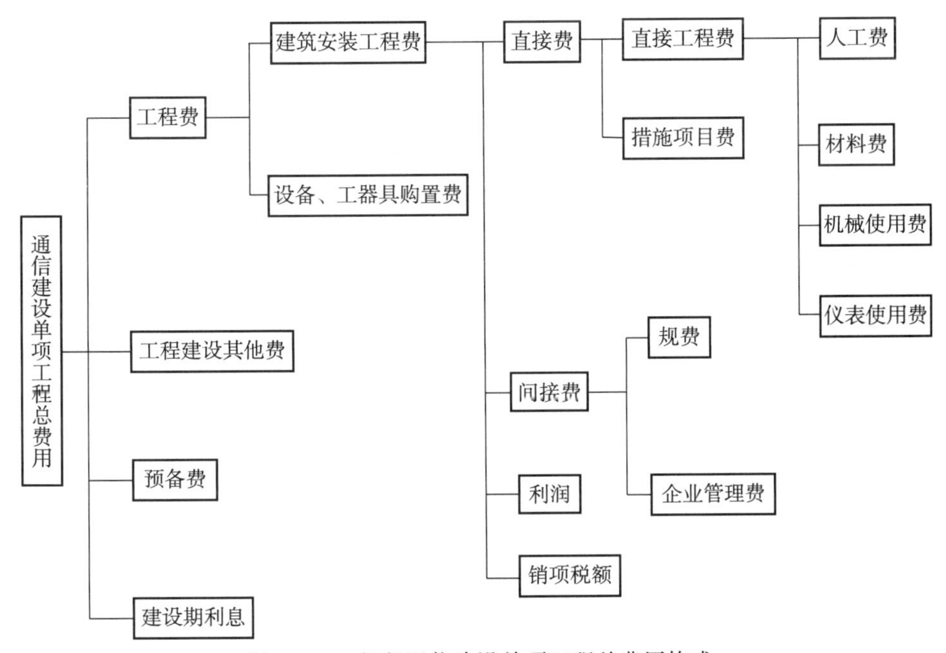

图 13－2 新版通信建设单项工程总费用构成

2. 新旧定额变化解读

（1）451 定额：措施项目费；75 定额：措施费。

（2）451 定额：销项税额；75 定额：税金。

13.2 工程费及新旧费用定额变化

建筑安装工程费用定额变化

13.2.1 建筑安装工程费用及新旧定额变化

建筑安装工程费由直接费、间接费、利润和销项税额组成。

1. 直接费

直接费由直接工程费、措施项目费构成，各项费用均为不包括增值税可抵扣进项税额的税前价格。

新旧定额变化解读如下。

①营改增后税金改为销项税额。

②“451 定额”中明确了直接费为税前价格。

1）直接工程费

直接工程费指施工过程中耗用的构成工程实体和有助于工程实体形成的各项费用，包括人工费、材料费、机械使用费、仪表使用费。

（1）人工费。

①概念。人工费指直接从事建筑安装工程施工的生产人员开支的各项费用。

②其内容包括基本工资、工资性补贴、辅助工资、职工福利费和劳动保护费。

③新旧定额变化解读。“451 定额”中人工费单价提高了，如表 13－1 所示。

④计取方式。不分专业和地区工资类别，综合取定人工费。

表 13－1 新旧定额变化 元

类型	75 定额（旧版）	451 定额（新版）	对比
人工单价（技工）	48.0	114.0	上升
人工单价（普工）	19.0	61.0	上升

（2）材料费。

①概念。材料费指施工过程中实体消耗的原材料、辅助材料、构配件、零件、半成品的费用和周转使用材料的摊销，以及采购材料所发生的费用总和。

②其内容包括材料原价、材料运杂费、运输保险费、采购及保管费、采购代理服务费和辅助材料费。

③新旧定额变化解读。

a. 光缆运杂费费率提高，电缆运杂费费率降低，其余材料运杂费维持不变。

b. 明确“利旧材料作为计算辅助材料费的基础”。

④计取方式。材料费计取方式如图 13－3 所示。

a. 材料原价：供应价或供货地点的价格。

b. 运杂费＝材料原价×运杂费费率。

c. 运输保险费＝材料原价×保险费费率（0.1%）。

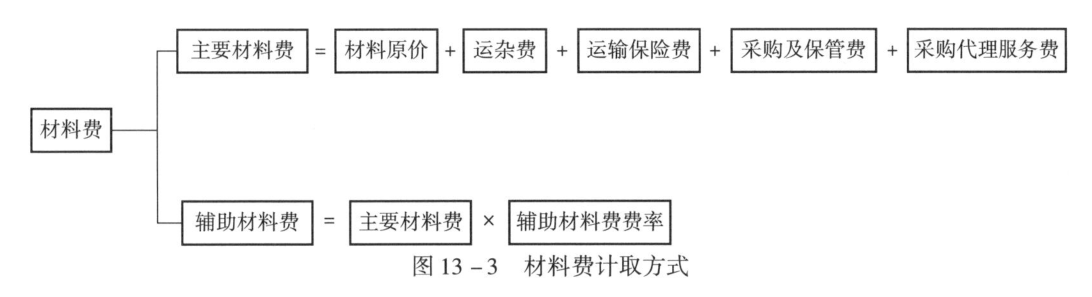

图 13－3 材料费计取方式

d. 采购及保管费＝材料原价×采购保管费费率。

e. 采购代理服务费按实际计列。

f. 辅助材料费＝主材费×辅材费费率。

注：编制概算时，水泥及水泥制品按 500 km，其他类型材料（除水泥制品外）按 1 500 km计。

凡是由建设单位提供的利旧材料，其材料费用不得计入工程成本，但作为计算辅助材料费的基础。

（3）机械使用费。

①概念。机械使用费是指施工机械作业所发生的机械使用费以及机械安拆费。

②其内容包含折旧费、大修理费、经常修理费、安拆费、人工费、燃料动力费和税费。

③新旧定额变化解读。重新修订了机械、仪表台班单价；在“75 定额”基础上进行了补充、删除，重新确定了施工机械原值价格，调整了年有效施工天数及机械使用率；“451 定额”税费指施工机械按照国家规定应缴纳的车船使用税、保险费及年检费，比“75 定额”删减了养路费。

④计取方式。机械使用费＝机械台班单价×机械台班量。

（4）仪表使用费。

①概念。仪表使用费是指施工作业所发生的属于固定资产的仪表使用费。

②其内容包含折旧费、经常修理费、年检费和人工费。

③新旧定额变化解读。重新修订了机械、仪表台班单价；在“75 定额”基础上进行了补充、删除，重新确定了施工机械原值价格，调整了年有效施工天数及机械使用率。

④计取方式。仪表使用费＝仪表台班单价×仪表台班量。

2）措施项目费

①概念。措施项目费指为完成工程项目施工，发生于该工程前和施工过程中非工程实体项目的费用。

②其内容包括文明施工费，工地器材搬运费，工程干扰费，工程点交、场地清理费，临时设施费，工程车辆使用费，夜间施工增加费，冬雨季施工增加费，生产工具用具使用费，施工用水电蒸汽费，特殊地区施工增加费，已完工程及设备保护费，运土费，施工队伍调遣费，大型施工机械调遣费。

③新旧定额变化解读。“451 定额”措施项目费共 15 项费用，比“75 定额”删减了环境保护费。

（1）文明施工费。

①概念。文明施工费指施工现场为达到环保要求及文明施工所需的各项费用。

②新旧定额变化解读："451 定额"删减了环境保护费，并在文明施工费中包含了环保的范畴，对相应费率进行了调整。"75 定额"不分专业全部按 1% 计取，"451 定额"按专业性质不同区分费率，如表 13－2 所示。

③计取方式。文明施工费 = 人工费 × 文明施工费费率。

表 13－2　文明施工费费率表

文明施工费费率	旧版/%	新版/%	备注
无线通信设备安装工程	1.0	1.1	上升
通信线路工程、通信管道工程	1.0	1.5	上升
有线传输设备安装工程、电源设备安装工程	1.0	0.8	下降

（2）工地器材搬运费。

①概念。工地器材搬运费（二次搬运费）指由工地仓库（或指定地点）至施工现场转运器材所发生的费用。

②新旧定额变化解读如表 13－3 所示。

a. "451 定额"费率整体降低。

b. 明确当二次搬运费按规定计列不够用时，可按实际计列。

③计取方式。工地器材搬运费 = 人工费 × 工地器材搬运费费率。

表 13－3　工地器材搬运费费率表

工地器材搬运费	旧版/%	新版/%	备注
通信设备安装工程	1.5	1.1	下降
通信线路工程	5.0	3.4	下降
通信管道工程	1.6	1.2	下降

（3）工程干扰费。

①概念。工程干扰费指通信线路工程、通信管道工程及移动基站安装工程由于受市政管理、交通管制、人流密集、输配电设施等影响工效的补偿费用。

注：a. 干扰地区指城区、高速公路隔离带、铁路路基边缘等施工地带。城区的界定以当地规划部门规划文件为准。

b. 综合布线工程不计取。

②新旧定额变化解读。451 定额：无线通信设备安装工程增加了干扰地区的限定。

③计取方式。工程干扰费 = 人工费 × 工程干扰费费率。

（4）工程点交、场地清理费。

①概念。工程点交、场地清理费指按规定竣工图及资料、工程点交、场地清理等发生的费用。

②新旧定额变化解读。"451 定额"费率整体降低，如表 13－4 所示。

③计取方式。工程点交、场地清理费 = 人工费 × 工程点交、场地清理费费率。

表 13 –4 工程点交、场地清理费费率表

工程点交、场地清理费	旧版/%	新版/%	备注
通信设备安装工程	3.5	2.5	
通信线路工程	5.0	3.3	下降
通信管道工程	2.0	1.4	下降

（5）临时设施费。

①概念。施工企业为进行工程施工所必须设置的生活和生产用的临时建筑物、构筑物和其他临时设施费用等。

②其内容包括临时租用或搭设、维修、拆除费或摊销费用。

③新旧定额变化解读：“451 定额”费率整体降低，如表 13 –5 所示。

④计取方式。临时设施费 = 人工费 × 临时设施费费率。

表 13 –5 临时设施费费率表

临时设备费（≤35 km）	旧版/%	新版/%	备注
通信设备安装工程	5.3	3.8	下降
通信线路工程	4.4	2.6	下降
通信管道工程	10.6	6.1	下降

（6）工程车辆使用费。

①概念。工程车辆使用费指工程施工中接送施工人员、生活用车等（含过路过桥）费用。

②新旧定额变化解读。“451 定额”费率整体降低，如表 13 –6 所示。

③计取方式。工程车辆使用费 = 人工费 × 工程车辆使用费费率。

表 13 –6 工程车辆使用费费率

工程车辆使用费	旧版/%	新版/%	备注
无线通信设备安装工程、通信线路工程	5.2	5.0	下降
有线通信设备安装工程、电源设备安装工程、通信管道工程	2.3	2.2	下降

（7）夜间施工增加费。

①概念。夜间施工增加费指因夜间施工所发生的夜间补助费、夜间施工降效、夜间施工照明设备摊销及照明用电等费用。

②新旧定额变化解读：“451 定额”费率有调整，通信设备工程费率上升，管道和线路工程费率降低，如表 13 –7 所示。

③计取方式。夜间施工增加费 = 人工费 × 夜间施工增加费费率。

（8）冬雨季施工增加费。

①概念。冬雨季施工增加费指冬雨季施工时所采取的防冻、保温、防雨、防滑等安全措施及工效降低所增加的费用。

表 13 - 7　夜间施工增加费费率

夜间施工增加费	旧版/%	新版/%	备注
通信设备安装工程	2.0	2.1	上升
通信线路工程（城区部分）、通信管道工程	3.0	2.5	下降

②新旧定额变化解读。概念定义中增加了防滑。费率按三类地区分档计取，跨越多个地区分类档按高计取，如表 13 - 8 所示。

③计取方式。冬雨季施工增加费 = 人工费 × 冬雨季施工增加费费率。

表 13 - 8　冬雨季施工增加费费率表

冬雨季施工增加费	旧版/%	新版/%	备注
通信设备安装工程（室外）	1.9	1.8	下降
通信线路工程、通信管道工程	1.9	1.8	下降

（9）生产工具、用具使用费。

①概念。生产工具、用具使用费指施工所需的不属于固定资产的工具、用具等的购置、摊销、维修费。

②新旧定额变化解读："451 定额" 费率整体降低，如表 13 - 9 所示。

③计取方式。生产工具、用具使用费 = 人工费 × 生产工具、用具使用费费率。

表 13 - 9　生产工具、用具使用费率表

生产工具、用具使用费	旧版/%	新版/%	备注
通信设备安装工程（室外）	1.7	0.8	下降
通信线路工程、通信管道工程	2.6	1.5	下降

（10）施工用水电蒸汽费。

①概念。施工用水电蒸汽费指通信建设工程依照施工工艺要求按实际计列施工水电蒸汽费。

②新旧定额变化解读：无变化。

③计取方式。信息通信建设工程依照施工工艺要求按实际计列施工用水电蒸汽费。

（11）特殊地区施工增加费。

①概念。特殊地区施工增加费指在原始森林地区、2 000 m 以上高原地区、沙漠地区、山区无人值守站、化工区、核工业区等特殊地区施工所需增加的费用。

②新旧定额变化解读："451 定额" 为核工业区，"75 定额" 为核污染区。

a. "451 定额" 中补贴金额按照三类地区分档，同时存在多种情况时按高档计取。

b. 补贴金额："75 定额" 为 3.2 元，"451 定额" 整体提高。

③计取方式。特殊地区施工增加费 = 特殊地区补贴金额 × 总工日。

（12）已完工程及设备保护费。

①概念。已完工程及设备保护费指竣工验收前，对已完工程及设备进行保护所需费用。

②新旧定额变化解读。

a. “75 定额”的计算方式是按承发包合同约定并结算。

b. “451 定额”采用“人工费 × 费率”的方式。

③计取方式。已完工程及设备保护费 = 人工费 × 已完工程及设备保护费费率。

(13) 运土费。

①概念。运土费指工程施工中，需从远离施工地点取土或向外倒运土方所发生的费用。

②新旧定额变化解读：“75 定额”限定为“直埋光（电）缆工程、管道工程施工”，“451 定额”不再特指某些专业工程。

a. 均为按实际计取。

b. “451 定额”给出了计算公式。

③计取方式。

通信线路（城区部分）工程、通信管道工程根据市政管理要求，按实际取运土费，计算依据参照地方标准。

(14) 施工队伍调遣费。

①概念。施工队伍调遣费指因建设工程的需要应支付施工队伍的调遣费用。

②内容包括调遣人员的差旅费、调遣期间的工资、施工工具与用具等的费用。

施工队伍调遣费按调遣费定额计算。施工现场与企业的距离在 35 km 以内时，不计取此项费用。

③新旧定额变化解读。

a. 单程调遣定额提高，施工队伍调遣人数定额不变。

b. 进一步明确调遣里程依据铁路里程计算，铁路无法到达的里程部分，依据公路、水路里程计算。

④计取方式。施工队伍调遣费 = 单程调遣费定额 × 调遣人数 ×2。

(15) 大型施工机械调遣费。

①概念。大型施工机械调遣费指大型施工机械调遣所发生的运输费用。

②新旧定额变化解读。

a. “451 定额”对施工机械吨位表进行了扩充。

b. “451 定额”吨位运价按车辆运输能力分档，“75 定额”是 0.62 元/吨。

③计取方式。大型施工机械调遣表 = 调遣用车运价 × 调遣运距 ×2。

2. 间接费

①概念。间接费由规费、企业管理费构成，各项费用均为不包括增值税可抵扣进项税额的税前造价。

②新旧定额变化解读：“451 定额”明确了间接费为税前造价。

1) 规费

(1) 概念。规费指政府和有关部门规定必须缴纳的费用。

(2) 其内容包括以下几点。

①工程排污费。工程排污费根据施工所在地政府部门相关规定计取。

②社会保障费。包括养老保险费、失业保险费、医疗保险费、生育保险费、工伤保险费。

③住房公积金。指企业按照规定标准为职工缴纳的住房公积金。

④危险作业意外伤害保险费。指企业为从事危险作业的建筑安装施工人员支付的意外伤

害保险费。

（3）新旧定额变化解读："451 定额"社会保障费 3 险改为 5 险。社会保障费的费率变化："451 定额"是 28.5%；"75 定额"是 26.81%。

（4）计取方式。规费 = 工程排污费 + 社会保障费 + 住房公积金 + 危险作业意外伤害保险费。

社会保障费 = 人工费 ×28.5%；

住房公积金 = 人工费 ×4.19%；

危险作业意外伤害保险费 = 人工费 ×1%。

2）企业管理费

（1）概念。指施工企业组织施工生产和经营管理所需费用，包括企业管理人员的工资、办公费、差旅交通费、固定资产使用费、工具用具使用费、劳动保险费、工会经费、职工教育经费、财产保险费、财务费、税金（指企业按规定缴纳的城市维护建设税、教育费附加税、地方教育费附加税、房产税、车船使用税、土地使用税、印花税等）和其他。

（2）新旧定额变化解读：税金增加了 3 个税种，如表 13－10 所示。

①451 定额不区分专业统一费率。

②费率调整。

（3）计取方式。企业管理费 = 人工费 × 企业管理费费率。

表 13－10　间接费费率表

间接费	旧版/%	新版/%	备注
社会保障费	26.8	28.5	上升
住房公积金	4.2	4.2	
危险作业意外伤害保险费	1.0	1.0	
企业管理费（线路、设备）	32.3	27.4	下降
企业管理费（管道）	27.4	27.4	
利润	30.0	20.0	下降

3. 利润

（1）概念。利润指施工企业完成所承包工程获得的盈利。

（2）新旧定额变化解读：

①"451 定额"不区分专业统一费率。

②"451 定额"利润率降低。

（3）计取方式。利润 = 人工费 × 利润率。

4. 销项税额

（1）概念。销项税额指按国家税法规定应计入建筑安装工程造价的增值税销项税额。

（2）新旧定额变化解读。"451 定额"为营改增之后的销项税额，"75 定额"税金包含营业税、城市维护建设税、教育费附加税。"451 定额"采用增值税的计算方法。

（3）计取方式。销项税额 =（人工费 + 乙供主材费 + 辅材费 + 机械使用费 + 仪表使用费 + 措施项目费 + 规费 + 企业管理费 + 利润）×11% + 甲供主材费 × 适用税率（注：甲供主材适用税率为材料采购税率；乙供主材指建筑服务方提供的材料）。

13.2.2　设备、工器具购置费及新旧定额变化

（1）概念。设备、工器具购置费指根据设计提出的设备（包括必需的备品备件）、仪表、工器具清单，按设备原价、运杂费、采购及保管费、运输保险费和采购代理服务费计算的费用。

（2）新旧定额变化解读：总体无变化，增加了对于进口设备的说明。

（3）计取方式。设备、工器具购置费 = 设备原价 + 运杂费 + 运输保险费 + 采购及保管费 + 采购代理服务费。

其中："设备原价"为供应价或供货地点价；运杂费 = 设备原价 × 设备运杂费费率。

13.3　工程建设其他费及新旧定额变化

（1）概念。工程建设其他费应指在建设项目的建设投资中开支的固定资产其他费用、无形资产费用和其他资产费用，包括建设用地及综合赔补费、项目建设管理费、可行性研究费、研究试验费、勘察设计费、环境影响评价费、建设工程监理费、安全生产费、引进技术和引进设备其他费、工程保险费、工程招标代理费、专利及专用技术使用费、其他费用、生产准备及开办费。

（2）新旧定额变化解读。

①"451 定额"共 14 项费用，"75 定额"原有 16 项费用。

②"451 定额"比"75 定额"多了其他费用，删减了劳动安全卫生评价费、工程质量监督费、工程定额测定费。

1. 建设用地及综合赔补费

（1）概念。建设用地及综合赔补费指按照《中华人民共和国土地管理法》等规定，建设项目征用土地或租用土地应支付的费用。包括以下几项：

①土地征用及迁移补偿费。建设期间临时占地补偿费（通信建设项目一般属于此条）。

②征用耕地按规定一次性缴纳的耕地占用税，征用城镇土地在建设期间按规定每年缴纳的城镇土地使用税；征用城市郊区菜地按规定缴纳的新菜地开发建设基金。

③建设单位租用建设项目土地使用权而支付的租地费用。

④建设单位因建设项目期间租用建筑设施、场地费用，以及因项目施工造成所在地企事业单位或居民的生产、生活干扰而支付的补偿费用。

（2）计算方法。

①根据应征建设用地面积、临时用地面积，按建设项目所在省、市、自治区人民政府制定颁布的土地征用补偿费、安置补助费、标准和耕地占用税、城镇土地使用税标准计算。

②建设用地上的建（构）筑物如需迁建，其迁建补偿费应按迁建补偿协议计列或按新建同类工程造价计算。

（3）新旧定额变化解读：无变化。

2. 项目建设管理费

（1）概念。项目建设管理费是指项目建设单位从项目筹建之日起至办理竣工财务决算之日止发生的管理性质的支出，包括不在原单位发工资的工作人员工资及相关费用、办公费、办公场地租用费、差旅交通费、劳动保护费、工具用具使用费、固定资产使用费、招募

生产工人费、技术图书资料费（含软件）、业务招待费、施工现场津贴、竣工验收费和其他管理性质开支。

实行代建制管理的项目，代建管理费按照不高于项目建设管理费标准核定。一般不得同时列支代建管理费和项目建设管理费，确需同时发生的，两项费用之和不得高于项目建设管理费限额。

（2）新旧规定变化解读：费用名称改变，定义变化。项目建设管理费新旧规定变化表如表13－11所示。

①“451定额”中费率整体提高。

②“451定额”中删除了200 000元以上分档。

③“451定额”中提出可依据规定结合自身实际情况制订项目建设管理费取费规则。

④“451定额”对代建制管理项目的管理费进行了规定。

表13－11　项目建设管理费新旧规定变化表

	财建〔2016〕504	财建〔2002〕394
定义范围	项目建设管理费是指项目建设单位从项目筹建之日起至办理竣工财务决算之日止发生的管理性质的支出，包括不在原单位发工资的工作人员工资及相关费用、办公费、办公场地租用费、差旅交通费、劳动保护费、工具用具使用费、固定资产使用费、招募生产工人费、技术图书资料费（含软件）、业务招待费、施工现场津贴、竣工验收费和其他管理性质开支	建设单位支出管理费是指建设单位从项目开工之日起至办理竣工财务决算之日止发生的管理性质的开支，包括不在原单位发工资的工作人员工资、基本养老保险费、基本医疗保险费、失业保险费、办公费、差旅交通费、劳动保险费、工具用具使用费、固定资产使用费、零星购置费、招募生产工人费、技术图书资料费、印花税、业务招待费、施工现场津贴、竣工验收费和其他管理性质开支
要求	（1）施工现场人员津贴标准比照当地财政部门制订的差旅费标准执行；一般不得发生业务招待费，确需列支的，项目业务招待费支出应当严格按照国家有关规定执行，并不得超过项目建设管理费的5%。 （2）行政事业单位项目建设管理费实行总额控制，分年度据实列支。 （3）总额控制数以项目审批部门批准的项目总投资（经批准的动态投资，不含项目建设管理费）扣除土地征用、迁移补偿等为取得或租用土地使用权而发生的费用为基数分档计算。 （4）项目建设单位应当严格执行《党政机关厉行节约反对浪费条例》，严格控制项目建设管理费	（1）施工现场津贴标准比照当地财政部门制订的差旅费标准执行。业务招待费支出不得超过建设单位管理费总额的10%。 （2）建设单位管理费实行总额控制，分年度据实列支。 （3）建设单位管理费的总额控制数以项目审批部门批准的项目投资总概算为基数，并按投资总概算的不同规模分档计算。 （4）特殊情况确需超过上述开支标准的，须事前报同级财政部门审核批准

（3）计取方式。建设单位可根据《关于印发“基本建设项目建设成本管理规定”的通知》（财建〔2016〕504号），结合自身实际情况制订项目建设管理费取费规则。

3. 可行性研究费

（1）概念。可行性研究费指在建设项目前期工作中，编制和评估项目建议书（或预可行性研究报告）、可行性研究报告所需的费用。

（2）新旧定额变化解读。“451定额”中明确了可行性研究服务收费实行市场调节价。

（3）计取方式。根据《国家发展改革委关于“进一步放开建设项目专业服务价格”的通知》（发改价格〔2015〕299 号）的要求，可行性研究服务收费实行市场调节价。

4. 研究试验费

（1）概念。研究试验费指为本建设项目提供或验证设计数据、资料等进行必要的研究试验及按照设计规定在建设过程中必须进行试验、验证所需的费用。

（2）新旧定额变化解读：无变化。

（3）计取方式。

①根据建设项目研究试验内容和要求进行编制。

②研究试验费不包括以下项目。

a. 应由科技三项费用（即新产品试制费、中间试验费和重要科学研究补助费）开支的项目。

b. 应在建筑安装费用中列支的施工企业对材料、构件进行一般鉴定、检查所发生的费用及技术革新的研究试验费。

c. 应由勘察设计费或工程费中开支的项目。

5. 勘察设计费

（1）概念。勘察设计费指委托勘察设计单位进行工程勘察、工程设计所发生的各项费用。

（2）新旧定额变化解读。“451 定额”中明确提出了勘察设计服务收费实行市场调节价。

（3）计取方式。根据《国家发展改革委关于“进一步放开建设项目专业服务价格”的通知》（发改价格〔2015〕299 号）的要求，勘察设计服务收费实行市场调节价。

6. 环境影响评价费

（1）概念。环境影响评价费指按照《中华人民共和国环境保护法》《中华人民共和国环境影响评价法》的规定，为全面、详细评价建设项目对环境可能产生的污染或造成的重大影响所需的费用，包括编制环境影响报告书（含大纲）、环境影响报告表和评估环境影响报告书（含大纲）、评估环境影响报告表等所需的费用。

（2）新旧定额变化解读：“451 定额”中明确提出环境影响咨询服务收费实行市场调节价。

（3）计取方式。根据《国家发展改革委关于“进一步放开建设项目专业服务价格”的通知》（发改价格〔2015〕299 号）的要求，环境影响咨询服务收费实行市场调节价。

7. 建设工程监理费

（1）概念。建设工程监理费指建设单位委托工程监理单位实施工程监理的费用。

（2）新旧定额变化解读。“451 定额”中明确提出建设工程监理服务收费实行市场调节价。可参照相关标准作为计价基础。

（3）计取方式。根据《国家发展改革委关于“进一步放开建设项目专业服务价格”的通知》（发改价格〔2015〕299 号）的要求，建设工程监理服务收费实行市场调节价。可参照相关标准作为计价基础。

8. 安全生产费

（1）概念。安全生产费指施工企业按照国家有关规定和建筑施工安全标准、购置施工防护用具、落实安全施工措施及改善安全生产条件所需的各项费用。

（2）新旧定额变化解读：无变化。

（3）计取方式。参照《关于印发“企业安全生产费用提取和使用管理办法”的通知》（财企〔2012〕16号）的规定执行。

9. 引进技术及引进设备其他费

（1）概念。此项费用内容包括以下几项。

①引进项目图纸资料翻译复制费、备品备件测绘费。

②出国人员费用，包括买方人员出国设计联络、出国考察、联合设计、监造、培训等所发生的差旅费、生活费和制装费等。

③来华人员费用，包括卖方来华工程技术人员的现场办公费用、往返现场交通费用、工资、食宿费用、接待费用等。

④银行担保及承诺费，指引进项目由国内外金融机构出面承担风险和责任担保所发生的费用，以及支付贷款机构的承诺费用。

（2）新旧定额变化解读：无变化。

（3）计取方式。

①引进项目图纸资料翻译复制费。根据引进项目的具体情况计列或按引进设备到岸价的比例估列。

②出国人员费用。依据合同规定的出国人次、期限和费用标准计算。生活费及制装费按照财政部、外交部规定的现行标准计算，差旅费按中国民航公布的国际航线票价计算。

③来华人员费用。应依据引进合同有关条款规定计算。引进合同价款中已包括的费用内容不得重复计算。来华人员接待费用可按每人次费用指标计算。

④银行担保及承诺费。应按担保或承诺协议计取。

10. 工程保险费

（1）概念。工程保险费指建设项目在建设期间根据需要对建筑工程、安装工程及机器设备进行投保而发生的保险费用，包括建筑安装工程一切险、进口设备财产和人身意外伤害险等。

（2）新旧定额变化解读：无变化。

（3）计取方式。

①不投保的工程不计取此项费用。

②不同的建设项目可根据工程特点选择投保险种，根据投保合同计列保险费用。

11. 工程招标代理费

（1）概念。工程招标代理费指招标人委托代理机构编制招标文件、编制标底、审查投标人资格、组织投标人踏勘现场并答疑，组织开标、评标、定标，以及提供招标前期咨询、协调合同的签订等业务所收取的费用。

（2）新旧定额变化解读。“451定额”中明确规定工程招标代理服务收费实行市场调节价。

（3）计取方式。根据《国家发展改革委关于“进一步放开建设项目专业服务价格”的通知》（发改价格〔2015〕299号）文件的要求，工程招标代理服务收费实行市场调节价。

12. 专利及专用技术使用费

（1）概念。

①国外设计及技术资料费，引进有效专利、专有技术使用费和技术保密费。

②国内有效专利、专有技术使用费。

③商标使用费、特许经营权费等。

（2）新旧定额变化解读：无变化。

（3）计取方式。

①按专利使用许可协议和专有技术使用合同的规定计列。

②专有技术的界定应以省、部级鉴定机构的批准为依据。

③项目投资中只计取需要在建设期支付的专利及专有技术使用费。协议或合同规定在生产期支付的使用费应在成本中核算。

13. 其他费用

（1）概念。其他费用指根据建设任务的需要，必须在建设项目中列支的其他费用，如中介机构审查费。

（2）新旧定额变化解读：“451 定额”比“75 定额”增加的费用项目，对于一些确需列支的非常规费用可在此计列。

（3）计取方式。根据工程实际计列。

14. 生产准备及开办费

（1）概念。生产准备及开办费指建设项目为保证正常生产（或营业、使用）而发生的人员培训费、提前进场费以及投产使用初期必备的生产生活用具、工器具等购置费用。

（2）其内容包括以下几点。

①人员培训费及提前进场费。自行组织培训或委托其他单位培训的人员的工资、工资性补贴、职工福利费、差旅交通费、劳动保护费和学习资料费等。

②为保证初期正常生产、生活（或营业、使用）所必需的生产办公、生活家具用具购置费。

③为保证初期正常生产（或营业、使用）必需的第一套不够固定资产标准的生产工具、器具、用具购置费（不包括备品备件费）。

（3）新旧定额变化解读：“451 定额”明文明确此项费用列入运营费。

（4）计取方式。新建项目按设计定员为基数计算，改扩建项目按新增设计定员为基数计算：生产准备及开办费 = 设计定员 × 生产准备费指标（元/人）。生产准备及开办费指标由投资企业自行测算。此项费用列入运营费。

13.4 预备费及新旧费用定额变化

（1）概念。预备费指在初步设计阶段编制概算时难以预料的工程费用。包括基本预备费和价差预备费。

（2）基本预备费。

①进行技术设计、施工图设计和施工过程中，在批准的初步设计概算范围内所增加的工程费用。

②由一般自然灾害所造成的损失和预防自然灾害所采取的措施项目费用。

③竣工验收为鉴定工程质量，必须开挖和修复隐蔽工程的费用。

（3）价差预备费：设备、材料的价差。

（4）新旧定额变化解读：无变化。

（5）计取方式。预备费 =（工程费 + 工程建设其他费）× 预备费费率。

13.5 建设期利息及新旧费用定额变化

（1）概念。建设期利息指建设项目贷款在建设期内发生并应计入固定资产的贷款利息等财务费用。

（2）新旧定额变化解读：无变化。

（3）计取方式。按银行当期利率计算。

任务 14 通信建设工程工程量的计算和统计

14.1 概述

14.1.1 工程量的概念

工程量是指按照相关规定及规则计算和统计的通信工程建设施工过程中每项基本工作的工作量。

根据相关规定，在通信工程概预算文件的编制过程中，工程量是计算和统计通信工程建设过程中人力、材料、机械仪表等基本消耗量的基础和直接依据，也是通信工程建设其他许多相关费用计算的主要依据。因此，工程量计算和统计的正确与否不仅会影响到整个工程概预算文件编制的效率，更会直接影响到整个通信工程概预算的最终结果正确与否，可以说通信工程概预算编制的质量在某种程度上就取决于工程量统计的质量。相应地，正确计算和统计工程量是通信工程概预算编制人员必须具备的基础技能。

14.1.2 工程量统计的总体原则

（1）为了保证工程量计算的正确性，在工程量计算过程中应注意以下几点。

①在具体计算工程量之前应首先熟悉相应工程量的计算规则，在计算过程中工程量项目的划分、计量单位的取定、有关系数的调整换算等都应按相应的规则进行。

②通信建设工程无论是初步设计还是施工图设计，工程量计算的主要依据都是设计图纸，并应按实物工程量法进行工程量的计算和统计。

③工程量计算应以设计规定的所属范围和设计分界线为准，工程量的计量单位必须与定额计量单位相一致。

④分项项目工程量应以完成后的实体安装工程量净值为准，而在施工过程中实际消耗的材料用量不能作为安装工程量。因为在施工过程中所用材料的实际消耗数量是在工程量的基础上又包括了材料的各种损耗量。

（2）对于初步计算完成的工作量应该进行分类合并、统计，为了避免统计时的遗漏和重复，工程量的统计应遵循以下原则。

①工程量计算和统计的基本依据都是设计与施工图纸，必须按照图纸所表述的内容统计工程量，要保证每项统计出的工程量都能在图纸中找到依据。

②概预算人员必须能够熟练阅读并正确理解工程设计图纸，这是概预算人员必须具备的

基本功。这就要求概预算人员必须了解和掌握设计图纸中各种图例的含义，并正确理解图纸中所表述的各项工程的施工性质（新建、更换、拆除、原有、利旧、割接）。

③概预算人员必须掌握预算定额中分项项目“工作内容”的说明、注释及分项项目设置、分项项目的计量单位等，以便统一或正确换算计算出的工程量与预算定额的计量单位，做到严格按预算定额的内容要求计算工程量。如在统计架空钢绞线时，在图纸上的统计单位一般为“千米条”，但在做材料预算时则需要转换成“kg”。

④概预算人员对施工组织、设计也必须了解和掌握，并且掌握施工方法，以利于工程量计算和套用定额。具有适当的施工或施工组织以及设计经验，在统计相关工程量时就能做到不多不少，可以大大提高统计工程量的速度和正确性。

⑤概预算人员还必须掌握并正确运用与工程量计算相关的资料。如在工程量计算过程中有许多需要换算（如不同规格程式的钢管长度和重量的单位换算，即 kg 与 m 的换算）或查阅的数据（如不同规格程式的电缆接续套管使用场合和适用范围的查对），不断积累和掌握相关资料，对工程量计算工作将会有很大帮助。

⑥工程量计算顺序，一般情况下应按工程施工的顺序逐一统计，以保证不重不漏、便于计算。

⑦工程量计算完毕后要进行系统整理。将计算出的工程量按照定额的项目顺序在工程量统计表中逐一列出，并将相同定额子目的项目合并计算，以提高后续概预算编制的效率。

⑧整理过的工程量，要进行检查、复核、发现问题及时修改。检查、复核要有针对性，对容易出错的工程量应重点复核，发现问题及时修正，并做详细记录，采取必要的纠正措施，以预防类似问题的再次出现。按照设计单位的传统做法和 ISO 9000 认证要求，工程量检查、复核应做到三级管理，即自审、室或所审、院审。

14.2 通信工程工程量统计

任何实际的工程项目，它的工程量均在相应的预算定额手册里，因此必须很好地掌握预算定额手册各专业的主要工作流程。下面对通信工程实例进行说明，来更好地掌握通信工程项目工程量的统计。

14.2.1 无线通信设备安装工程

移动基站工程的无线设备安装的主要工作流程为：安装机架、缆线及辅助设备——天、馈线系统安装和调测——基站系统安装和调测——联网调测。主要的工程量如表 14－1 所示。

表 14－1 移动基站工程的无线设备安装工程量清单表

序号	定额编码	工程量名称	备注
1	TSW1—001	安装室内电缆槽道	
2	TSW1—002、TSW1—003	安装室内电缆走线架	有水平和垂直两种
3	TSW1—004	安装室外馈线走道（水平）	
4	TSW1—005	安装室外馈线走道（沿外墙垂直）	
5	TSW1—012、TSW1—013	安装室内有源综合架（柜）	有落地式和嵌墙式两种

续表

序号	定额编码	工程量名称	备注
6	TSW1—027～TSW1—029	安装防雷箱	有室内安装、室外非塔上安装、室外铁塔上安装3种
7	TSW1—030	安装室内接地排	
8	TSW1—031	安装室外接地排	
9	TSW1—032	安装防雷器	
10	TSW1—033	敷设室内接地母线	
11	TSW1—044、TSW1—045	放绑设备缆线SYV类同轴电缆	有单芯和多芯两种
12	TSW1—050	编扎、焊（绕、卡）结设备电缆SYV类同轴电缆	
13	TSW1—053～TSW1—055	放绑软光纤	
14	TSW1—058	布放射频拉远单元（RRU）用光缆	
15	TSW1—080	安装加固吊挂	
16	TSW1—081	安装支撑铁架	
17	TSW1—082	安装馈线密封窗	
18	TSW1—088～TSW1—090	天线美化处理配合用工	有楼顶、铁塔、外墙3种
19	TSW2—016	安装定向天线（抱杆上）	
20	TSW2—023	安装调测卫星全球定位系统（GPS）天线	
21	TSW2—027、TSW2—028	布放射频同轴电缆1/2 ft（ft＝30.48 cm）以下	有4 m以下和每增加1 m之分
22	TSW2—029、TSW2—030	布放射频同轴电缆7/8 ft以下	有10 m以下和每增加1 m之分，用于GSM基站
23	TSW2—044、TSW2—045	宏基站天、馈线系统调测	有1/2 in和7/8 in两种
24	TSW2—048	配合调测天、馈线系统	
25	TSW2—049～TSW2—052	安装基站主设备	有室外落地式、室内落地式、壁挂式、机柜/箱嵌式4种
26	TSW2—053～TSW2—062	安装射频拉远设备	各种安装场景
27	TSW2—073～TSW2—075	2G基站系统调测	
28	TSW2—0076、TSW2—077	3G基站系统调测	
29	TSW2—078、TSW2—079	LTE/4G基站系统调测	
30	TSW2—080、TSW2—081	配合基站系统调测	有全向和定向两种
31	TSW2—090、TSW2—091	2G基站联网调测	
32	TSW2—092	3G基站联网调测	
33	TSW2—093	LTE/4G基站联网调测	
34	TSW2—094	配合联网调测	

14.2.2 通信线路工程

(1) 对于管道线路工程来说，它的主要工作流程为：施工测量——敷设塑料子管——敷设管道光缆——测试。其主要工程量如表 14－2 所示。

表 14－2 管道线路工程的工程量清单表

序号	定额编号	工程量名称	备注
1	TXL1—003	光（电）缆工程施工测量（管道）	
2	TXL4—001	布放光（电）缆人孔抽水（积水）	
3	TXL4—002	布放光（电）缆人孔抽水（流水）	
4	TXL4—003	布放光（电）缆手孔抽水	
5	TXL4—004	人工敷设塑料子管（1 孔子管）	不同子管孔数（1～5 孔），采用定额不同；室外通道、管廊光缆线按规定系数调整
6	TXL4—012	敷设管道光线（24 芯以下）	不同光缆芯数，采用定额不同
7	TXL4—033	打人（手）孔墙洞（切砖人孔、3 孔管以下）	“三管孔以上”“三管孔以下”是指：人（手）孔墙洞可敷设的引上管数量
8	TXL4—037	打穿楼墙洞（砖墙）	
9	TXL4—040	打穿楼层洞（混凝土楼层）	
10	TXL4—043～TXL4—046	安装引上钢管	有 50 以下和 50 以上之分；有杆上和墙下之分
11	TXL4—048	进局光（电）缆防水封堵	
12	TXL4—050	穿放引上光缆	
13	TXL4—053～TXL4—055	架设墙壁光缆	有吊线式、钉固式和自承式 3 种
14	TXL6—010	光缆接续（36 芯以下）	不同光缆芯数，采用定额不同
15	TXL5—005、TXL5—006	光缆成端接头	有束状和带状两种
16	TXL6—045	40 km 以上中继段光缆测试（36 芯以下）	光缆芯数不同，定额不同
17	TXL6—074	40 km 以下中继段光缆测试（36 芯以下）	光缆芯数不同，定额不同
18	TXL7—042～TXL7—044	安装落地式光缆交接箱	交接箱容量（144 芯以下、288 芯以下和 288 芯以上）不同，采用定额不同
19	TXL7—045、TXL7—046	安装壁挂式光缆交接箱	交接箱容量（144 芯以下、288 芯以下和 288 芯以上）不同，采用定额不同
20	TXL7—047、TXL7—048	安装架空式光缆交接箱	交接箱容量（144 芯以下、288 芯以下和 288 芯以上）不同，采用定额不同

通信管道光（电）缆敷设工程量的计算和统计如下：

通信管道中光（电）缆敷设的工程量以所敷设光（电）缆的长度计量，计量单位是"千米条"。

所要敷设光（电）缆的长度由下式确定，即

$$光(电)缆敷设长度 = 施工丈量长度 \times (1 + K\%) + 设计预留长度$$

式中：K 为光（电）缆敷设的自然弯曲系数。对于直埋通信线路，$K=7$；对于通信管道工程和通信杆路工程，$K=5$。

设计预留长度由线路设计人员根据实际情况取定，并在图纸设计时给出。

需要注意的是，统计光（电）缆敷设工程量时，应区分不同的光（电）缆规格分别统计工程量。

（2）直埋通信线路是指将光（电）缆直接埋于地下的一种通信线路施工形式，由于直埋线路具有建设成本相对较低、可以使用盘长比较长的光（电）缆从而有效减少接头数量等一系列的优点，因而在长途通信线路建设中得到十分广泛的应用。

直埋通信线路的施工内容主要包括：施工测量，开挖光（电）缆沟和接头坑，敷设直埋式光（电）缆，光（电）缆沟的回填，埋式光（电）缆的保护等。其主要工程量如表 14－3 所示。

表 14－3　直埋通信线路工程的工程量清单

序号	定额编号	工程量名称	备注
1	TXL1—001	光（电）缆工程施工测量（直埋）	
2	TXL1—006	单盘检验（光缆）	
3	TXL1—008 ~ TXL1—016	人工开挖路面	路面类型不同，定额不同
4	TXL1—017 ~ TXL1—032	机械开挖路面	路面类型不同，定额不同
5	TXL2—001 ~ TXL2—006	挖、松填光（电）缆沟及接头坑（硬土）	土质不同，定额不同
6	TXL2—007 ~ TXL2—012	挖、夯填光（电）缆沟及接头坑（硬土）	土质不同，定额不同
7	TXL2—014	手推车倒运土方	
8	TXL2—015	平原地区敷设直埋式光缆（36 芯以下）	不同土质（平原、丘陵、水田、城区、山区）和光缆芯数，采用定额不同
9	TXL2—107	人工顶管	当遇到铁路、公路等
10	TXL2—108	机械顶管	当遇到铁路、公路等
11	TXL2—109 ~ TXL2—111	铺管保护	有钢管、塑料管和大长度半硬塑料管 3 种
12	TXL2—112、TXL2—113	铺砖保护	有横铺砖和竖铺砖两种
13	TXL2—114	铺水泥盖板	
14	TXL2—115	铺水泥槽	
15	TXL6—010	光缆接续（36 芯以下）	不同光缆芯数，采用定额不同

续表

序号	定额编号	工程量名称	备注
16	TXL5—005、TXL5—006	光缆成端接头	有束状和带状两种
17	TXL6—045	40 km 以上中继段光缆测试（36 芯以下）	光缆芯数不同，定额不同
18	TXL6—074	40 km 以下中继段光缆测试（36 芯以下）	光缆芯数不同，定额不同
19	TXL7—042 ~ TXL7—044	安装落地式光缆交接箱	交接箱容量（144 芯以下、288 芯以下和 288 芯以上）不同，采用定额不同
20	TXL7—045、TXL7—046	安装壁挂式光缆交接箱	交接箱容量（144 芯以下、288 芯以下和 288 芯以上）不同，采用定额不同
21	TXL7—047、TXL7—048	安装架空式光缆交接箱	交接箱容量（144 芯以下、288 芯以下和 288 芯以上）不同，采用定额不同

直埋通信线路工程施工过程中工程量的计算和统计主要包括以下几个方面。

（1）施工测量工程量的计算和统计。在直埋通信线路的施工过程中首先必须通过相应的施工测量确定直埋光（电）缆的位置和路由方向。直埋通信线路施工测量的工程量不区分地形和土质，统一以施工测量的距离长度计量，计量单位：100 m。

施工测量的距离 = 图末示长度 – 图始示长度

（2）开挖光（电）缆沟和接头坑工程量的计算和统计。在通过施工测量确定线路的位置和路由方向后，接下来的工作就是开挖光（电）缆沟和接头坑，其中的接头坑是指用于埋设光（电）缆接头的接头盒。直埋通信线路光（电）缆接头的数量通常按以下方法确定。

①直埋电缆接头坑初步设计按照 5 个/km 取定，施工图设计按照实际取定。

②直埋光缆接头坑初步设计按照 2 km 标准盘长或每 1.7 ~ 1.85 km 取一个接头坑，施工图设计按照实际取定。

光（电）缆沟所挖土方的体积可由下式计算，即

光（电）缆沟所挖土方体积 = 光（电）缆沟的截面面积 × 光（电）缆沟开挖长度

（3）敷设埋式光（电）缆工程量的计算和统计。直埋通信线路的主要工作是敷设埋式光（电）缆，具体又可分成敷设埋式光缆和敷设埋式电缆。

敷设埋式光（电）缆的工程量以所敷设的埋式光（电）缆的距离长度计量，计量单位：千米条。

（4）回填土方工程量的计算和统计。直埋线路光（电）缆沟回填的工程量以所回填土方的体积计量，计量单位：100 m^3。

由于光（电）缆本身所占的空间相对于光（电）缆沟的空间非常微小，因此在统计光（电）缆沟回填的工程量时，光（电）缆本身所占的体积可忽略不计，即光（电）缆沟回填的工程量就等于光（电）缆沟开挖的工程量。

（5）光（电）缆保护工程量的计算和统计。在直埋光（电）缆线路的施工过程中，根据不同的地形情况常需对直埋的光（电）缆采用各种不同形式的保护措施，常见的保护形

式有铺管保护、横铺砖保护、竖铺砖保护、护坎保护、石砌护坡保护和漫水坝保护等。这些保护措施的施工当然要耗费一定的工程量。

14.2.3 通信管道工程

通信管道是现在通信线路铺设过程中经常采用的一种施工形式，尤其是城市内的通信线路铺设，新建通信线路基本都采用了通信管道的形式。在市内道路改造过程中为了美观等原因，也往往要求对原有的架空通信线路“上改下”，即拆除原有地面上的架空线路，改为地面下的直埋或通信管道形式。因此，通信管道工程是现在常见的一种通信线路工程类型。主要工作量如表 14-4 所示。

表 14-4 通信管道工程的工程量清单

序号	定额编号	工程量名称	说明
1	TGD1—001	施工测量	
2	TGD1—002	人工开挖路面（混凝土路面，100 mm 以下）	路面类型不同，定额不同
3	TGD1—011	机械开挖路面（混凝土路面，100 mm 以下）	路面类型不同，定额不同
4	TGD1—017	人工开挖管道沟及人（手）孔坑（普通土）	土质不同，定额不同
5	TGD1—023	机械开挖管道沟及人（手）孔坑（普通土）	土质不同，定额不同
6	TGD1—027	回填土方（松填原土）	
7	TGD1—034	手推车倒运土方	
8	TGD1—036	挡土板（管道沟）	
9	TGD1—037	挡土板（人孔坑）	
10	TGD1—038 ~ TGD1—040	管道沟抽水	有逆水流、中水流和强水流 3 种
11	TGD1—041 ~ TGD1—043	人孔坑抽水	有逆水流、中水流和强水流 3 种
12	TGD1—044 ~ TGD1—046	手孔坑抽水	有逆水流、中水流和强水流 3 种
13	TGD2—004	混凝土管道基础（一平型，460 mm 宽，C15）	管道类型不同，采用定额不同，详情见定额手册
14	TGD2—023	人（手）孔窗口处混凝土管道基础加筋（一平型，460 mm 宽）	管道类型不同，采用定额不同，详情见定额手册
15	TGD2—006	铺设水泥管道（三孔管）	类型不同，定额不同
16	TGD2—089	敷设塑料管道 4 孔（2×2）	孔数不同，定额不同
17	TGD2—136	管道填充水泥砂浆（M7.5）	
18	TGD2—138	管道混凝土包封（C15）	
19	TGD3—001	砖砌小号直通型人孔（现场浇灌上覆）	
20	TGD4—002	防水砂浆抹面法（五层）砖砌墙	

通信管道工程的施工过程主要包括施工测量、开挖路面、开挖管道沟和人（手）孔坑、做管道基础、铺设管道、做管道接头包封、建筑人（手）孔、管道土方回填和清运余土等基本施工过程。下面具体介绍每项工作工程量的计算规则和统计方法。

1. 施工测量工程量的计算和统计

通信管道工程施工测量的工程量以施工测量的距离长度来计量，计量单位为 km。

施工测量长度的计算规则为

管道工程施工测量长度 = 各人孔中心至人孔中心长度之和
= 管道线路的路由长度

一般通信管道工程的设计图纸中所标注的各段管道的长度尺寸即是人孔中心之间的距离，所以具体统计时把图纸中各段管道的长度加起来就是施工测量的长度。

2. 开挖路面工程量的计算和统计

当通信管道需要跨越路面或人（手）孔需要建筑在路面上时，如果采用开挖方式施工，就需要开挖路面。

开挖路面的工程量以开挖路面面积计算，计量单位为 100 m^2。

管道沟和人（手）孔坑的开挖有两种不同的开挖方式，即不放坡开挖和放坡开挖。两种情况要分别计算。

人（手）孔开挖路面总面积 = 人（手）孔放坡开挖路面面积之和 +
人（手）孔不放坡开挖路面面积之和

管道沟开挖路面总面积 = 管道沟放坡开挖路面面积之和 +
管道沟不放坡开挖路面面积之和

路面开挖的总面积 = 人（手）孔开挖路面总面积 +
管道沟开挖路面总面积

注意：由于开挖路面的实际工程量不仅和开挖路面的面积有关，还和开挖路面的厚度和路面的不同构筑成分（混凝土路面、柏油路面、砂石路面、水泥花砖路面等）有关。因此，对于开挖路面工程量的计算和统计应按不同厚度、不同构筑成分分别计算和统计。

3. 开挖土方工程量的计算和统计

在通信管道施工过程中需要开挖管道沟和人（手）孔坑，这部分开挖的工程量（路面开挖除外）以挖掘出的土方体积计量，计量单位为 100 m^3。

管道沟和人（手）孔的开挖分成放坡和不放坡两种不同的情况，应分开计算，合并统计。

注意：由于不同土质（普通土、砂砾土、硬土、冻土、软石、坚石）不同开挖方式（坚石人工开挖、坚石爆破开挖）的开挖难度不同，需要的工具和器材也不一样，因此统计通信管道工程开挖土方的工程量时应按不同土质以及不同的开挖方式分别进行统计，并在最后的工程量统计表中以不同的条目分别列出。土质的分类方式可参见国家相关标准。

4. 管道基础工程量的计算和统计

为了防止通信管道沟地基的不稳定沉降对通信管道的不利影响，通常采用构筑管道基础的形式对管道沟地基进行加固。管道基础的工程量以所做管道基础的长度来计量，计量单位为 100 m。

在通信管道基础的铺设过程中，对于不同的地质条件和不同的管道类型，所需要铺设的管道基础的宽度和厚度也往往各不相同。同时不同的土质条件和管道形式所要求的基础形式也是不一样的：土质较硬且稳定性好的管道沟管道基础通常采用铺设碎石基底作为基础，土质较软且稳定性不好的管道沟则要采用铺设一定厚度的混凝土作为管道基础，称为混凝土基础。对于管道沟地基稳定性特别差的情况，则不但要铺设较厚的混凝土，而且要在混凝土中按一定的形式加入钢筋，以进一步加强管道基础的稳定性，称之为混凝土基础加筋。显然，管道基础施工的实际工程量不仅和铺设管道基础的长度有关，还和所铺设管道基础的宽度、厚度以及管道基础的铺设形式有关，所以实际统计管道基础的工程量时应按不同的宽度、厚度和管道基础形式分别统计各种条件下的管道基础工程量。

5. 通信管道铺设工程量的计算和统计

通信管道铺设的工程量以通信管道铺设的长度计量，也就是说，均按图示管道段长即人（手）孔中心—人（手）孔中心计算，不扣除人（手）孔所占长度。计量单位为 100 m。

需要注意的是，常用的通信管道有多种不同的材质，如水泥管道、镀锌钢管、塑料管道等，同一种材质的管道也有多种不同的规格，通信管道铺设过程中不同材质、不同规格的管道所消耗的工程量是不同的，也就是说，通信管道铺设过程的工程量不仅和管道铺设的距离长度有关，还和所铺设管道的材质和规格有关。因此，在统计管道铺设的工程量时，应对不同材质、不同规格的通信管道分别统计铺设的长度距离。

6. 人（手）孔建筑工程量的计算和统计

为了使通信管道中光（电）缆敷设和维护的方便，按照规定在通信管道线路上每隔一定距离必须建筑相应的人（手）孔。通信管道人（手）孔建筑的工程量以所建筑的人（手）孔的个数计量，计量单位为个。

在不同的情况下，通信管道中的人（手）孔会有不同的大小和不同的形状，如：小号直通人孔、大号直通人孔、小号三通人孔等，此外还有不同大小的手孔。同时在实际建筑人孔的过程中，人孔上覆的安装又有现场浇注和吊装两种不同的施工方式，这些都会对实际施工的工程量造成影响。因此，在统计人（手）孔建筑工程量时，应该注意对不同大小、不同形式以及不同施工方式（现场浇注上覆和吊装上覆）的人（手）孔分别统计个数。

7. 土方回填工程量的计算和统计

通信管道建筑全部完成后，应将开挖的管道沟重新填平恢复原有地貌，称之为土方回填。土方回填的工程量以回填土方的体积计量，计量单位为 100 m^3。

回填土方的体积 = 挖出管道沟与人孔坑土方量之和 − 管道建筑（基础、管群、包封）体积与人（手）孔建筑体积之和

8. 通信管道接头包封工程量的计算和统计

通信管道接头包封的工程量以包封所用混凝土的体积计量，计量单位为 m^3。

整个包封可以看作由三部分组成，即基础侧包封、管道侧包封和管道顶部包封，可以分别计算这三部分的体积，再加起来就是整个管道接头包封的体积。

9. 水平定向钻施工工程量的计算和统计

水平定向钻施工的消耗和钻的孔径大小有关，因此计算通信管道建设过程中水平定向钻施工的工程量时，应区分不同的孔径大小分别统计。

10. 抽水工程量的计算和统计

在通信线路工程施工过程中，当管道沟或人（手）孔坑中有积水影响到工程的进一步施工时，应当先行抽取积水再作进一步施工，抽水的具体工作包括安装、拆卸抽水器具以及

抽水等。在进行抽水的工程量统计时，将抽水分为管道沟抽水和人（手）孔坑抽水并分别统计，其中管道沟的抽水工程量以需要抽水的管道沟的长度计量，计量单位为 100 m；人（手）孔坑抽水的工程量以需要抽水的人（手）孔坑的个数计量，计量单位为个。

11. 顶管施工工程量的计算和统计

顶管施工也是一种通信管道施工过程中常用的非开挖施工方法，具体工作包括挖工作坑、安装机具、接钢管、顶钢管、堵管孔等。顶管施工的工程量以顶管的距离来计量，计量单位为 m。

12. 使用挡土板工程量的计算和统计

使用挡土板的工程量，对于管道沟以需要使用挡土板的管道沟的长度来计量，计量单位为 100 m。

人（手）孔使用挡土板的工程量以需要使用挡土板的人（手）孔坑的个数来计量，计量单位为 10 个。

13. 手推车倒运土方工程量的计算和统计

手推车倒运土方的工程量以倒运土方的体积计量，计量单位为 100 m^3。

具体统计时按实际倒运土方的体积统计即可。

14.3　管道光缆线路工程实例分析

图 14－1 所示为某管道光缆线路工程施工图，此次工程中 1 号人孔到 6 号人孔为利旧管道光缆敷设（人工敷设 5 孔子管和 24 芯单模光缆）。下面将对施工图的工程量进行分析。

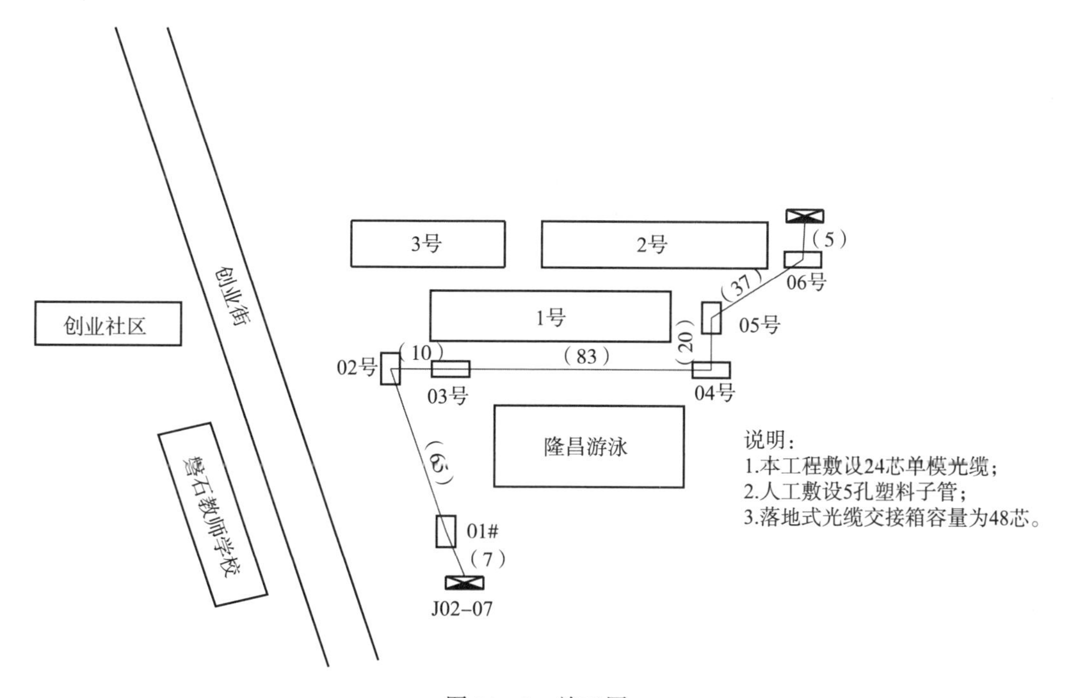

图 14－1　施工图

（1）管道光缆工程施工测量：数量为 7 +65 +10 +83 +20 +37 +5 =227（m）。

（2）光缆单盘检验：敷设 24 芯光缆，数量为 24 芯盘。

（3）人工敷设塑料子管（5 孔子管）：数量为 7 +65 +10 +83 +20 +37 +5 =227（m）。

将上述计算出来的数据用工程量统计表表示，如表 14 –5 所示。

表 14 –5　工程量统计表

序号	定额编号	项目名称	定额单位	数量
1	TXL1—003	管道光缆工程施工测量	100 m	2.77
2	TXL1—006	光缆单盘检验	芯盘	24
3	TXK4—008	人工敷设塑料子管（5 孔子管）	km	0.277

任务 15　通信工程概预算的编制

15.1　通信建设工程概预算认知

通信工程设计概预算是初步设计概算和施工图设计预算的统称，设计概算实际是工程造价的预期价格。如何控制和管理好工程项目设计概算、预算，是建设项目投资控制过程中的重要环节，设计概算、预算是以初步设计和施工图设计为基础编制的，设计人员在整个设计过程中应强化工程造价意识，充分考虑技术与经济的因素，编制出技术上满足设计任务书要求，造价又受控于决策阶段的投资估算额度的概预算文件。

15.1.1　概预算的含义

通信建设工程概算、预算是设计文件的重要组成部分，它是根据各个不同设计阶段的深度和建设内容，按照设计图纸和说明以及相关专业的预算定额、费用定额、费用标准、器材价格、编制方法等有关资料，对通信建设工程预先计算和确定从筹建至竣工交付使用所需全部费用的文件。

通信建设工程概算、预算应按不同的设计阶段进行编制。

（1）工程采用三阶段设计时，初步设计阶段编制设计概算，技术设计阶段编制修正概算，施工图设计阶段编制施工图预算。

（2）工程采用二阶段设计时，初步设计阶段编制设计概算，施工图设计阶段编制施工图预算。

（3）工程采用一阶段设计时，编制施工图预算，但施工图预算应反映全部费用内容，即除工程费和工程建设其他费外，还应计列预备费、建设期利息等费用。

15.1.2　概预算的作用

1. 设计概算的作用

设计概算是用货币形式综合反映和确定建设项目从筹建至竣工验收的全部建设费用，其主要作用有以下几点。

（1）设计概算是编制和安排投资计划、确定和控制建设项目投资、控制施工图预算的主要依据。

建设项目需要多少人力、物力和财力，是通过项目的设计概算来确定的，所以设计概算是确定建设项目所需建设费用的文件，即项目的投资额及其构成是按设计概算的有关数据确定的。因此，设计概算也是确定年度建设投资计划的基础，其编制将影响年度投资计划的编制质量，只有依据正确的设计概算编制出的年度投资计划，才能既保证建设项目投资的需要，又能节约建设资金。

经批准的设计概算是确定建设项目或单项工程所需投资的计划额度，是该工程建设投资的最高限额。在工程建设过程中应该严格按照批准的初步设计中的总概算进行施工图设计及其预算的编制，未经按规定的程序批准，施工图预算不应突破设计概算以确保建设项目投资的有效控制。

实行三阶段设计的工程项目，在技术设计阶段应编制修正概算。修正概算所确定的投资额不应突破相应的设计总概算，如确需突破总概算时，应调整和修改总概算，并按规定程序报经审批。

（2）设计概算是核定贷款额度的主要依据。

建设单位根据批准的设计概算总投资额办理建设贷款、安排投资计划，控制贷款。如果建设投资额突破设计概算时，应在查明原因后由建设单位报请上级主管部门调整或追加设计概算总投资额。

（3）设计概算是考核工程设计技术经济合理性和工程造价的主要依据。

设计概算是建设项目方案经济合理性的综合反映，可以用来对不同的设计方案进行技术和经济合理性比较，以便选择最佳的设计方案。

（4）设计概算是筹备设备、材料和签订订货合同的主要依据。

设计概算一经批准，就作为对工程造价管理各环节严格控制的重要依据。建设单位开始按设计提供的设备、材料清单，进行设备和主要材料的招标，按照设计要求和造价控制额对设备性能、价格及技术服务等进行分析比较，选择最优惠厂家生产的设备，签订订货合同，进行建设准备工作。

（5）设计概算在工程招标承包中是确定标底的依据。

建设单位在以设计概算进行工程招标发包时，应以设计概算为基础编制标底，并以此价位作为评标的依据之一，而施工承包企业为了在投标竞争中中标，须对初步设计进行详细的了解，才能编制出合适的投标报价。

2. 施工图预算的作用

施工图预算是设计概算的进一步具体化，其主要作用如下。

（1）施工图预算是考核工程成本、确定工程造价的主要依据。

在施工图设计阶段，根据工程的施工图纸计算出实物工程量，然后按现行工程预算额、费用定额以及材料价格等资料，计算出工程的施工生产费用及工程预算造价。这是设计阶段控制工程造价的重要环节，是考核施工图设计不突破设计概算的重要措施。工程预算文件所确定的工程预算造价，只是建筑安装产品的预计价格，所以施工企业可以此为依据进行经济核算，以消耗最少的人力、物力和财力来完成施工任务，降低工程成本。

（2）施工图预算是签订工程承、发包合同的依据。

建设单位与施工企业的经济费用往来，可以依据施工图预算和双方签订的合同价款执行。对于实行施工招标的工程，施工图预算是建设单位确定标底的主要依据之一。

对于不实行施工招标的工程，可以采用施工图预算加系数包干的承包方式签订工程承包合同，建设单位和施工单位双方经过协商，以施工图预算为基础，再按照一定的系数进行调整，以此作为确定合同价款的依据。

(3) 施工图预算是工程价款结算的主要依据。

项目竣工验收点交之后，除按概算、预算加系数包干的工程外，都要编制项目结算表，以结清工程价款。结算工程价款是以施工图预算为基础进行的，即以施工图预算中的工程量和单价，再根据施工图设计变更后的实际情况，以及实际完成的工程量情况编制项目结算表。

(4) 施工图预算是考核施工图设计技术经济合理性的主要依据。

施工图预算要根据设计文件的编制程序编制，它对确定单项工程造价具有特别重要的作用，施工图预算的工料统计表列出的对各类人工和材料及施工机械的需要量等，是施工企业编制施工计划、做施工准备和进行统计、核算等不可缺少的依据。

15.1.3 概预算的构成

1. 设计概算的构成

建设项目在初步设计阶段编制设计概算。设计概算的组成是根据建设规模的大小确定的，一般由建设项目总概算、单项工程概算组成。

单项工程概算由工程费、工程建设其他费、预备费、建设期利息四部分组成。建设项目总概算等于各单项工程概算之和，它是一个建设项目从筹建到竣工验收的全部投资。

2. 施工图预算的构成

建设项目在施工图设计阶段编制施工图预算，施工图预算一般有单位工程预算，单项工程预算、建设项目总预算的结构层次。

单位工程预算应包括建筑安装工程费和设备工器具购置费。

单项工程预算应包括工程费、工程建设其他费和建设期利息。单项工程预算可以是一个独立的预算，也可以由该单项工程中包含的所有单位工程预算汇总而成。“工程建设其他费”是以单项工程作为计取单位的。若因为投资或固定资产核算等原因需要分摊到各单位工程中，也可分别摊入单位工程预算中，但工程建设其他费的各项费用计算时不能以单位工程中的费用额度作为计算基数。

建设项目总预算则是汇总所有单项工程预算而成。

15.2 通信工程概预算文件编制

15.2.1 概预算的编制原则

(1) 通信建设工程概算、预算应按工信部规〔2015〕451 号《通信建设工程概算、预算编制办法》及相关定额等标准进行编制。

(2) 设计概算是初步设计文件的重要组成部分，编制施工图预算应在批准的设计概算范围内进行。编制施工图预算是施工图设计文件的重要组成部分，对于一阶段设计所编制的施工图预算，应在投资估算的范围内进行。

(3) 当一个通信建设项目由几个设计单位共同设计时，总体设计单位应负责统一概算、预算的编制原则，并汇总建设项目的总概算，分设计单位负责本设计单位所承担的单项工程概算、预算的编制。

（4）工程概算、预算是一项重要的技术经济工作，应按照规定的设计标准和设计图纸计算工程量，正确使用各项计价标准，完整、准确地反映设计内容、施工条件和实际价格。

15.2.2 概预算的编制依据

1. 设计概算的编制依据

（1）批准可行性研究报告。

（2）初步设计图纸及有关资料。

（3）国家相关部门颁发的有关法律、法规、标准、规范。

（4）《通信建设工程概算预算定额》《通信建设工程费用定额》《通信建设工程施工机械、仪表台班费用定额》及有关文件。

（5）建设项目所在地政府发布的有关土地征用和赔补费用等有关规定。

（6）有关合同、协议等。

2. 施工图预算的编制依据

施工图预算编制的主要依据包括以下资料。

（1）批准的初步设计概算及有关文件。

（2）施工图、通用图、标准图及说明。

（3）国家相关部门发布的有关法律、法规、标准、规范。

（4）《通信建设工程概算预算定额》《通信建设工程费用定额》《通信建设工程施工机械、仪表台班费用定额》及有关文件。

（5）建设项目所在地政府发布的有关土地征用和赔补费用等有关规定。

（6）有关合同、协议等。

15.2.3 概预算的文件组成

概预算文件由编制说明和概算、预算表组成。

1. 编制说明

编制说明主要包括以下内容。

（1）工程概况。说明项目规模、用途、概（预）算总价值、生产能力、公用工程及项目外工程的主要情况等。

（2）编制依据。主要说明编制时所依据的技术文件、经济文件、各种定额、材料设备价格、地方政府的有关规定和主管部门未做统一规定的费用计算依据和说明。

（3）投资分析。主要说明各项投资的比例及与类似工程投资额的比较，分析投资额高低的原因、工程设计的经济合理性、技术的先进性及适宜性等。

（4）其他需要说明的问题。如建设项目的特殊条件和特殊问题，需要上级主管部门和有关部门帮助解决的其他有关问题。

2. 概预算表格的组成

通信建设工程概预算表格是安装费用结构的划分，由建筑安装工程费用系列表格、设备购置费用表格（包括需要安装和不需要安装的设备）、工程建设其他费用表格及概预算总表组成，通信建设工程概预算表格共10张，分别为建设项目总概预算表（汇总表）、工程概预算总表（表一）、建筑安装工程费用概预算表（表二）、建筑安装工程量概预算表（表三）甲、建筑安装工程施工机械使用费概预算表（表三）乙、建筑安装工程仪器仪表使用费概预算表（表三）丙、国内器材概预算表（表四）甲、引进工程器材概预算表（表四）乙、工程建设其他费概预算表（表五）甲、引进设备工程建设其他费概预算表（表五）乙。

3. 概预算表格的填写

（1）建设项目总概预算表（汇总表）。

①本表供编制建设项目总概预算使用，建设项目的全部费用在本表中汇总。

②第Ⅱ栏根据各工程相应总表（表一）编号填写。

③第Ⅲ栏根据建设项目的各工程名称依次填写。

④第Ⅳ～Ⅸ栏根据工程项目的概算或预算（表一）相应各栏的费用合计填写。

⑤第Ⅹ栏为第Ⅳ～Ⅸ栏的各项费用之和。

⑥第ⅩⅢ栏填写以上各列费用中以外币支付的合计。

⑦第ⅩⅣ栏填写各工程项目需单列的“生产准备及开办费”金额。

⑧当工程有回收金额时，应在费用项目总计下列出“其中回收费用”，其金额填入第Ⅷ栏。此费用不冲减总费用。

建设项目总__________算表（汇总表）

建设项目名称： 建设单位名称： 表格编号： 第 页 总第 页

序号	表格编号	工程名称	小型建筑工程费	需要安装的设备费	不需要安装的设备工器具费	建筑安装工程费	其他费用	预备费	总价值/元				生产准备及开办费/元
			（元）						除税价	增值税	含税价	其中外币/	
Ⅰ	Ⅱ	Ⅲ	Ⅳ	Ⅴ	Ⅵ	Ⅶ	Ⅷ	Ⅸ	Ⅹ	Ⅺ	Ⅻ	ⅩⅢ	ⅩⅣ
1													
2													
3													
4													
5													
6													

设计负责人： 审核： 编制： 编制日期： 年 月 日

（2）工程概预算总表（表一）。

① 本表供编制单项（单位）工程概算（预算）使用。

② 表首“建设项目名称”填写立项工程项目全称。

③ 第Ⅱ栏根据本工程各类费用概预算表格编号填写。

④ 第Ⅲ栏根据本工程概预算各类费用名称填写。

⑤ 第Ⅳ ~ Ⅸ栏根据相应各类费用合计填写。

⑥ 第Ⅹ栏为第Ⅳ ~ Ⅸ栏之和。

⑦ 第ⅩⅢ栏填写本工程引进技术和设备所支付的外币总额。

⑧ 当工程有回收金额时，应在费用项目总计下列出“其中回收费用”，其金额填入第Ⅷ栏。此费用不冲减总费用。

工程________算总表（表一）

建设项目名称：

工程名称：　　建设单位名称：　　表格编号：　　第　页　总第　页

序号	表格编号	费用名称	小型建筑工程费	需要安装的设备费	不需要安装的设备、工器具费	建筑安装工程费	其他费用	预备费	总价值/元			
			（元）						除税价	增值税	含税价	其中外币/
Ⅰ	Ⅱ	Ⅲ	Ⅳ	Ⅴ	Ⅵ	Ⅶ	Ⅷ	Ⅸ	Ⅹ	Ⅺ	Ⅻ	ⅩⅢ
1												
2												
3												
4												
5												
6												
7												
8												
9												
10												
11												
12												
13												
14												
15												

设计负责人：　　审核：　　编制：　　编制日期：　年　月　日

（3）建筑安装工程费用概预算表（表二）。

① 本表供编制建筑安装工程费使用。

② 第Ⅲ栏根据《通信建设工程费用定额》相关规定，填写第Ⅱ栏各项费用的计算依据和方法。

③ 第Ⅳ栏填写第Ⅱ栏各项费用的计算结果。

建筑安装工程费用______算表（表二）

工程名称：　　　建设单位名称：　　　表格编号：　　　第　页　总第　页

序号	费用名称	依据和计算算法	合计/元	序号	费用名称	依据和计算算法	合计/元
Ⅰ	Ⅱ	Ⅲ	Ⅳ	Ⅰ	Ⅱ	Ⅲ	Ⅳ
	建筑安装工程费			8	夜间施工增加费		
一	直接费			9	冬雨季施工增加费		
(一)	直接工程费			10	生产工具用具使用费		
1	人工费			11	施工用水电蒸汽费		
[1]	技工费			12	特殊地区施工增加费		
[2]	普工费			13	已完工程及设备保护费		
2	材料费			14	运土费		
[1]	主要材料费			15	施工队伍调遣费		
[2]	辅助材料费			16	大型施工机械调遣费		
3	机械使用费			二	间接费		
4	仪表使用费			(一)	规费		
(二)	措施项目费			1	工程排污费		
1	环境保护费			2	社会保障费		
2	文明施工费			3	住房公积金		
3	工具器材搬运费			4	危险作业意外伤害保险费		
4	工程干扰费			(二)	企业管理费		
5	工程点交、场地清理费			三	利润		
6	临时设施费			四	税金		
7	工程车辆使用费						

设计负责人：　　　审核：　　　编制：　　　编制日期：

(4) 建筑安装工程量概预算表（表三）甲。

① 本表供编制工程量，并计算技工和普工总工日数量使用。

② 第Ⅱ栏根据《通信建设工程预算定额》，填写所套用预算定额子目的编号。若需临时估列工作内容子目，在本栏中标注“估列”两字；两项以上估列条目，应编列序号。

③ 第Ⅲ、Ⅳ栏根据《通信建设工程预算定额》分别填写所套定额子目的名称、单位。

④ 第Ⅴ栏填写根据定额子目的工作内容所计算出的工程量数值。

⑤ 第Ⅵ、Ⅶ栏填写所套定额子目的工日单位定额值。

⑥ 第Ⅷ栏为第Ⅴ栏与第Ⅵ栏的乘积。

⑦ 第Ⅸ栏为第Ⅴ栏与第Ⅶ栏的乘积。

建筑安装工程量________算表（表三）甲

工程名称：

建设单位名称： 表格编号： 第 页 总第 页

序号	定额编号	项目名称	单位	数量	单位定额值/工日		合计值/工日	
					技工	普工	技工	普工
Ⅰ	Ⅱ	Ⅲ	Ⅳ	Ⅴ	Ⅵ	Ⅶ	Ⅷ	Ⅸ
1								
2								
3								
4								
5								
6								
7								
8								
9								
10								
11								
12								

设计负责人： 审核： 编制： 编制日期：

（5）建筑安装工程施工机械使用费概预算表（表三）乙。

① 本表供编制本工程所列的机械费用汇总使用。

② 第Ⅱ、Ⅲ、Ⅳ和Ⅴ栏分别填写所套用定额子目的编号、名称、单位以及该子目工程量数值。

③ 第Ⅵ、Ⅶ栏分别填写定额子目所涉及的机械名称及此机械台班的单位定额值。

④ 第Ⅷ栏填写根据《通信建设工程施工机械、仪表台班费用定额》查找到的相应机械台班单价值。

⑤ 第Ⅸ栏填写第Ⅶ栏与第Ⅴ栏的乘积。

⑥ 第Ⅹ栏填写第Ⅷ栏与第Ⅸ栏的乘积。

建筑安装工程施工机械使用费________算表（表三）乙

工程名称： 建设单位名称： 表格编号： 第 页 总第 页

序号	定额编号	项目名称	单位	数量	机械名称	单位定额值		合计值	
						数量/台班	单价/元	数量/台班	合计/元
Ⅰ	Ⅱ	Ⅲ	Ⅳ	Ⅴ	Ⅵ	Ⅶ	Ⅷ	Ⅸ	Ⅹ
1									
2									
3									

续表

序号	定额编号	项目名称	单位	数量	机械名称	单位定额值		合计值	
						数量/台班	单价/元	数量/台班	合计/元
Ⅰ	Ⅱ	Ⅲ	Ⅳ	Ⅴ	Ⅵ	Ⅶ	Ⅷ	Ⅸ	Ⅹ
4									
5									
6									
7									
8									
9									
10									

设计负责人： 审核： 编制： 编制日期：

（6）建筑安装工程仪器仪表使用费概预算表（表三）丙。

① 本表供编制本工程所列的仪表费用汇总使用。

② 第Ⅱ、Ⅲ、Ⅳ和Ⅴ栏分别填写所套用定额子目的编号、名称、单位以及该子目工程量数值。

③ 第Ⅵ、Ⅶ栏分别填写定额子目所涉及的仪表名称及此仪表台班的单位定额值。

④ 第Ⅷ栏填写根据《通信建设工程施工机械、仪表台班费用定额》查找到的相应仪表台班单价值。

⑤ 第Ⅸ栏填写第Ⅶ栏与第Ⅴ栏的乘积。

⑥ 第Ⅹ栏填写第Ⅷ栏与第Ⅸ栏的乘积。

建筑安装工程仪器仪表使用费________算表（表三）丙

工程名称： 建设单位名称： 表格编号： 第 页 总第 页

序号	定额编号	项目名称	单位	数量	仪表名称	单位定额值		合计值	
						数量/台班	单价/元	数量/台班	合计/元
Ⅰ	Ⅱ	Ⅲ	Ⅳ	Ⅴ	Ⅵ	Ⅶ	Ⅷ	Ⅸ	Ⅹ
1									
2									
3									
4									
5									
6									
7									
8									
9									
10									

设计负责人： 审核： 编制： 编制日期：

(7) 国内器材概预算表（表四）甲。

① 本表供编制本工程的主要材料、设备和工器具的数量和费用使用。

② 表格标题下面括号内根据需要填写主要材料或需要安装的设备或不需要安装的设备、工器具、仪表。

③ 第Ⅱ、Ⅲ、Ⅳ、Ⅴ、Ⅵ栏分别填写主要材料或需要安装的设备或不需要安装的设备、工器具、仪表的名称、规格程式、单位、数量、单价。

④ 第Ⅶ栏填写第Ⅵ栏与第Ⅴ栏的乘积。

⑤ 第Ⅻ栏填写主要材料或需要安装的设备或不需要安装的设备、工器具、仪表需要说明的有关问题。

⑥ 依次填写需要安装的设备或不需要安装的设备、工器具、仪表之后还需计取下列费用：小计、运杂费、运输保险费、采购及保管费、采购代理服务费以及合计。

⑦ 用于主要材料表时，应将主要材料分类后按第⑥点计取相关费用，然后进行总计。

国内器材________算表（表四）甲

（　　　　）表

工程名称：　　　　建设单位名称：　　　　表格编号：　　　　第　　页　　总第　　页

序号	名称	规格程式	单位	数量	单价/元			合计/元			备注
					除税价	增值税	含税价	除税价	增值税	含税价	
Ⅰ	Ⅱ	Ⅲ	Ⅳ	Ⅴ	Ⅵ	Ⅶ	Ⅷ	Ⅸ	Ⅹ	Ⅺ	Ⅻ
1											
2											
3											
4											
5											
6											
7											
8											
9											
10											

设计负责人：　　　　审核：　　　　编制：　　　　编制日期：

(8) 引进工程器材概预算表（表四）乙。

① 本表供编制引进工程的主要材料、设备和工器具的数量和费用使用。

② 表格标题下面括号内根据需要填写引进主要材料或引进需要安装的设备或引进不需要安装的设备、工器具、仪表。

③ 第Ⅵ、Ⅶ、Ⅷ和Ⅸ栏分别填写外币金额及折合人民币的金额，并按引进工程的有关规定填写相应费用。其他填写方法与（表四）甲基本相同。

引进工程器材________算表（表四）乙

（　　　）表

单项工程名称：　　　建设单位名称：　　　表格编号：　　　第　页　总第　页

序号	中文名称	英文名称	单位	数量	单价		合价	
					外币	折合人民币/元	外币	折合人民币/元
Ⅰ	Ⅱ	Ⅲ	Ⅳ	Ⅴ	Ⅵ	Ⅶ	Ⅷ	Ⅸ
1								
2								
3								
4								
5								
6								
7								
8								
9								
10								

设计负责人：　　　审核：　　　编制：　　　编制日期：

（9）工程建设其他费概预算表（表五）甲。

① 本表供编制国内工程计列的工程建设其他费使用。

② 第Ⅲ栏根据《通信建设工程费用定额》相关费用的计算规则填写。

③ 第Ⅴ栏根据需要填写补充说明的内容事项。

工程建设其他费________算表（表五）甲

工程名称：　　　建设单位名称：　　　表格编号：　　　第　页　总第　页

序号	费用名称	计算依据及方法	金额/元			备注
			除税价	增值税	含税价	
Ⅰ	Ⅱ	Ⅲ	Ⅳ	Ⅴ	Ⅵ	Ⅶ
1	建设用地及综合赔补费					
2	建设单位管理费					
3	可行性研究费					
4	研究试验费					
5	勘察设计费					
6	环境影响评价费					
7	劳动安全卫生评价费					
8	建设工程监理费					
9	安全生产费					
10	工程质量监督费					

续表

序号	费用名称	计算依据及方法	金额/元			备注
			除税价	增值税	含税价	
Ⅰ	Ⅱ	Ⅲ	Ⅳ	Ⅴ	Ⅵ	Ⅶ
11	工程定额测定费					
12	引进技术及引进设备其他费					
13	工程保险费					
14	工程招标代理费					
15	专利及专利技术使用费					
16	总计					
17	生产准备及开办费（运营费）					
18						

设计负责人：　　审核：　　编制：　　编制日期：

（10）引进设备工程建设其他费概预算表（表五）乙。

① 本表供编制引进工程计列的工程建设其他费。

② 第Ⅲ栏根据国家及主管部门的相关规定填写。

③ 第Ⅳ、Ⅴ栏分别填写各项费用所需计列的外币与折合人民币数值。

④ 第Ⅵ栏根据需要填写补充说明的内容事项。

引进设备工程建设其他费________算表（表五）乙

工程名称：　　建设单位名称：　　表格编号：　　第　页

序号	费用名称	计算依据及方法	金额		备注
			外币/	折合人民币/元	
Ⅰ	Ⅱ	Ⅲ	Ⅳ	Ⅴ	Ⅵ

设计负责人：　　审核：　　编制日期：　年　月

通信工程概预算表的制作顺序为表三→表四→表二→表五→表一。其中表三计算依据：工程量统计+定额手册，主要统计人工费、辅材费、机械台班费。表四（主材、设备）计算依据：设计方案。表五计算依据：各种取费费率和前面表的结果，统计其他工程费。

15.2.4 概预算的编制

通信建设工程概预算编制流程：通信建设工程概预算编制时，首先要收集工程相关资料，熟悉图纸，进行工程量的统计；其次要套用预算定额确定主材使用量、选用设备材料价格，依据费用定额计算各项费用费率的计取；再次进行复核检查，无误后撰写预算编制说明；最后进行印刷出版。

本模块小结

（1）通信工程概预算是通信工程文件的重要组成部分，它是根据各个不同设计阶段的深度和建设内容，按照国家主管部门颁发的概预算定额，设备、材料价格，编制方法、费用定额、费用标准等有关规定，对通信建设项目、单项工程按实物工程量法预先计算和确定的全部费用文件。

（2）概算是确定和控制投资、编制和安排投资计划、控制施工图预算的依据。

（3）预算是考核工程成本、确定工程造价的依据。

（4）概算与预算的区别：两阶段设计时，初步设计编制概算，施工图设计编制预算，此时概算有预备费，预算无预备费。

（5）预算定额是编制施工图预算、确定和控制建筑安装工程造价的计价基础；预算定额是落实和调整年度建设计划、对设计方案进行技术经济比较分析的依据；预算定额是施工企业进行经济活动分析的依据。

（6）工程量是指按照相关规定及规则计算和统计的通信工程建设施工过程中每项基本工作的工作量大小。

（7）项目工程量应以完成后的实体安装工程量净值为准，而在施工过程中实际消耗的材料用量不能作为安装工程量。因为在施工过程中所用材料的实际消耗数量是在工程量的基础上又包括了材料的各种损耗量。

（8）通信工程设计概预算是初步设计概算和施工图设计预算的统称，设计概算实际是工程造价的预期价格。如何控制和管理好工程项目设计概预算，是建设项目投资控制过程中的重要环节，设计概预算是以初步设计和施工图设计为基础编制的。

（9）设计概算是编制和安排投资计划、确定和控制建设项目投资、控制施工图预算的主要依据，建设项目需要多少人力、物力和财力，是通过项目的设计概算来确定的，所以设计概算是确定建设项目所需建设费用的文件，即项目的投资额及其构成是按设计概算的有关数据确定的。

（10）当一个通信建设项目由几个设计单位共同设计时，总体设计单位应负责统一概预算的编制原则，并汇总建设项目的总概算，分设计单位负责本设计单位所承担的单项工程概预算的编制。

习题与思考

一、填空题

1. 概算与预算的区别：两阶段设计时，________编制概算，________编制预算，此时________有预备费，________无预备费。

2. 根据相关规定，在通信工程概预算文件的编制过程中，工程量是计算和统计通信工程建设过程中________、________、________表等基本消耗量的基础和直接依据，也是通信工程建设其他许多相关费用计算的________。

3. 预算人员必须了解和掌握设计图纸中各种图例的含义，并正确理解图纸中所表述的各项工程的施工性质（________、________、________、原有、________、割接）。

4. 直埋通信线路是指将________直接埋于地下的一种通信线路施工形式，由于直埋线路具有建设成本________、可以使用________的光电缆，从而有效减少________等一系列的优点，因而在长途通信线路建设中得到了十分广泛的应用。

5. 城市内的通信线路铺设，新建通信线路基本都采用了________的形式。在市内道路改造过程中为了美观等原因，也往往要求对原有的架空通信线路“________”，即拆除原有地面上的________，改为地面下的________或通信管道形式。

6. 设计人员在整个设计过程中，应强化________意识，充分考虑技术与经济的因素，编制出技术上满足________要求，造价又受控于决策阶段的________的概预算文件。

7. 通信建设工程概预算是设计文件的重要组成部分，它是根据各个不同设计阶段的深度和建设内容，按照设计图纸和说明以及相关专业的________、________、________，________，编制方法等有关资料，对通信建设工程预先计算和确定从筹建至竣工交付使用所需全部费用的文件。

8. 建设项目需要多少人力、物力和财力，是通过项目的________来确定的，所以________是确定建设项目所需建设费用的文件，即项目的________及其构成是按设计概算的有关数据确定的。

9. 工程概预算是一项重要的________工作，应按照规定的设计标准和设计图纸________，正确地使用各项________，完整、准确地反映________、________和________。

10. 当一个通信建设项目有几个设计单位共同设计时，总体设计单位应负责________，预算的编制原则，并汇总建设项目的________，分设计单位负责本设计单位所承担的________、________。

二、思考题

1. 简述通信工程概预算的主要作用。
2. 简述新版通信建设单项工程总费用的构成。
3. 简述工程量的概念。
4. 简述移动基站工程的无线设备安装的主要工作流程。
5. 简述通信工程概预算文件编制原则。
6. 简述概预算的构成。

任务 16　通信管道线路工程概预算实例

16.1　设计说明

16.1.1　概述

1. 工程概况

中国××吉林公司 2018 年家庭宽带接入线路工程，第一册《传输线路工程》第十六分册“2018 年吉林地区××小区等 10 个小区家庭宽带接入工程一阶段设计”。

本工程采用 FTTH 方式，新建小区 10 个，共计 1 928 户。新设小区光缆交接箱 6 个、分光分纤箱 96 个、光缆分纤箱 37 个、插片式 1∶8 光分路器 121 台、插片式 1∶32 光分路器 3 台；新设各种程式光缆 24.55 皮长公里，光缆芯数为 12、24、48 芯。总投资约为 453 253 元。

鉴于中国××光纤光缆集采技术规范要求光纤光缆使用寿命不少于 25 年，在没有人为、自然等外界破坏的情况下，建议工程合理使用年限为 20 年。

2. 设计依据

（1）中国××通信集团吉林有限公司工程建设部编制《中国××吉林公司 2018 年家庭宽带接入线路工程设计》的电话委托文件。

（2）《中国××家庭宽带网络规划建设指导意见》（2017 版）。

（3）中华人民共和国国家标准《住宅区和住宅建筑内光纤到户通信设施工程设计规范》（GB 50846—2012）。

（4）中华人民共和国国家标准《住宅区和住宅建筑内光纤到户通信设施工程施工及验收规范》（GB 50847—2012）。

《住宅区和住宅建筑内光纤到户通信设施工程施工及验收规范》

（5）中华人民共和国国家标准《综合布线系统工程设计规范》（GB 50311—2007）、《综合布线系统工程设计规范》（GB 50311—2016）。

（6）中华人民共和国国家标准《综合布线系统工程验收规范》（GB 50312—2007）、《综合布线系统工程验收规范》（GB/T 50312—2016）。

（7）中华人民共和国国家标准《通信线路工程设计规范》（GB 51158—2015）。

（8）中华人民共和国通信行业标准《通信线路工程验收规范》（GB 51171—2016）。

（9）中华人民共和国通信行业标准《架空光（电）缆通信杆路工程设计规范》（YD 5148—2007）。

（10）中华人民共和国通信行业标准《宽带光纤接入工程设计规范》（YD 5206—2014）。

（11）中华人民共和国通信行业标准《通信设备安装抗震设计图集》（YD 5060—2010）。

（12）中华人民共和国通信行业标准《光缆接头盒第一部分：室外光缆接头盒》（YD/T 814.1—2013）。

（13）中华人民共和国通信行业标准《通信工程制图与图形符号规定》（YD/T 5015—2015）。

（14）中华人民共和国通信行业标准《电信设备安装抗震设计规范》（YD 5059—2005）。

（15）中华人民共和国通信行业标准《通信建设工程安全生产操作规范》（YD 5201—2014）。

新版建设工程
安全生产管理条例

（16）工信部通信〔2015〕406号《通信建设工程安全生产管理规定》。

（17）中华人民共和国通信行业标准《通信建设工程节能与环境保护监理暂行规定》（YD 5205—2014）。

（18）本单项工程设计实地勘察取得的基础数据及勘察报告（截至2018年6月）。

3. 设计范围及分工

本设计包括小区光缆交接箱设置、光缆交接箱主干设置、配线光缆敷设、光分纤箱设置和光分路器设置、光缆的成端和接续等。

本设计不包含OLT机房PON端口扩容、ONT和家庭信息箱设置，不含ODF架的安装及ODF的防雷接地。

4. 主要工程量

本单项工程主要工程量见表16－1。

表16－1　本工程主要工作量表

序号	工作项目	单位	数量
1	安装架空144芯光缆交接箱	套	2
2	安装壁挂144芯光缆交接箱	套	4
3	安装壁挂分光分纤箱（48芯及以下）	套	96
4	安装壁挂光缆分纤箱（24芯及以下）	套	37
5	安装插片式1∶8光分路器	台	121

续表

序号	工作项目	单位	数量
6	安装插片式1：32光分路器	台	3
7	敷设管道光缆	千米条	2.315
8	敷设吊线式墙壁光缆	千米条	12.475
9	敷设暗管、局内及槽道光缆	千米条	0.49
10	敷设直埋光缆	千米条	0.04
11	敷设架空光缆	千米条	9.23
12	光缆成端接续	芯	1 704

5. 工程投资与单位造价

本单项工程光缆线路长度为24.55 km，投资为453 257元。其单位造价见表16－2。

表16－2　本工程宽带接入传输线路工程项目投资与单位工程造价

序号	项目名称	单位	数量
1	覆盖户数	户	1 928
2	户均造价	元/户	235
3	皮长公里造价	元/皮长公里	18 462.6

16.1.2　设计方案

1. 系统组网方案

本工程采用二级分光方式，系统组网方案见图16－1。

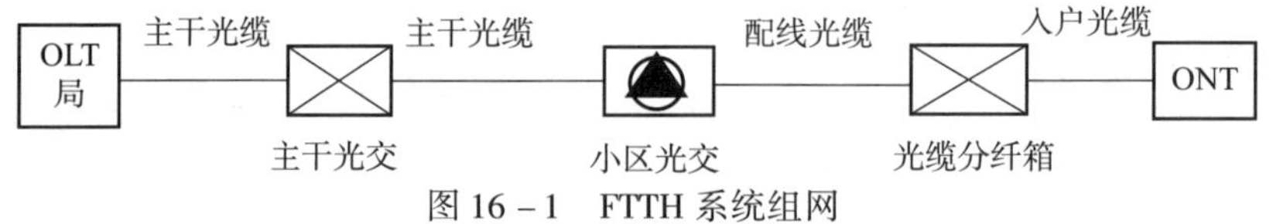

图16－1　FTTH系统组网

一级分光点设置于小区光缆交接箱（光交），采用1：8光分路器；二级分光点设置于楼道光分纤箱，采用1：8光分路器，二级光分路器端口按照住户数的30%配置，后期无法满足需求时可进行扩容，箱体内后期可扩容空间为3个1：8光分路器的位置。

2. PON系统传输距离测算

PON系统的传输距离主要和系统所采用的光模块类型、分光比、活接头数量等因素有关，整个光链路如图16－2所示。

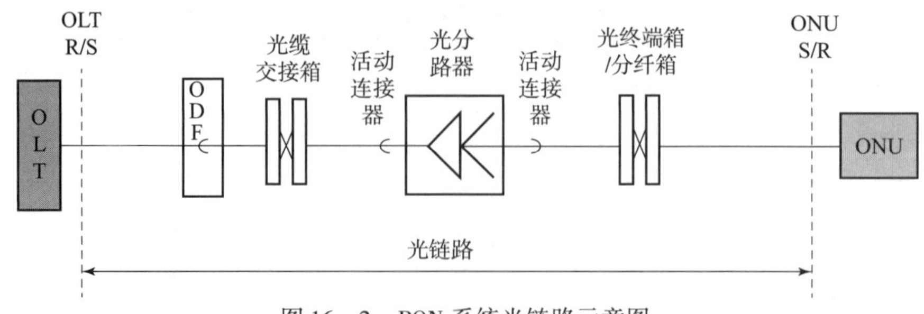

图16－2　PON系统光链路示意图

PON 系统的传输距离（OLT 至 ONU 的传输距离）应采用最坏值计算法，即分别计算 OLT 的 PON 口至 ONU 之间上行和下行的允许传输距离，取两者中较小值为 PON 系统的最大传输距离。PON 系统的传输距离可按下面的公式测算，即

$$L \leqslant \frac{P - IL - A_c n - M_c}{A_f}$$

式中　P——OLT 和 ONU 的点之间允许最大通道插入损耗（dB）；

M_c——线路维护余量（dB）；

A_c——单个活接头的损耗（dB），按每个活接头 0.5 dB 取值；

n——OLT 至单个 ONU 之间活接头（光分路器的适配器）的数量（个）；

IL——OLT 至单个 ONU 之间链路中所有光分路器的插入损耗之和（dB）；

A_f——光纤线路（含固定接头）衰减系数（dB/km）。

经测算，本工程建设小区传输距离均满足系统通道插入损耗的要求。

3. 主要器材选型

本工程主干和配线光缆均为 GYTA 光缆，缆内光纤为 G.652D，芯数主要采用 12、24 芯。村屯内光交采用架空式、落地式光缆交接箱，村屯光交和光缆分纤箱内分别采用盒式及插片式光分路器。各主要器材选型及需求见表 16－3。

表 16－3　各主要器材选型及需求

序号	器材名称	规格	单位	数量
1	光缆	GYTA－12B1	km	0.475
2	光缆	GYTS－12B1	km	12.441
3	光缆	GYTS－24B1	km	10.535
4	光缆	GYTS－48B1	km	1.099
5	光缆交接箱	架空式 144 芯	台	2
6	光缆交接箱	壁挂式 144 芯	台	4
7	分光分纤箱	48 芯	台	96
8	光缆分纤箱	24 芯	台	37
9	光分路器	插片式	个	124

16.1.3　主要技术标准和技术措施

1. 光纤、光缆主要技术要求和指标

光纤、光缆技术指标必须满足集采技术规范书的要求。

（1）每一批次的所有光纤为同一型号和同一来源（同一工厂、同一材料、同一制造方法和同一折射率分布）。

（2）模场直径（1 310 nm 波长，Peterman Ⅱ 定义）。

光纤长度的勘测计算

标称值：8.6 ~ 9.5 μm 内取定一个值。

偏差：不超过 ±0.5 μm。

投标方提供其所用光纤在 1 550 nm 波长的模场直径数值及测试方法。

（3）包层直径。

标称值：125.0 μm。

偏差：不超过 ±1 μm。

（4）1 310 nm 波长的同心度偏差：不大于 0.8 μm。

（5）包层不圆度：小于 2.0%。

（6）涂覆层直径（未着色）：245 μm ± 10 μm。

（7）包层/涂覆层同心度误差：≤12.0 μm。

（8）光纤翘曲度：曲率半径≥4.0 m。

（9）光缆截止波长。截止波长满足下述 λ_{cc} 的要求：λ_{cc} ≤1 260 nm（在 20 m 光缆 +2 m 光纤上测试）。

（10）光纤衰减系数。

①在 1 310 nm 波长上的最大衰减系数为 0.35 dB/km，在 1 383 nm ± 3 nm 波长上的最大衰减值小于 1 310 nm 波长上的最大衰减值。

在 1 550 nm 波长上的最大衰减值不大于 0.21 dB/km。

在 1 285 ~ 1 330 nm 波长范围内，任一波长上光纤的衰减系数与 1 310 nm 波长上的衰减系数相比，其差值不超过 0.03 dB/km。

在 1 525 ~ 1 575 nm 波长范围内，任一波长上光纤的衰减系数与 1 550 nm 波长上的衰减系数相比，其差值不超过 0.05 dB/km。

在 1 310 ~ 1 625 nm 波长范围内的最大衰减值为 0.35 dB/km。

②光纤衰减曲线应有良好的线性并且无明显台阶。用 OTDR 检测任意一根光纤时，在 1 310 nm和 1 550 nm 处 500 m 光纤的衰减值不大于（α_{mean} +0.10 dB）/2，其中 α_{mean} 是光纤的平均衰减系数。

（11）光纤在 1 550 nm、1 625 nm 波长上的弯曲衰减特性。

以 30 mm 的弯曲半径松绕 100 圈后，衰减增加值小于 0.10 dB。

（12）色散。

①零色散波长范围为 1 300 ~ 1 324 nm。

②最大零色散点斜率不大于 0.093 ps/(nm · km)。

③1 288 ~ 1 339 nm 范围内色散系数不大于 3.5 ps/(nm · km)。

④1 271 ~ 1 360 nm 范围内色散系数不大于 5.3 ps/(nm · km)。

⑤1 550 nm 波长的色散系数不大于 18 ps/(nm · km)。

⑥1 480 ~ 1 580 nm 范围内色散系数不大于 20 ps/(nm · km)。

（13）拉力筛选试验。

成缆前的一次涂覆光纤必须全部经过拉力筛选试验，试验拉力不小于 8.2N（约为 0.69 GPa、100 kpsi，光纤应变约为 1.0%），加力时间约 1 s。

2. 光缆技术性能要求

1）钢带及铝带

电镀铬钢带应为等厚镀铬钢带，厚度≥0.15 mm；铝带厚度≥0.15 mm；钢带或铝带搭接的宽度应大于 5 mm；涂塑层厚度≥0.05 mm（每边）。

涂塑铝带或双面涂塑钢带与聚乙烯护层之间的黏结强度应不小于 1.4 N/mm；搭接处钢带与钢带之间及铝带与铝带之间的黏结撕裂强度应不小于 1.4 N/mm。

2）聚乙烯护层的厚度

外护层：外护层厚度要求见表 16 - 4。

表 16－4　外护层厚度　（单位：mm）

外护层厚度	管道光缆、直埋光缆、加强性直埋光缆、阻燃光缆
标称值	2.0
平均值	1.9
最小值	1.8

内护层：标称值≥1.0 mm。

聚乙烯护层表面应光滑平整，任何横断面上均应无目力可见的气泡、砂眼和裂纹。厚度测试方法应符合 IEC. 540 和 IEC. 189 的规定。

3）光缆结构

光缆结构应是全截面阻水结构，光缆的所有间隙应填充阻水材料。

4）光纤识别

（1）为了便于识别，光纤和松套管必须有色谱标志，投标方应提供具体的色谱排列。

（2）用于识别的色标应鲜明，在安装或运行中可能遇到的温度下不褪色，不迁染到相邻的其他光缆元件上，并应透明。

松套管采用全色谱标志，面向光缆 A 端看，在顺时针方向上松套管序号增大，松套管序号及其对应的颜色应符合表 16－5 的规定。

表 16－5　识别用全色谱

序号	1	2	3	4	5	6	7	8	9	10	11	12
颜色	蓝	桔	绿	棕	灰	白	红	黑	黄	紫	粉红	青绿

（3）每盘光缆两端应分别有端别识别标志；面向光缆看，在顺时针方向上松套管序号增大时为 A 端，反之为 B 端；A 端标志为红色，B 端标志为绿色。

5）光缆机械强度

光缆允许机械强度指标见表 16－6。

表 16－6　光缆允许机械强度指标

光缆类型	允许张力/N		允许侧压力/[N·(100 mm)$^{-1}$]	
	长期	短期	长期	短期
管道光缆	600	1 500	300	1 000
架空光缆	600	1 500	300	1 000
直埋光缆	1 000	3 000	1 000	3 000

6）环境温度。

（1）环境温度要求。

工作时：－40～＋60 ℃。

安装时：－15～＋60 ℃。

运输、储存时：－50～＋70 ℃。

（2）－20～＋60 ℃时光纤衰减不变，－40～＋70 ℃时光纤衰减变化不大于±0.10 dB/km。

光缆曲率半径在受力时（敷设中）为光缆外径的20倍，不受力时（安装固定后）为光缆外径的10倍。

7）光缆盘长

单盘光缆的标称长度按2 000 m、3 000 m进行配置。

3. 光缆结构及使用场合

1）缆芯结构

缆芯结构见表16－7。

表16－7　光缆内光纤数与松套管数量

每管内光纤最大芯数	松套管数量	适用芯数
6	1	2～6
6	2	8～12
6	3	14～18
6	4	20～24
6	5	26～30
6	6	32～36
12	4	38～48

2）光缆外护层结构及使用场合

光缆外护层结构类型及使用场合如下。

（1）直埋光缆：可用于直埋及需特别防护的特殊环境下光缆敷设。

（2）管道光缆：可用于市政、小区管道、城区架空光缆敷设。

（3）架空光缆：用于架空方式敷设。

光缆外护层结构及使用场合见表16－8。

表16－8　光缆外护层结构及使用场合

序号	光缆类型	护套结构	使用场合
1	管道光缆	APL－PE	管道中
2	架空光缆	APL－PE	架空中
3	直埋光缆	PE－PSP－PE	直埋

注：（1）PE—聚乙烯，APL—双面涂塑铝带护层。

（2）护层要求。

外PE厚度：标称值≥2.0 mm；平均值≥1.9 mm；最小值≥1.8 mm。

内PE厚度：标称值≥1.0 mm；平均值≥0.9 mm；最小值≥0.8 mm。

PE表面平整光滑，无气泡。

（3）涂塑铝带或涂塑钢带与聚乙烯护层之间的黏结强度不小于1.4 N/mm，搭接处钢带与钢带、铝带与铝带之间的黏结撕裂强度不小于1.4 N/mm。

（4）铝带厚度：0.20 mm。

（5）钢带厚度：0.15 mm。

（6）涂塑层厚度：0.05 mm（每面）。

3）光缆使用寿命

光缆使用寿命不少于25年。

4. 光缆接头盒主要技术指标

本工程光缆接头盒技术标准一定满足集采光缆接头盒技术规范书的要求。

（1）适用环境范围。

①环境温度。

工作时：-40 ~ +60 ℃。

储存及运输时：-50 ~ +70 ℃。

大气压力：70 ~ 106 kPa。

（2）光纤盘留。光缆接头盒具有提供光纤接头的安放和预留光纤存储的功能。盘留光纤长度不小于2 × 0.8 m，盘留带松套管光纤长度不小于2 × 0.8 m，盘留光纤的曲率半径≥37.5 mm，对光纤（1 310 nm、1 550 nm）不产生附加衰减。

（3）绝缘性能。光缆接头盒内的所有金属件与大地之间的绝缘电阻不小于20 000 MΩ（浸水24 h后测试，测试电压为500 V DC）。

（4）耐电压性能。光缆接头盒的耐电压（光缆接头盒内金属构件之间、金属构件与大地之间）不小于15 kV，2 min（浸水24 h后测试）内不被击穿，无飞弧现象。

（5）光纤接续点保护。光纤接续点采用热缩套管保护方式。

（6）光纤盘内每根光纤均有明显的识别序号的标志。

（7）光缆接头盒具有使光缆中金属构件（金属护层和加强芯）的电气连通、接地或断开的功能。

（8）接头盒便于重复开启，且不影响其性能。

（9）接头盒具有抗腐蚀性能和抗老化性能。接头盒外部金属结构件及紧固件采用不锈钢材料。

（10）接头盒使用寿命不少于25年。

（11）接头盒（包括盒体及密封材料）具有防白蚁性能。

（12）接头盒结构采用双端进出型。

16.1.4　技术说明及施工要求

光缆的敷设安装除应满足下述规定外，还应满足《通信线路工程设计规范》（GB 51158—2015）、《架空光（电）缆通信杆路工程设计规范》（YD 5148—2007）、《通信线路工程验收规范》（GB 51171—2016）、《通信建设工程安全生产操作规范》（YD 5201—2014）等的相关要求。

《架空光（电）缆通信杆路工程设计规范》（YD 5148－2007）

1. 光缆敷设一般要求

（1）光缆在敷设过程中所受的牵引力和压扁力应小于表16－9的规定。

表16－9　接入网用光缆的允许拉伸力和压扁力

敷设方式	允许拉伸力（最小值）/N		允许压扁力（最小值）/(N·(100 mm)$^{-1}$]	
	短暂	长期	短暂	长期
管道、非自承架空	1 500	600	1 000	300

（2）光缆敷设安装的最小曲率半径应符合表 16－10 的规定。

表 16－10　接入网光缆敷设安装曲率半径

外护层形式/光缆类型		静态弯曲	动态弯曲
光缆	G.652 光纤	10*D*/10*H*（但不小于 30 mm）	20*D*/20*H*（但不小于 60 mm）

注：*D* 为缆芯处圆形护套外径；*H* 为缆芯处扁形护套短轴的高度。

（3）光缆敷设中应保证其外护层的完整性，并无扭转、打小圈和浪涌的现象发生。

（4）光缆内的金属构件在局（站）内、光缆交接箱或光缆分纤箱处终结时必须做防雷接地。

2. 架空光缆敷设安装要求

1）立杆

（1）挖掘沟（坑）施工时，如发现有埋藏物，特别是文物、古墓等，必须立即停止施工，并负责保护好现场，与有关部门联系，在未得到妥善解决之前，施工单位严禁在该地段内继续施工。

（2）立杆杆位、规格程式和杆距应符合图纸及设计要求。

（3）新建电杆应首选木电杆。电杆一般设置 8 m，在沿途跨越公路、跨河飞线等特殊地段采用 10～12 m 的电杆。

（4）一般情况下杆距设计为 50 m，个别地段因客观条件限制，可以适当缩短或加长杆挡距离。

（5）木杆安全系数 *K* 应不小于 2.2。

（6）电杆的杆洞埋深应符合表 16－11 的规定，洞深允许偏差不大于 50 mm。

表 16－11　电杆杆洞埋深表　　m

电杆类型	土质/洞深/杆长	普通土	硬土	水田、湿地	石质土
木质电杆	7.0	1.4	1.2	1.5	0.9
	8.0	1.5	1.3	1.6	1.0
	9.0	1.6	1.4	1.7	1.1
	10.0	1.7	1.5	1.8	1.1
	11.0	1.7	1.6	1.8	1.2
	12.0	1.8	1.6	2.0	1.2

注：（1）12 m 以上的特种电杆的洞深应按设计文件规定实施。

（2）本表适用于中、轻负荷区新建的通信线路。重负荷区的杆洞洞深应按本表规定值增加 100～200 mm。

①斜坡上的洞深应符合图 16－3 的要求。

②杆洞深度应以永久性地面为计算起点。

2）拉线

（1）拉线设置程式及方向应符合设计要求，拉线采用镀锌钢绞线，上把采用夹板法制作、中把采用另缠法制作。

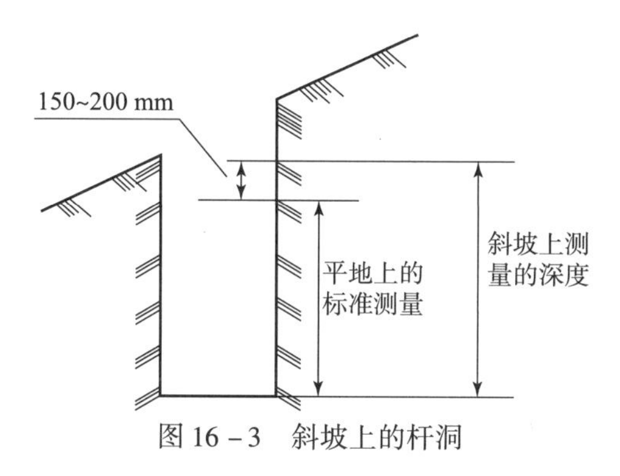

图 16－3　斜坡上的杆洞

（2）拉线的距高比一般取 1，误差为 ±0.25。

（3）对偏转角不小于 45°的角杆设计两条终端拉线，小于 45°的角杆设计一条角杆拉线。在直线段中，每隔 8 杆挡设计一处抗风拉线，每隔 16 杆挡设计一处防凌拉线。

（4）拉线地锚的坑深要符合表 16－12 的要求，允许偏差不大于 50 mm。

表 16－12　拉线地锚的坑深

土质 坑深/m 程式	普通土	硬土	水田、湿地	石质土
7/2.2	1.3	1.2	1.4	1.0
7/2.6	1.4	1.3	1.5	1.1
7/3.0	1.5	1.4	1.6	1.2
2×7/2.6	1.8	1.7	1.9	1.4

3）架空吊线

（1）架空吊线采用镀锌钢绞线，架空吊线及吊线程式应符合设计规定。

（2）吊线接续设计采用夹板法制作。新设吊线在每个杆挡内禁止存在多接头。

（3）吊线距电杆顶部的距离应不小于 500 mm，在特殊情况下应不小于 250 mm。吊线夹板在电杆上的位置宜与地面等距。

（4）吊线用吊线抱箍和三眼单槽夹板安装，同杆设计两层吊线间距应为 400 mm。

（5）吊线跨越国、省、县道公路，设计吊线距地面净高为 6.5 m；跨越乡级以下公路，设计吊线距地面净高为 5.5 m。

（6）吊线与拉线采用同一抱箍时，要加装绝缘子，将吊线与拉线电气绝缘。

（7）光缆吊线应每隔 300～500 m 利用电杆避雷线或拉线接地，每隔 1 km 左右加装绝缘子进行电气断开。

4）架空光缆

（1）光缆挂钩的间距应为 500 mm，允许偏差为 ±30 mm，电杆距两侧的第一只挂钩应为 250 mm，允许偏差为 ±20 mm。

（2）光缆每 1～3 根杆作一处伸缩弯，伸缩弯在电杆两侧的挂钩间下垂 200 mm，并套塑料管保护。

（3）架空光缆一般选用35 mm光缆挂钩。每500 m架空光缆设计一个光缆预留架。

（4）架空线路与其他设施接近或交越时，其间隔距离应符合下述规定。

必须满足国家标准《通信线路工程设计规范》（GB 51158—2015）第6.4.8条的要求。

①杆路与其他设施的最小水平净距，应符合表16－13的规定。

表16－13　杆路与其他设施的最小水平净距表

其他设施名称	最小水平净距/m	备注
消火栓	1.0	指消火栓与电杆距离
地下管、缆线	0.5～1.0	包括通信管、缆线与电杆间的距离
火车铁轨	地面杆高的4/3倍	—
人行道边石	0.5	—
地面上已有其他杆路	地面杆高的4/3倍	以较长杆高为基准。其中，对500～750 kV输电线路不小于10 m，对750 kV以上输电线路不小于13 m
市区树木	0.5	缆线到树干的水平距离
郊区树木	2.0	缆线到树干的水平距离
房屋建筑	2.0	缆线到房屋建筑的水平距离

注：在地域狭窄地段，拟建架空光缆与已有架空线路平行敷设时，若间距不能满足以上要求，可以杆路共享或改用其他方式敷设光缆线路，并满足隔距要求。

②架空光（电）缆在各种情况下架设的高度，应不低于表16－14的规定。

表16－14　架空光（电）缆架设高度

<table>
<tr><th rowspan="2">名称</th><th colspan="2">与线路方向平行时</th><th colspan="2">与线路方向交越时</th></tr>
<tr><th>架设高度/m</th><th>备注</th><th>架设高度/m</th><th>备注</th></tr>
<tr><td>市内街道</td><td>4.5</td><td>最低缆线到地面</td><td>5.5</td><td>最低缆线到地面</td></tr>
<tr><td>市内里弄（胡同）</td><td>4.0</td><td>最低缆线到地面</td><td>5.0</td><td>最低缆线到地面</td></tr>
<tr><td>铁路</td><td>3.0</td><td>最低缆线到地面</td><td>7.5</td><td>最低缆线到轨面</td></tr>
<tr><td>公路</td><td>3.0</td><td>最低缆线到地面</td><td>5.5</td><td>最低缆线到路面</td></tr>
<tr><td>土路</td><td>3.0</td><td>最低缆线到地面</td><td>5.0</td><td>最低缆线到路面</td></tr>
<tr><td rowspan="2">房屋建筑物</td><td rowspan="2"></td><td rowspan="2">—</td><td>0.6</td><td>最低缆线到屋脊</td></tr>
<tr><td>1.5</td><td>最低缆线到房屋平顶</td></tr>
<tr><td>河流</td><td></td><td>—</td><td>1.0</td><td>最低缆线到最高水位时的船桅顶</td></tr>
<tr><td>市区树木</td><td></td><td>—</td><td>1.5</td><td>最低缆线到树枝的垂直距离</td></tr>
<tr><td>郊区树木</td><td></td><td>—</td><td>1.5</td><td>最低缆线到树枝的垂直距离</td></tr>
<tr><td>其他通信导线</td><td></td><td>—</td><td>0.6</td><td>一方最低缆线到另一方最高线条</td></tr>
</table>

③架空光（电）缆交越其他电气设施的最小垂直净距，应不小于表16－15的规定。

表 16－15 架空光（电）缆交越其他电气设施的最小垂直净距

其他电气设备名称	最小垂直净距/m		备注
	架空电力线路有防雷保护设备	架空电力线路无防雷保护设备	
10 kV 以下电力线	2.0	4.0	最高缆线到电力线条
35～110 kV 电力线（含 110 kV）	3.0	5.0	最高缆线到电力线条
110～220 kV 电力线（含 220 kV）	4.0	6.0	最高缆线到电力线条
220～330 kV 电力线（含 330 kV）	5.0	—	最高缆线到电力线条
330～500 kV 电力线（含 500 kV）	8.5	—	最高缆线到电力线条
500～750 kV 电力线（含 750 kV）	12.0	—	最高缆线到电力线条
750～1 000 kV 电力线（含 1 000 kV）	18.0	—	最高缆线到电力线条
供电线接户线（注（1））	0.6		—
霓虹灯及其铁架	1.6		—
电气铁道及电车滑接线（注（2））	1.25		—

注：（1）供电线为被覆线时，光（电）缆也可以在供电线上方交越。

（2）光（电）缆必须在上方交越时，跨越挡两侧电杆及吊线安装应做加强保护装置。

（3）通信线应架设在电力线路的下方位置，应架设在电车滑接线和接触网的上方位置。

3. 管道光缆敷设要求

（1）敷设管道光缆前必须清刷管孔，敷设的孔位应符合设计规定。

（2）敷设管道光缆可使用石蜡油、滑石粉作为光缆的润滑剂，严禁使用有机油脂。

（3）光缆出管孔 150 mm 以内不应做弯曲处理。

（4）人（手）孔内的光缆接头盒必须顺向安装在人（手）孔正上方的光缆托架上。

（5）光缆在每个人（手）孔内悬挂光缆标志牌。

4. 墙壁光缆敷设安装要求

（1）安装光缆的高度应尽量一致，住宅楼与办公楼以 2.5～3.5 m 为宜，厂房、车间外墙以 3.5～5.5 m 为宜。

（2）跨越街坊、院内通路等应采用钢绞线吊挂，其线缆最低点距地面必须符合表 16－16 的规定。

表 16－16 墙壁光缆跨越处距地面最低间距

名称	交越处垂直净距/m
市区街道	5.5
胡同（里弄）	5.0
铁路	7.5
公路	5.5
土路	5.0

（3）使用吊线方式敷设光缆时，应采用设计规定的吊线程式。墙上支撑物的间距宜为 8～10 m，终端固定物与第一只中间支撑的距离不大于 5 m。

（4）垂直敷设的吊线需采用 U 形拉攀作为终端固定物。

（5）墙壁光缆与其他管线的最小间距应符合表 16－17 的规定。

表 16－17　墙壁光缆与其他管线的最小间距

管线种类	平行净距/m	垂直交叉净距/m
电力线	0. 2	0. 1
避雷引下线	1. 0	0. 3
保护地线	0. 05	0. 02
压缩空气管	0. 15	0. 02
热力管（不包封）	0. 5	0. 5
热力管（包封）	0. 3	0. 3
给水管	0. 15	0. 02
燃气管	0. 3	0. 2
其他通信线路	0. 15	0. 1

5. 直埋光缆敷设安装要求

（1）小区人行路、绿化带直埋光缆埋深应不小于 0. 7 m。

（2）根据通信行业标准文件《通信线路工程设计规范》（GB 51158—2015）第 6. 2. 14 的要求，直埋光缆与其他建筑设施平行或交越时的最小净距应符合表 16－18 的规定。

《通信线路工程设计规范》（GB 51158—2015）

表 16－18　直埋光缆与其他建筑设施间的最小净距

序号	其他管线或建筑物名称		平行净距/m	交越净距/m
1	房屋建筑物红线或基础		1. 0	
2	非同沟的直埋通信线缆		0. 5	0. 25
3	给水管	管径小于 300 mm	0. 5	0. 5
		管径为 300～500 mm	1. 0	
		管径大于 500 mm	1. 5	
4	排水管		1. 0（注（1））	0. 5
5	热力		1. 0	0. 5
6	高压石油、天然气管		10. 0	0. 5
7	燃气管	压力小于 300 kPa	1. 0	0. 5
		压力为 300～1 600 kPa	2. 0	
8	电力电缆	35 kV 以下	0. 5	0. 5
		35 kV 以上	2. 0	0. 5
9	通信管道或边线		0. 75	0. 25
10	通信电杆、照明电杆及拉线		1. 5	
11	道路边石边缘		1. 0	
12	排水沟		0. 8	0. 5
13	水井、坟墓、粪坑、积肥池、沼气池、氨水池		3. 0	

注：（1）主干排水管后铺设时，其施工沟边与管道间的水平净距不小于 1. 5 m。

（2）增加钢管保护时，热力管、高压油管、燃气管、直埋通信光电缆、电力电缆交叉跨越的净距可降为 0. 15 m。

（3）对于杆路、拉线、孤立大树和高耸建筑，还应考虑防雷要求。大树指直径在 300 mm 及以上的树木。

（4）穿越埋深与光缆相近的各种地下管线时，光缆宜在管线下方通过。

（5）距离达不到表中要求时，应采取保护措施。

（3）光缆与其他通信光缆同沟敷设时，应平行排列，不得重叠或交叉，缆间的平行距离应不小于 100 mm。

（4）光缆接头、转弯点、预留处、人（手）孔、穿越障碍物或直线段落较长时，应设置光缆标石，光缆线路标石应安装于光缆的正上方。

6. 暗管光缆敷设要求

（1）应在预埋线槽和暗管的两端对敷设的光缆进行标识。

（2）预埋线槽的截面利用率应为 30% ~50%。

7. 光缆接续衰耗要求

1）光缆接续要求

（1）光缆在接头盒内接续或其他一次接续超过 6 芯的场合宜采用熔接方式。

（2）光缆在局端、光缆交接箱、光缆分纤箱等一次需要成端较多芯数的场合应采用熔接方式。

（3）光缆接续、成端的光纤接头衰减限值应满足表 16－19 的规定。

表 16－19　光纤接头衰减限值

接头衰减	熔接方式				测试波长/nm
	单纤/dB		光纤带光纤/dB		
光纤类别	平均值	最大值	平均值	最大值	
G. 652	≤0. 06	≤0. 12	≤0. 12	≤0. 38	1 310/1 550

2）光缆布放

为便于光缆的成端与接续，光缆布放时应有一定预留，预留长度应符合表 16－20 的要求。

表 16－20　光缆预留长度　　m

项目	光缆预留长度/m		备注
	管道光缆	架空光缆	
自然弯曲每公里增长	10	10	（1）其他预留按设计要求； （2）部分工程可根据实际情况按设计要求预留
每个人（手）孔内自然弯曲增长	0. 5 ~1		
接头每侧预留长度	5 ~10	5 ~10	
光交、终端盒侧预留长度	5	5	
机房侧预留长度	10 ~20	10 ~20	
每 500 m 预留长度	10	10	
小区楼外井内为楼道分纤箱预留长度	3 ~5	3 ~5	

8. 光缆配线设施安装要求

（1）楼道光缆分纤箱必须安装在安全可靠、便于维护的公共地点；箱体底边距地面高度应不小于 1. 2 m。

（2）架空式光缆分纤箱应安装在底层吊线下方，箱体顶端距底层吊线距离为 0. 8 m；箱体安装朝向应保持一致。

（3）光分路器的安装应安全牢靠、便于维护。

9. 光缆及设施标识要求

（1）机架标识应符合规范要求，标识统一、清楚、明确，位置适当。

（2）设备、线缆、光纤的占用及端子板应做好标识，书写应清晰、端正和正确，标识内容及制作应符合规范要求。

（3）光缆在光分配箱粘贴标签，标签粘贴在距快速接线器 5 cm 处。在垂直楼道线槽、天花板、楼道 PVC 管等多条光缆同管穿放的情况下，每个过路盒内均需粘贴标签，以便识别。

（4）光分路器的命名、编号管理、一二级光分路器连接表等需按规范要求进行标识。

10. 光缆线路防护

1）防强电

（1）架空光缆线路在与电力线、广播线交越时，采用三线防护绝缘夹板在钢绞线上固定进行防护，防护长度按超出两边交越处边缘各 1 m。

（2）与输电线交越时，通信线路应在输电线下方通过，并保持规定的安全隔距，交越挡两侧的电杆上吊线应做接地，杆上地线在离地面 2.0 m 处断开 50 mm 的放电间隙。

2）防雷与接地

（1）年平均雷暴日数大于 20 的地区及有雷击历史的地段，光（电）缆线路应采取防雷保护措施。

（2）每隔 2 km 左右，架空光缆的金属护层及架空吊线应做一处防护接地。

（3）重复遭受雷击地段的杆挡应架设架空地线，架空地线每隔 50 ~ 100 m 接地一次。

（4）光缆接头处两侧金属构件不作电气连通。

（5）雷害严重地段，光缆可采用非金属加强芯或无金属构件的结构形式。

3）配线设施及机房内防雷与接地

（1）光缆内的金属构件，在局（站）内或交接箱处线路终端必须做防雷接地。

（2）光缆在光缆交接箱终端处，将金属构件相互连通并将其单独接到接地上。

（3）接地线布放时尽量短直，多余的线缆应截断，严禁盘绕。

（4）防雷接地电缆线应为黄绿相间颜色标识的阻燃电缆，接地电阻不宜大于 10 Ω。

（5）根据中华人民共和国国家标准《通信局（站）防雷与接地工程设计规范》（GB 50689—2011）第 3.6.8 条的要求，严禁在接地线中加装开关或熔断器。

（6）根据中华人民共和国国家标准《通信局（站）防雷与接地工程设计规范》（GB 50689—2011）第 3.9.1 条的要求，接地线与设备及接地排连接时必须加装铜接线端子，并必须压（焊）接牢固。

《通信局（站）防雷与接地工程设计规范》（GB 50689—2011）

（7）楼层安装的各个配线柜（架、箱）箱体接地应符合下列要求。

①在民用建筑内安装时，可利用建筑内预设的引接点或等电位箱，高层的引接点或等电位箱一般在弱电井内，多层楼房的引接点在一层或地下室。

如无法找到引接点或等电位箱，可利用建筑物梁、柱的主钢筋作接地引接点。

②当无地网可利用、建筑物结构质量较差时，应就近建筑采取简易地网接地。

③应采用 40 mm × 4 mm 热镀锌扁钢或适当截面的绝缘铜导线单独布线至接地位置。

4）其他防护要求

（1）对于存在鸟啄光缆的地段均要加装塑料管保护。

（2）光缆外护套为 PE 塑料，并有铝塑黏结护层或钢塑黏结护层，这样可具有良好的防蚀性能。光缆光纤套管内填充有石油膏，故不需再考虑另外的防蚀、防潮措施。

11. 配线设施安装要求

1）落地式光缆交接箱安装

（1）光缆交接箱的基座应采用混凝土基座，承载负荷不得小于 6 kN/m^2。基座水平度偏差不得大于 0.3%。使用 ϕ8@200 双向钢筋表示采用 ϕ8 mm 钢筋双向布放，间隔为 200 mm。

（2）浇注基座时应预埋引入管及接地装置至基座内的上线槽，接地装置露出端有 ϕ10 mm的连接孔。

（3）光缆交接箱安装基座与人（手）孔的沟通，应采用管孔式，禁止做成通道式。

（4）地线的水平接地体与垂直接地体之间的焊接应牢靠，焊接点应做防腐处理。

（5）光缆交接箱宜安装于人行道、绿化带内，禁止安装于快车道之间或快车道与慢车道之间。

2）光缆交接箱安装其他要求

（1）光缆交接箱门四周应安装密封条，保证关闭后雨水无法流进机柜，机柜与基座之间的缝隙及线缆进线孔洞应采用防水材料封堵。

（2）建议统一喷刷警示标记或在光缆交接箱四周安装警示护栏。

（3）光缆交接箱单开门交角应不小于 120°，双开门交角应不小于 100°（门与箱体交角）。

（4）地线引接从机柜底部的地线引接孔引接，尽量短直，多余的线缆应截断，严禁盘绕。接地线的截面积应不小于 35 mm^2。

（5）光缆与接地线应分孔引入，弯曲半径不得小于线缆的最小弯曲半径，不得损伤线缆护层，进入光缆交接箱的线缆禁止裸露在外。

3）光分路器的安装

（1）光分路器宜安装在光缆交接箱、ODF 架、综合机架内，安装应牢固，应采用尾纤型。若安装于多媒体箱、光缆分纤箱或光分路箱时，应采用熔配一体型。

（2）光分路器内的光纤排列应工整、美观，尾纤要求有一定富余量（0.5 ~ 1 m），盘纤应整齐。

（3）已用光纤需标识走向、对应服务地址，标识要符合资源管理要求。

4）楼宇内分纤设施的安装

（1）分纤设施必须安装在环境较好、安全、方便、便于进线（光缆、尾纤和电源线）及出线（蝶形引入光缆）的公共部位（如楼道、竖井、地下室），应远离窗口、门，并安全可靠、便于施工维护，确保分纤设施不会受到日晒雨淋。

（2）同一小区中，安装环境相同的单元，分纤设施的安装位置应统一。单元内已安装有其他运营商分纤设施时，宜靠近其他运营商分纤设施安装。

（3）壁挂式分纤设施的安装高度应符合以下要求。

①在楼梯道、地下室、电梯机房内挂墙明装的机柜，机柜底距楼面高度宜不小于 1.8 m。

②内嵌式挂墙安装的机柜，机柜底距楼面高度为1.5～1.8 m。

③在竖井中安装，机柜底距楼面高度为1.0～1.5 m。

④特殊环境下不能满足要求的不应小于0.3 m。

（4）分纤设施的安装位置应利于散热或保温，内部环境温度宜控制在－20～＋50 ℃，相对湿度控制在10%～90%（非凝结）。

（5）分纤设施单开门交角应不小于120°，双开门交角应不小于100°（门与箱体交角）。

12. 抗震加固

本项目所在吉林地区为7度烈度地震设防区，要严格遵守设计要求，对设备安装采取抗震加固措施。

根据《电信设备安装抗震设计规范》（YD 5059—2005）、《通信设备安装抗震设计图集》（YD 5060—2010）和《电信机房铁架安装设计标准》（YD/T 5026—2005），同时参考《住宅区和住宅建筑内光纤到户通信设施工程设计规范》（GB 50846—2012）的要求，落地光缆交接箱地脚螺栓应使用M12以上的规格，数量为4个，如厂家提供的膨胀螺栓不满足要求，请联系工程管理或自行采购符合要求的地脚螺栓进行安装。

16.1.5 安全生产要求

《电信机房铁架安装设计标准》（YD/T 5026—2005）

1. 安全生产责任

严格执行工信部通信〔2015〕406号《通信建设工程安全生产管理规定》及《通信建设工程安全生产操作规范》（YD 5201—2014）的要求。

通信工程建设、勘察、设计、施工、监理等单位应建立安全生产责任制，明确各岗位的责任人员、责任范围和考核标准等内容，确保安全生产责任制的落实。

《通信建设工程安全生产管理规定》

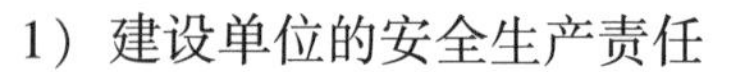

1）建设单位的安全生产责任

（1）建立健全通信工程安全生产管理制度，制订生产安全事故应急救援预案并定期组织演练。

（2）工程概预算应当明确建设工程安全生产费，不得打折，工程合同中明确支付方式、数额及时限。对安全防护、安全施工有特殊要求需增加安全生产费用的，应结合工程实际单独列出增加及费用清单。

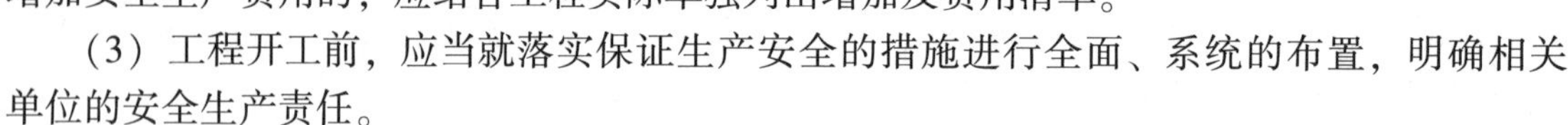

（3）工程开工前，应当就落实保证生产安全的措施进行全面、系统的布置，明确相关单位的安全生产责任。

（4）不得对勘察、设计、施工及监理等单位提出不符合工程安全生产法律、法规和工程建设强制性标准规定的要求，不得压缩合同约定的工期。

（5）不得明示或者暗示施工单位购买、租赁、使用不符合安全施工要求的安全防护用具、机械设备、施工机具及配件、消防设施和器材。

2）设计单位的安全生产责任

（1）勘察单位应当按照法律、法规和工程建设强制性标准进行勘察，提供的勘察文件应当真实、准确，满足通信建设工程安全生产的需要。在勘察作业时，应当严格执行操作规程，采取措施保证各类管线、设施和周边建筑物、构筑物的安全。对有可能引发通信工程安全隐患的灾害提出防治措施。

（2）设计单位应当按照法律、法规和工程建设强制性标准进行设计，防止因设计不合理导致生产安全事故的发生。

（3）设计单位应当考虑施工安全操作和防护的需要，对涉及施工安全的重点部位和环节在设计文件中注明，并对防范生产安全事故提出指导意见，在设计交底环节就安全风险防范措施向施工单位进行详细说明。

（4）采用新结构、新材料、新工艺的建设工程和特殊结构的建设工程，设计单位应当在设计中提出保障施工作业人员安全和预防生产安全事故的措施建议。

（5）设计单位编制工程概预算时，必须按照相关规定全额列出安全生产费用。

3）施工单位的安全生产责任

（1）施工单位应当设置安全生产管理机构，配备专职安全生产管理人员，建立健全安全生产责任制，制订安全生产规章制度和各通信专业操作规程，建立生产安全事故应急救援预案并定期组织演练。

（2）建立健全安全生产教育培训制度。单位主要负责人、项目负责人和专职安全生产管理人员（以下简称“安管人员”）必须具备与本单位所从事的生产经营活动相应的安全生产知识和管理能力，并应当由通信主管部门对其安全生产知识和管理能力考核合格。

对本单位所有管理人员和作业人员每年至少进行一次安全生产教育培训，保证相关人员具备必要的安全生产知识，熟悉有关的安全生产规章制度和操作规程，掌握本岗位的安全操作技能，了解事故应急处理措施，知悉自身在安全生产方面的权利和义务。未经安全生产教育培训合格的人员不得上岗作业。同时，建立教育和培训情况档案，如实记录安全生产教育培训的时间、内容、参加人员以及考核结果等情况。

使用被派遣劳动者的，应当将被派遣劳动者纳入本单位从业人员统一管理，应对被派遣劳动者进行岗位安全操作规程和安全操作技能的教育和培训。

（3）严格按照工程建设强制性标准和安全生产操作规范进行施工作业。按照国家规定配备安全生产管理人员，施工现场应由安全生产考核合格的人员对安全生产进行监督。工程施工前，项目负责人应组织施工安全技术交底，对施工安全重点部分和环节以及安全施工技术要求和措施向施工作业班组、作业人员进行详细说明，并形成交底记录，由双方签字确认。

（4）建立健全内部安全生产费用管理制度，明确安全费用提取和使用的程序、职责及权限，保证本单位安全生产条件所需资金的投入。

（5）作业人员进入新的岗位或者新的施工现场前，应当接受安全生产教育培训，未经教育培训或者教育培训考核不合格的人员，不得上岗作业。采用新技术、新工艺、新设备、新材料时，应当对作业人员进行相应的安全生产教育培训。登高架设作业人员、电工作业人员等特种作业人员，必须按照国家有关规定经过专门的安全作业培训，并取得特种作业操作资格证书后方可上岗作业。

（6）应当向作业人员提供安全防护用具和安全防护服装，并书面告知危险岗位的操作规程和违章作业的危害。井下、高空、用电作业时必须配备有害气体探测仪、防护绳、防触电等用具。

（7）在施工现场入口处、施工起重机械、临时用电设施、出入通道口、孔洞口、人井口、铁塔底部、有害气体和液体存放处等部位，设置明显的安全警示标识。安全警示标识必须符合国家规定。

（8）在有限空间安全作业，必须严格实行作业审批制度，严禁擅自进入有限空间作业；

必须做到“先通风、再检测、后作业”，严禁通风、检测不合格作业；必须配备个人防中毒窒息等防护装备，设置安全警示标识，严禁无防护监护措施作业；必须制订应急措施，现场配备应急装备，严禁盲目施救。

（9）建立健全生产安全事故隐患排查治理制度，采取技术、管理措施，及时发现并消除事故隐患。事故隐患排查治理情况应当如实记录，并向从业人员通报。

（10）依法参加工伤社会保险，为从业人员缴纳保险费，为施工现场从事危险作业的人员办理意外伤害保险。国家鼓励投保安全生产责任保险。

4）监理单位的安全生产责任

（1）监理单位和监理人员应当按照法律、法规、规章制度、工程建设强制性标准及监理规范实施监理，并对建设工程安全生产承担监理责任。

（2）监理单位应完善安全生产管理制度，建立监理人员安全生产教育培训制度；单位主要负责人、总监理工程师和安全监理人员必须具备与本单位所从事的生产经营活动相应的安全生产知识和管理能力，未经安全生产教育和培训合格不得上岗作业。

（3）监理单位应当按照工程建设强制性标准及相关监理规范的要求编制含有安全监理内容的监理规划和监理实施细则，项目监理机构应配置安全监理人员。

（4）监理单位应当审查施工组织设计中的安全技术措施和危险性较大的分部分项工程安全专项施工方案，是否符合工程建设强制性标准和安全生产操作规范，并对施工现场安全生产情况进行巡视检查。

（5）监理单位在实施监理过程中，发现存在生产安全事故隐患的，应当要求施工单位整改；对情况严重的，应当要求施工单位暂时停止施工，并及时向建设单位报告。施工单位拒不整改或者不停止施工的，工程监理单位应当及时向有关主管部门报告。

2. 工程安全管理组织

（1）新建、改建、扩建工程项目的安全生产设施必须要与主体工程同时设计、同时施工、同时投产使用。

（2）设计会审要有安全部门参加；安全设施建设费用要纳入工程的概预算。

（3）工程监理要严格按安全生产要求实施安全监督和管理。

（4）工程施工要严格按安全生产要求，对施工人员进行安全教育和培训，落实安全防护措施和安全经费，加强施工现场安全管理和检查。

（5）通信、安全生产、保卫等部门和工会，要加强对施工的安全检查监督和参加工程的验收，工程验收时，把消防设施验收作为一项重要的验收内容。凡安全生产和保卫部门未参加验收的，或发现不符合消防要求，而又不整改好的，或施工图纸、资料不全的都不能验收，即使验收了也做不合格处理，财务部门应拒付施工费。验收情况记录资料要归档。

（6）工程监理单位应当审查施工组织设计中的安全措施或者专项施工方案是否符合工程建设强制性标准。工程监理单位在施工监理中，发现存在安全事故隐患的，应当要求施工单位整改；情况严重的，应当要求施工单位暂时停止施工并及时报告建设单位。施工单位拒不整改或者不停止施工的，工程监理单位应当及时向有关主管部门报告。工程监理单位和监理工程师应当按照法律、法规和工程建设强制性标准实施监理，并对建设工程安全生产承担责任。

（7）施工单位在进入机房施工前，必须按安保和维护部门的规定，办理相关手续后才能进入机房实施。必须在节假日进行施工的工程，也必须向相关部门完善手续后方能进行施工。

（8）监理单位在监理工程中除了把好质量和进度关外，还应注意安全管理，特别是设备在线扩容、割接，线路工程中各种线路交越区域，必须进行全过程监理，谨防重大通信事故和人身伤亡事故的发生。

3. 工程安全规定

1）基本规定

根据通信行业标准《通信建设工程安全生产操作规范》（YD 5201—2014）“3 基本规定”的具体条款，施工现场、施工驻地、野外作业、施工现场防火须严格遵守各项强制性要求。

根据通信行业标准《通信建设工程安全生产操作规范》（YD 5201—2014）第3.2.1条要求，在公路、高速公路、铁路、桥梁、通航的河道等特殊地段和城镇交通繁忙、人员密集处施工时，必须设置有关部门规定的警示标识，必要时派专人警戒看守。

根据通信行业标准《通信建设工程安全生产操作规范》（YD 5201—2014）第3.2.8条要求，从事高处作业的施工人员，必须正确使用安全带、安全帽。

根据通信行业标准《通信建设工程安全生产操作规范》（YD 5201—2014）第3.6.6条要求，在光（电）缆进线室、水线房、机房、无（有）人站、木工场地、仓库、林区、草原等处施工时，严禁烟火。施工车辆进入禁火区必须加装排气管防火装置。

根据通信行业标准《通信建设工程安全生产操作规范》（YD 5201—2014）第3.6.8条要求，光（电）缆等各种贯穿物穿越墙壁或楼板时，必须按要求用防火封堵材料封堵洞口。

根据通信行业标准《通信建设工程安全生产操作规范》（YD 5201－2014）第3.6.9条要求，电气设备着火时必须首先切断电源。

2）工器具和仪表相关安全规定

根据通信行业标准《通信建设工程安全生产操作规范》（YD 5201—2014）“4 工器具和仪表”的具体条款，施工过程中工器具和仪表在选择和使用中必须严格遵守各项强制性要求。

根据通信行业标准《通信建设工程安全生产操作规范》（YD 5201—2014）第4.3.9条要求，伸缩梯伸缩长度严禁超过其规定值。在电力线、电力设备下方或危险范围内，严禁使用金属伸缩梯。

根据通信行业标准《通信建设工程安全生产操作规范》（YD 5201—2014）第4.4.1条要求，配发的安全带必须符合国家标准。严禁用一般绳索、电线等代替安全带。

根据通信行业标准《通信建设工程安全生产操作规范》（YD 5201—2014）第4.8.14条要求，严禁用挖掘机运输器材。

根据通信行业标准《通信建设工程安全生产操作规范》（YD 5201—2014）第4.8.19条要求，使用吊车吊装物件时，严禁有人在吊臂下停留或走动，严禁在吊具上或被吊物上站人，严禁用人在吊装物上配重、找平衡。严禁用吊车拖拉物件或车辆。严禁吊拉固定在地面或设备上的物件。

3）器材储运相关安全规定

根据通信行业标准《通信建设工程安全生产操作规范》（YD 5201—2014）“5 器材储

运”第5.5.6条要求，易燃、易爆化学危险品和压缩可燃气体容器等必须按其性质分类放置并保持安全距离。易燃、易爆物必须远离火源和高温。严禁将危险品存放在职工宿舍或办公室内。废弃的易燃、易爆化学危险品必须按照相关部门的有关规定及时清除。

4）通信设备工程相关安全规定

根据通信行业标准《通信建设工程安全生产操作规范》（YD 5201—2014）“8 通信设备工程”第8.1.3条要求，严禁擅自关断运行设备的电源开关。

4. 一般安全要求

通信管道线路工程安全

（1）勘察、复测线路路由时，应对沿线地理、环境等情况进行综合调查，将线路路由上所遇到的河流、铁路、公路及其他线路等情况进行详细记录，熟悉沿线环境，辨识和分析危险源，制订相应的预防和控制措施，并在施工前向作业人员做详细交底。

（2）在路由复测时，不得抛掷标杆；对于××标旗或指挥旗，当遇到行驶中的火车和船只等，应将标旗或指挥旗平放或收起。

（3）通信线路工程中，在挖杆洞、拉线坑、接头坑、人（手）孔坑、光（电）缆沟、管道沟等土方作业时，应按照《通信建设工程安全生产操作规范》（YD 5201—2014）的第7.3.1～7.3.9条、第7.3.11～7.3.18条的规定执行。非开挖顶管、定向钻孔工作应符合《通信建设工程安全生产操作规范》（YD 5201—2014）的第7.7.2～7.7.4条的规定。

（4）布放光（电）缆时应遵守以下规定：

①合理调配作业人员的间距，统一指挥，步调一致，按规定的旗语和号令行动。

②使用专用电缆拖车或千斤顶支撑缆盘。缆盘支撑高度以光（电）缆盘能自由旋转为宜。缆盘应保持水平，防止转动时向一端偏移。

③布放光（电）缆前，缆盘两侧内外壁上的钩钉应清除干净，从缆盘上拆下的护板、铁钉应妥善处置。

④控制缆盘转动的人员应站在缆盘的两侧，不得在缆盘的前转方向背向站立；缆盘的出缆速度应与布放速度一致，缆的张力不宜过大。缆盘不转动时，不得突然用力猛拉。牵引停止时应迅速控制缆盘转速，防止余缆折弯损伤。缆盘控制人员如发现缆盘前倾、侧倾等异常情况，应立即指挥放缆人员暂停，待妥善处理后再恢复布放。

⑤光（电）缆盘“8”字时，“8”字中间重叠点应分散，不得堆放过高，上层不得套住下层，操作人员不得站在“8”字缆圈内。

⑥缆线不得打背扣，不得将缆线在地面或树枝上摩擦、拖拉。

（5）光缆接续、测试时，光纤不得正对眼睛。线路测试或抢修时，应先断开外缆与设备的连接。

（6）地面开挖作业时，要对有塌方危险地段采取安全防护措施。

（7）车辆、行人经过地段，应采取警示措施，并设专人疏导交通，旁站观察。

5. 直埋线路施工安全要求

（1）光（电）缆入沟时不得抛甩，应组织人员从起始端逐段放落，防止腾空或积余。对穿过障碍点及低洼点的悬空缆，应用泥沙袋缓慢压下，不得强行踩落。

（2）对有碍行人、车辆的地段和农村机耕路应采用穿放预埋管，必要时应设临时便桥。

6. 墙壁光（电）缆施工安全要求

（1）墙壁线缆在跨越街巷、院内通道等处时，线缆的最低点距地面高度不得小于4.5 m。

（2）在墙壁上及室内钻孔时，如遇与近距离电力线平行或穿越时，应先停电后再作业。

（3）墙壁线缆与电力线的平行间距不应小于15 cm，交越的垂直间距不应小于5 cm。对有接触摩擦危险隐患的地点，应对墙壁线缆加以保护。

（4）在墙壁钻孔时应用力均匀。铁件对墙加固应牢固、可靠。

（5）收紧墙壁光（电）缆吊线时，应有专人扶梯且轻收慢紧，不应突然用力而导致梯子侧滑摔落。

（6）收紧后的吊线应及时固定，拧紧中间支架的吊线夹板和做吊线终端。

（7）跨越街巷、居民区院内通道地段时，严禁使用吊线坐板方式在墙壁间的吊线上作业。

（8）在人员密集区施工时必须设置安全警示标识，必要时设专人值守。非作业人员不得进入墙壁线缆作业区域。

（9）在登高梯上作业时，不得将梯子架放在住户门口。在不可避免的情况下，应派人监护。

7. 架空线路施工安全要求

1）供电线路附近架空作业

（1）在供电线路附近架空作业时，作业人员必须戴安全帽、绝缘手套，穿绝缘鞋和使用绝缘工具。

（2）在杆路上作业时，应先用试电笔检查该电杆上附挂的线缆、吊线，确认没有带电后再作业。

（3）在通信线路附近有其他线缆时，在没有辨明该线缆使用性质前，一律按电力线处理。

（4）在电力线附近作业，特别是在与电力线合用的电杆上作业时，作业人员应注意与电力线等其他线路保持安全距离。

（5）在高压线附近架空作业时，离高压线的最小距离必须保证：35 kV以下为2.5 m；35 kV以上为4 m。

（6）光（电）缆通过供电线路上方时，必须事先通知供电部门停止送电，确认停电后方可作业，在作业结束前严禁恢复送电。确认不能停电时，必须采取安全架设通过措施，严禁抛掷线缆通过供电线上方。

（7）遇有电力线在线杆顶上交越的特殊情况时，作业人员的头部不得超过杆顶。所用的工具与材料不得接触电力线及其附属设备。

（8）当通信线与电力线接触或电力线落在地面上时，必须立即停止一切有关作业活动，保护现场，立即报告施工项目负责人和指定专业人员排除事故，事故未排除前严禁行人步入危险地带，严禁擅自恢复作业。

（9）在有金属顶棚的建筑物上作业前，应用试电笔检查金属顶棚，确认无电后方可作业。

（10）在电力线上方或下方架设的线缆应及时按设计规定的保护方式进行保护。

2）登（上）杆作业

（1）登杆前应认真检查电杆完好情况，不得攀登有倒杆或折断危险的电杆。

（2）利用上杆钉登杆时，应检查上杆钉安装是否牢固。如有断裂、脱出等情况，不得蹬踩。

（3）使用脚扣登杆作业前应检查脚扣是否完好，当出现橡胶套管（橡胶板）破损、离股、老化，螺丝脱落，弯钩或脚蹬板扭曲、变形、开焊、裂痕，脚扣带坏损等情况时，不得使用。不得用电话线或其他绳索替代脚扣带。

（4）检查脚扣的安全性时，应把脚扣卡在离地面 30 cm 的电杆上，一脚悬起，另一脚套在脚扣上用力踏踩，没有任何受损变形迹象方可使用。

（5）使用脚扣时不得以大代小或以小代大，不得使用木杆脚扣攀登水泥杆，不得使用圆形水泥杆脚扣攀登方形水泥杆。

（6）登杆时应随时观察并避开杆顶周围的障碍物。不得穿硬底鞋、拖鞋登杆。不得两人以上（含两人）同时上下杆。

（7）材料和工具应用工具袋传递，放置稳妥。不得上下抛扔工具和材料，不得携带笨重工具登杆。

（8）若要进行杆上作业，应系好安全带，并扣好安全带保险环。安全带应兜挂在距杆梢 50 cm 以下的位置。

（9）电杆上有人作业时，杆下应有人监护，监护人不得靠近杆根。

3）布放架空光缆

（1）在电力线、公路、铁路、街道等特殊地段布放架空光（电）缆时应进行警示、警戒。在跨越铁路作业前，应调查该地点火车通过的时间及间隔，以确定安全作业时间，并请相关部门协助和配合。在树枝间穿越时，不得使树枝挡压或撑托光（电）缆。光（电）缆在低压电力线上通过时，不得搁在电力线上拖拉。

（2）光（电）缆在行进过程中不应兜磨建筑物，必要时应采取支撑垫物等措施。

（3）在吊线上布放光（电）缆作业前，应检查吊线强度，确保在作业时吊线不致断裂、电杆不致倾斜、吊线卡担不致松脱。

（4）在跨越铁路、公路杆挡安装光（电）缆挂钩和拆除吊线滑轮时严禁使用吊板。

（5）光（电）缆在吊线挂钩前，一端应固定，另一端应将余量曳回，剪断缆线前应先固定。

（6）使用吊板挂放光（电）缆时应遵守以下规定。

①坐板及坐板架应固定牢固，滑轮活动自如，坐板无劈裂、腐朽现象。如吊板上的挂钩已磨损 1/4 时，不得再使用。

②坐吊板时，应佩戴安全带，并将安全带挂在吊线上。

③不得有两人以上同时在一挡内坐吊板工作。

④在电杆与墙壁之间或墙壁与墙壁之间的吊线上，不得使用吊板。

⑤坐吊板过吊线接头时，应使用梯子。经过电杆时，应使用脚扣或梯子，不得爬抱而过。

⑥坐吊板时，如人体上身超过原吊线高度或下垂时人体下身低于原吊线高度时，应与电力线尤其是高压线或者其他障碍物保持安全距离。在吊线周围 0.7 m 以内有电力线时，不得使用吊板作业。

⑦坐吊板作业时，地面应有专人进行滑动牵引或控制保护。

8. 管道光缆施工安全要求

管道光缆作业注意事项

（1）地下室、地下通道、人孔内作业应遵守建设单位及维护部门的地下室进出规定及人孔启闭规定。启闭人孔盖应使用专用钥匙。

（2）地下室、地下通道、人孔内有积水时，应先抽干后再作业。遇有长流水的地下室或人孔，应定时抽水。不得边抽水、边下地下室或人孔内作业。冬季抽水时，应防止路面结冰。在人孔抽水使用发电机时，排气管不得靠近人孔口，应放在人孔下风方向。

（3）雨、雪天作业时，在人孔口上方应设置防雨棚，人孔周围可用砂土或草包铺垫。

（4）进入地下室、地下通道、管道人孔前，必须使用专用气体检测仪器进行气体检测，确认无易燃、易爆、有毒、有害气体并通风后方可进入。作业期间，必须保证通风良好，必须使用专用气体检测仪器进行气体监测。

（5）上下人孔时必须使用梯子，严禁把梯子搭在人孔内的线缆上，严禁踩踏线缆或线缆托架。进入人孔的人员必须正确佩戴全身式安全带、安全帽并系好安全绳。在人孔内作业时，人孔上面必须有人监护。

（6）在地下室、地下通道作业时，作业人员与外面的巡视人员应保持通信畅通，在人孔内作业时，上下人孔的梯子不得撤走。

（7）在地下室、地下通道、管道人孔作业中，若感觉呼吸困难或身体不适，或发现易燃、易爆或有毒、有害气体或其他异常情况时，必须立即呼救并迅速撤离，待查明原因并处理后方可恢复作业。人孔内人员无法自行撤离时，井上监护人员应使用安全绳将人员拉出，未查明原因严禁下井施救。

（8）严禁将易燃、易爆物品带入地下室、地下通道、管道人孔。严禁在地下室、地下通道、管道人孔吸烟、生火取暖、点燃喷灯。在地下室、地下通道、管道人孔内作业时，使用的照明灯具及用电工具必须是防爆灯具及用电工具，必须使用安全电压。

（9）清刷管孔时，应安排作业人员提前进入穿管器前进方向的人孔，进行必要的操作，使穿管器顺利进入设计规定占位的管眼；不得因无人操作而使穿管器在人孔内盘团伤及人孔内原有光（电）缆。

（10）清刷管孔时，不得面对或背对正在清刷的管孔；不得用眼看、手伸进管孔内摸或耳听判断穿管器到来的距离。

（11）机械牵引管道光（电）缆应遵守以下规定。

管道勘测注意的安全问题

①应使用专用牵引车或绞盘车，不得使用汽车或拖拉机直接牵引。

②牵引前应检验井底预埋的 U 形拉环的抗拉强度。

③牵引电缆使用的油丝绳，应定期保养、定期更换。

④牵引绳与电缆端头之间应使用活动“转环”。

⑤井底滑轮的抗拉强度和拴套绳索应符合要求，安放位置应控制在牵引时滑轮水平切线与管眼在同一水平线的位置。

⑥井口滑轮及其安放框架强度应符合要求，纵向尺寸应与井口尺寸匹配。

引入端作业人员的手臂应远离管孔，引出端作业人员应避开井口滑轮、井底滑轮及牵引绳。

9. 线路终端设备安装安全要求

1）安装分纤箱

（1）安装杆上、墙壁上的分纤箱时，安全注意事项参照墙壁光（电）缆安全施工的相关内容。

（2）分纤箱安装完毕后，应及时盖好扣牢，盒盖不得坠落。

2）安装架空式光缆交接箱

（1）必须首先检查H杆是否牢固，如有损坏应换杆。

（2）采用滑轮绳索牵引、吊装交接箱时应拴牢，并用尾绳控制交接，交接箱上升时不得左右晃荡。严禁直接用人扛抬举的方式移置交接箱至平台。

（3）上下交接箱平台时，应使用专置的上杆梯、上杆钉或登高梯。如采用脚扣上杆，应注意脚扣固定位置和杆上铁架。不得徒手攀登和翻越上、下交接箱。

（4）安装架空式交接箱和平台时，必须在施工现场围栏。

3）在通信机房安装光（电）缆成端设备

（1）不得随意触碰正在运行的设备。

（2）走线架上严禁站人或攀踏。

（3）临时用电应经机房人员允许，使用机房维护人员指定的电源和插座。

10. 用电安全要求

（1）施工现场用的各种电气设备必须按规定采取可靠的接地保护，并应由电工专业人员负责电源线的布放和连接。

（2）施工现场用电线路必须按规范架设，应采用绝缘护套导线。

（3）电动工具的绝缘性能、电源线、插头和插座应完好无损，电源线不应任意接长或更换。维修和检查时应由专业人员负责。

（4）检修各类配电箱、开关箱、电气设备和电力工具时，必须切断电源。在总配线箱或者分配线箱一侧悬挂“检修设备请勿合闸”警示标牌，必要时设专人看管。

16.1.6 环境保护

本单项工程采用的光缆通信线路无电磁辐射，无噪声，无污染物产生。对周围环境、人畜无危害，不危及生态平衡，对文物古迹等也不会有任何损害。

直埋光缆作业后，均要对地表进行恢复。对易产生水土流失地段，回填土均进行夯实，并采取适当的保护措施。

16.1.7 需要说明的其他有关问题

1. 对外联系协调工作

本工程小区红线外建设的管道部分，需征得市政等多部门的认可，请建设单位做好对外协调工作，确保城区光缆施工的顺利进行。

2. 施工注意事项

（1）施工单位必须针对本工程施工的特点，建立完善的质量管理和安全管理体制，并在工程施工的全部工序中有效地贯彻和执行；各施工单位负责工程安全的人员必须加强对施工人员及普工的安全教育和管理，千万要杜绝施工事故。

（2）工程施工中，必须严格遵守各项操作规程、国家及行业标准，如《通信线路工程验收规范》（GB 51171—2016）及《光缆线路对地绝缘指标及测试方法》（YD 5012—2003）等。

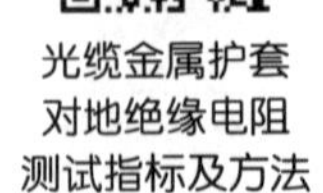

光缆金属护套对地绝缘电阻测试指标及方法

（3）本工程拟建光缆线路沿线的绝大部分地段，目前均有××或其他单位的现有缆线设施，施工时施工单位应与相关维护配合人员密切联系、确认，并采取适当措施，避免发生损伤现有缆线设施等工程事故。

（4）光缆在施工过程中必须严加保护，布放时严禁在地面上拖拉，严禁车轧、人踩、重物冲砸，严防铲伤、划伤、扭折、背扣等人为的损伤。在光缆接续之前务必再进行一次测试和检查，发现问题及时处理。

（5）若光缆单盘长度较长，在各种复杂地形布放时必须严密组织，密切配合，并配备良好的通信联络工具（如无线对讲机、喇叭、口哨等），以保证布缆施工人员的动作协调一致。光缆及接头盒的施工余料转交建设单位。

（6）施工时应明确安全组织措施和责任，并与有关部门签订施工配合协议后方可施工，做到安全、文明施工。

（7）本工程光缆及接头盒的施工余料，交建设单位转维护部门。

3. 其他需说明问题

（1）本工程涉及的部分城区段落管道存在沟通断点问题，请建设单位提前予以梳理并整改维修。

（2）光缆接头位置根据实际施工段落可按需求修改。

（3）落地式光缆交接箱底座基础施工费中包含接地材料及施工费。

（4）因吉林××采用多厂家库存采购方式，只有实际施工领料时才能得知厂家信息，因此本设计不指定光缆等物料厂家。

16.2　工程预算及预算编制

16.2.1　工程概况

中国××吉林公司××年集团客户及家庭宽带接入线路工程，××年吉林地区××小区等10个小区家庭宽带接入工程一阶段设计。

本工程采用FTTH方式，新建小区10个，共计1 928户。新设小区光缆交接箱6个、分光分纤箱96个、光缆分纤箱37个、插片式1∶8光分路器121台、插片式1∶32光分路器3台；新设各种程式光缆24.55皮长公里，光缆芯数为12、24、48芯。总投资约为453 253元。

16.2.2　工程预算

总体预算的投资结构如表16－21所示。

表16－21　总体预算的投资结构

序号	费用项目名称	除税价/元	增值税/元	含税价/元
1	国内需要安装设备费	134 339.00	22 838.00	157 177.00
2	建筑安装工程费	225 158.00	26 674.00	251 832.00
3	工程建设其他费	24 619.00	1 647.00	26 266.00
4	预备费	15 365.00	2 613.00	17 978.00
5	预算总额	399 481.00	53 772.00	453 253.00

16.2.3　预算编制依据

（1）工信部规〔2008〕75号《关于发布“通信建设工程概算、预算编制办法”及相关定额的通知》及附件。

(2) 国家计委、建设部计价格〔2002〕10号《关于发布〈工程勘察设计收费管理规定〉的通知》。

(3) 国家发改委发改价格〔2007〕670号《国家发展改革委、建设部关于印发〈建设工程监理与相关服务收费管理规定〉的通知》及附件。

(4) 根据《中华人民共和国和信息化部关于"调整通信工程安全生产费用计费标准和使用范围"的通知》(工信部通函〔2012〕213号)及《财政部、安全监管总局关于印发"企业安全生产费用提取额和使用管理办法"的通知》(财企〔2012〕16号)的规定。

(5) 工信部通信工程定额质监中心中心造〔2016〕08号《关于营业税改增值税后通信建设工程定额相关内容调整的说明》。

工信部中心造(2016) 08号《关于营业税改增值税后通信建设工程定额相关内容调整的说明》

(6) 吉林××提供的相关取费标准及各类材料价格。

(7) 设计人员现场查勘收集的资料及数据。

16.2.4 其他需要说明的问题

(1) 光缆、光缆接头盒由中国××吉林公司统一采购，列入需要安装的设备费。

(2) 主材不计取运杂费、运输保险费、采购保管费。

(3) 光缆、光缆接头盒等集采物料按照吉林××采购部提供的价格计取，不考虑运杂费、运输保险费、采购保管费。

(4) 不计取施工调遣费、施工生产用水电蒸汽费、运土费、大型施工机械调遣费。

(5) 本工程安全生产费不打折。

(6) 不计取建设用地及综合赔补费、建设单位管理费。

(7) 预备费费率按4%计取。

(8) 根据吉林××工程建设部提供的《2016—2017年通信工程项目勘察设计费取费标准》，有以下费用。

①设计费。

基本设计收费＝标杆工程费(设计费计价基数)×设计费率(3%)×专业调整系数(1.15)×工程复杂程度调整系数(1)×附加调整系数(1.1)×投标折扣(0.47)

②勘察费。

勘察费＝工程勘察实物工作收费基价×实物工作量×附加调整系数(1.1)×投标折扣(0.47)

工程勘察实物工作收费基价表见表16－22。

表16－22 工程勘察实物工作收费基价表

类型	单公里收费基价/(元·km^{-1})
埋式光（电）缆线路、长途架空光（电）缆线路	927
管道光（电）缆线路、市内架空光（电）缆线路	1 219

③监理费。根据吉林××工程建设部提供的《监理费取费标准》。有以下公式，即

监理报酬＝依据发改价格〔2007〕670号文规定取定的计费额×1.6%×投标折扣系数(含税)

④预备费。预备费费率按4%计取。

勘察费（不含税）：12 560 元；

设计费（不含税）：5 892 元；

增值税：（勘察费 + 设计费）×6% =1 107 元。

合计：19 559 元。

16.3 图纸

图纸见附录 C。

任务 17 无线通信基站概预算实例

17.1 设计说明

17.1.1 概述

1. 工程概况

TD－LTE 作为我国主导的新一代移动通信国际技术标准，是 TD－SCDMA 标准的继承、发展和演进。在产业界的共同努力下，经过多年的技术、网络规模试验和商用运行，TD－LTE网络技术、设备及终端已趋于成熟。中国移动经过四期 4G（TD－LTE）网络工程建设，已实现全国各省的乡镇镇区以上区域的连续覆盖和部分农村的热点覆盖，全网人口覆盖率达到98%，行政村覆盖率达到93%，基本实现已开通高铁、地铁、3A 级以上景区的全覆盖。

通过四期工程建设，4G 网络的覆盖范围、网络质量、承载能力和客户感知都得到明显提升，承载数据流量占比由年初的78.1%提升到94.1%，驻留比由95.2%提升到97.8%。

通过四期工程的建设，4G 网络的整体领先优势得到巩固。但同时也面临着来自宏观层面和公司层面的挑战和压力。

1）宏观层面

（1）暂未能获取 LTE FDD 牌照，密集城区室内覆盖和农村覆盖能力短板无法依托低频段资源改善。

（2）竞争压力加大，电信、联通发力建设4G 网络，快速缩小覆盖差距，在个别城市已接近甚至赶超移动 4G 网络。

（3）提速降费不断深入实施，对 4G 网络覆盖水平、容量和下载速率提出了新的要求。

2）公司层面

（1）网络覆盖需进一步满足 VoLTE 业务需求。

（2）宏蜂窝网络架构基本形成，后续建设对多层异构组网提出更大需求，但小微基站建设的规划和评估手段较为缺乏。

（3）网络建设投资效益递减。特别是农村区域广覆盖，进一步向低流量需求区域延伸覆盖的投资收益率问题突出。

在此背景下，中国移动拟予开展 4G 五期工程建设。4G 网络仍将保持一定投资强度，继续围绕“三领先、一确保”的目标，平衡并保持竞争优势，保障客户感知和保证投资效益的关系，由关注网络覆盖领先向关注客户感知领先转变，重点解决“三高一限”等场景客户感知不好的问题，持续巩固整体网络领先优势。

2. 设计依据

（1）中国移动通信设备设计与可行性研究集中采购标段吉林省——无线网（4G）“中标通知书”。

（2）编制的《可行性研究报告》。

（3）中国移动通信集团吉林有限公司关于《可行性研究报告》的批复。

（4）中国移动通信有限公司印发的《关于印发〈中国移动2017年4G无线网建设指导意见〉的通知》（中移有限计〔2017〕16号）。

（5）中国移动通信有限公司印发的《关于印发〈中国移动室内覆盖建设指导意见〉的通知》（中移有限计〔2016〕12号）。

（6）中华人民共和国国家标准《中国地震动参数区划图》（GB 18306—2015）。

《通信建筑工程设计规范》（YD 5003—2014）

（7）中华人民共和国住房和城乡建设部行业标准《混凝土结构加固设计规范》（GB 50367—2013）。

（7）中华人民共和国国家标准《通信局（站）防雷与接地工程设计规范》（GB 50689—2011）。

（8）中华人民共和国国家标准《建筑抗震设计规范》（GB 50011—2010）。

（9）中华人民共和国国家标准《电磁环境控制限值》（GB 8702—2014）。

（10）中华人民共和国国家标准《通信电源设备安装工程验收规范》（GB 51199—2016）。

（11）中华人民共和国工业和信息化部行业标准《通信建筑工程设计规范》（YD 5003—2014）。

（12）中华人民共和国工业和信息化部行业标准《通信建设工程安全生产操作规范》（YD 5201—2014）。

（13）中华人民共和国工业和信息化部行业标准《通信建筑抗震设防分类标准》（YD 5054—2010）。

（14）中华人民共和国工业和信息化部行业标准《通信设备安装抗震设计图集》（YD 5060—2010）。

（15）中华人民共和国工业和信息化部行业标准《通信工程建设环境保护技术暂行规定》（YD 5039—2009）。

（16）中华人民共和国工业和信息化部行业标准《电信基础设施共建共享工程技术暂行规定》（YD 5191—2009）。

（17）中华人民共和国信息产业部行业标准《电信设备安装抗震设计规范》（YD 5059—2005）。

（18）中华人民共和国信息产业部行业标准《电信设备抗地震性能检测规范》（YD 5083—2005）。

（19）原邮电部行业标准《邮电建筑防火设计标准》（YD 5002—1994）。

（20）中华人民共和国工业和信息化部行业标准《数字蜂窝移动通信网 TD－LTE 无线网工程设计暂行规定》（YD/T 5213—2015）。

（21）中华人民共和国工业和信息化部行业标准《数字蜂窝移动通信网 TD－LTE 无线网工程验收暂行规定》（YD/T 5217—2015）。

（22）中华人民共和国信息产业部行业标准《电信机房铁架安装设计标准》（YD/T 5026—2005）。

（23）中华人民共和国住房和城乡建设部行业标准《混凝土结构后锚固技术规程》（JGJ 145—2013）。

（24）中华人民共和国环境保护行业标准《辐射环境保护管理导则—电磁辐射环境影响评价方法与标准》（HJ/T 10.3—1996）。

（25）中国移动企业标准《中国移动 TD－LTE 技术体制》（QC—A—002—2013）。

（26）中国移动企业标准《TD－LTE 移动通信网无线网工程设计规范（V1.0.0）》（QB—J—018—2013）。

（27）中国移动企业标准《中国移动 TD－LTE 无线子系统工程验收规范（V2.0.0）》（QB—G—018—2013）。

（28）中国移动企业标准《TDD 及 WLAN 系统双极化天线设备规范》（QB—A—001—2014）。

（29）中国移动企业标准《基站防雷与接地技术规范》（QB—A—029—2011）。

（30）中国移动企业标准《中国移动通信电源系统工程设计规范》（QB—J—017—2013）。

（31）中国移动通信集团公司印发的《中国移动 4G/3G 网络固定资产投资界面管理办法》（中移计〔2013〕118 号）。

（32）中国移动通信集团公司印发的《关于 4G 网络配置调整和 2G/3G/4G 网络互操作涉及现网网元升级相关工作的通知》（计通〔2013〕645 号）。

（33）中华人民共和国工业和信息化部印发的《工业和信息化部关于分配中国移动通信集团公司 LTE/第四代数字蜂窝移动通信系统（TD－LTE）频率资源的批复》（工信部无函〔2013〕517 号）。

（34）中华人民共和国工业和信息化部印发的《工业和信息化部关于同意给中国移动通信集团公司TD－LTE系统增加分配频率资源的批复》（工信部无函〔2015〕521 号）。

（35）中华人民共和国工业和信息化部印发的《工业和信息化部关于做好 1.8GHz 频段 LTE FDD 与 TDD LTE 网络无线电干扰预防和协调工作的通知》（工信部无函〔2015〕22 号）。

（36）中华人民共和国工业和信息化部印发的《通信建设工程安全生产管理规定》（工信部通信〔2015〕406 号）。

（37）中华人民共和国工业和信息化部印发的《通信网络安全防护管理办法》（工信部令第 11 号）。

（38）现场查勘确认资料。

（39）设备厂家提供的 TD－LTE 设备参数资料。

3. 设计引用强条

本设计引用规范中的强条如表 17－1 所示。

表 17－1　设计引用强条索引表

序号	标准	编号	索引章节
1	《通信局（站）防雷与接地工程设计规范》	GB 50689—2011	第3.1.1条、第3.6.8条、第3.9.1条、第3.14.1条、第4.8.1条、第6.4.3条、第7.4.6条
2	《建筑抗震设计规范》	GB 50011—2010	第1.0.2条
3	《电磁环境控制限值》	GB 8702—2014	第4.1节
4	《通信建设工程安全生产操作规范》	YD 5201—2014	第1章、第2章、第3章、第8章
5	《通信建筑抗震设防分类标准》	YD 5054—2010	第1.0.3条、第3.0.1条、第3.0.2条、第3.0.3条、第4.0.1条
6	《电信设备安装抗震设计规范》	YD 5059—2005	第4.1.1条、第5.2.2条、第5.3.1条、第5.3.2条
7	《通信工程建设环境保护技术暂行规定》	YD 5039—2009	第3.1.2条、第3.1.3条
8	《电信基础设施共建共享工程技术暂行规定》	YD 5191—2009	第1.0.4条
9	《电信设备抗地震性能检测规范》	YD 5083—2005	第1.0.2条
10	《混凝土结构后锚固技术规程》	JGJ 145—2013	第6.1节，6.2节、第6.3节
11	《电气装置安装工程电缆线路施工及验收规范》	GB 50168—2006	第5.1.7条

4. 设计范围

无线网建设方案、无线网主设备安装及工程预算。具体包括无线网络覆盖目标、覆盖区域及物业点选取、建设规模、站址规划、站型配置、频率配置、子帧配置、宏基站天线选择、室内分布信号源的选择及配置、仿真报告、无线网管配置方案等；机房内外无线设备的安装设计，包括室内设备平面布置和调整、与其他设备间相关信号线缆的布放设计、室外天线和室外设备单元安装位置设计（含天馈防雷接地工艺要求）；并提出基站对传输、电源、土建工艺的具体需求。

5. 工程设计及责任分工

本工程主要涉及无线网主设备专业。本工程无线专业与其他配套传输、电源、土建等专业的分工如下。

1）本专业与室内分布系统专业的分工

无线主设备（BBU＋RRU）和室内分布专业分工以基站射频输出端口为分界点，RRU设备射频输出端口之前由无线主设备专业负责，输出端口之后由室内分布专业负责。

2）无线专业与传输专业的分工

以ODF接线端为界，传输专业负责ODF的安装并将传输侧光缆送至ODF，无线专业负责跳接线的布放；BBU设备和PTN设备时间同步接口通过1PPS＋TOD带外方式连接，安装布放由无线专业负责。

3）无线专业与土建专业的分工

无线专业负责提供无线设备对机房、天面、铁塔等的工艺要求或参数要求；土建专业负责基站机房承重鉴定及承重改造设计、屋面塔架（含屋面抱杆）利旧及新建设计、新建基站自建站房设计及租赁站房装修设计、地面塔及基础设计。天线美化费用由土建专业负责。

4）电源专业与基站无线专业的分工

电源专业负责基站内交流配电箱输出端子及电源系统的安装设计，并在高频开关组合电源根据通信专业（无线专业、传输专业）提供的用电负荷和供电回路要求预留直流供电分路。电源专业负责基站室内地线排的安装设计，并在基站室内地线排预留通信设备的接地端子。

BBU、RRU 室内防雷配电设备及其电源线、地线均由通信设备厂家负责提供，施工工日由无线专业负责开列；电源专业负责高频开关组合电源至 BBU、RRU 室内防雷配电设备的路由图的规划设计。

6. 工程规模及主要工程量

本公司 4G 网络五期无线网主设备安装工程本地区工程主要对主城区、一般城区、县城进行优化补点，对乡镇进行新建连续覆盖，对市场业务发展急需的热点农村进行新建覆盖，对部分高数据流量的基站进行扩容。

4G 网络五期无线网主设备安装工程共计新建宏基站 638 个，新增载频 1 742 个；新建微基站 135 个，新增载频 270 个；新增室分基站 278 个，新增载频 278 个；扩容基站 163 个，扩容载频 201 个。

工程完成后将覆盖主城区、一般城区、县城、乡镇及部分农村区域，主要为用户提供中高速承载类数据业务。

本设计为某屯等 71 个宏蜂窝基站设备安装单位工程。本设计共新建 71 个基站，新增 204 个载频。

7. 工程投资

本设计预算含税价总额为 8 194 914. 36 元。其中需要安装设备费 7 140 000. 00 元，建筑安装工程费 577 890. 88 元，工程建设其他费 477 023. 48 元。

本设计预算除税价总额为 7 027 658. 89 元。其中需要安装设备费 6 102 564. 10 元，建筑安装工程费 471 506. 36 元，工程建设其他费 453 588. 43 元。

17. 1. 2　室外基站建设方案

1. 覆盖范围

本地区 4G 五期工程对本地市主城区、一般城区、县城和乡镇进行优化补点，对存在用户需求的村屯进行热点覆盖，对本市区域内的 4 条高速公路进行全路段覆盖，对新建高铁全线进行覆盖。其中城区和县城，共 144. 72 km^2。一阶段设计与可研覆盖目标一致。

2. 频率选择

1）频段选择

经过 4G 一至四期工程的网络建设，本地区已实现县城城区以上区域的连续覆盖以及乡镇农村区域的部分覆盖。对于乡镇以上区域，需根据已建网络频率和网络性能情况，因地制宜地指定频段选择方案。对于农村区域，原则上建议采用 F 频段进行建设。

根据上述原则，为了有利于网络的健康发展，便于后期优化，吉林地区县城以上延用前四期的频率方案，即主城区采用 D 频段组网，一般城区、县城、乡镇采用 F 频段组网，高速、农村及景区也采用 F 频段组网。

2）频点设置

根据《工业和信息化部关于分配中国移动通信集团公司 LTE/第四代数字蜂窝移动通信系统（TD - LTE）频率资源的批复》（工信部无函〔2013〕517 号）和《工业和信息化部关于同意给中国移动通信集团公司 TD - LTE 系统增加分配频率资源的批复》（工信部无函〔2015〕521 号），安装公司 4G 网络可用频率包括 F 频段（1 885 ~ 1 915 MHz）、D 频段（2 575 ~ 2 635 MHz）、E 频段（2 320 ~ 2 370 MHz）。其中 E 频段（2 320 ~ 2 370 MHz）仅限于室内网络使用。同时，为了进一步提高 1. 8 GHz 频段 LTE FDD 和 TDD 网络间的兼容性，保证 LTE 混合组网试验以及后续网络的顺利进行，工业和信息化部下发了《工业和信息化部关于做好 1. 8GHz 频率 LTE FDD 和 TDD 网络无线电干扰预防和协调工作的通知》。为此，五期工程中新建的 F 频段设备将支持 1 885 ~ 1 915 MHz。

（1）为了保证网络结构的稳定性，便于后续扩容，4G 室外宏基站按照同频组网进行网络规划；对于 4G 室外微基站优先采用异频。

（2）城区覆盖区域，需保持与原有网络频率使用方案相协同；乡镇、农村等区域原则上采用 F 频段进行覆盖。

（3）为了保障网络质量，4G 网络室外使用 F 频段和 D 频段，室内原则上使用 E 频段，室内外异频组网，具体频点使用方式如下。

F 频段：考虑到其他运营商新设的 1 800 MHz 频段 LTE FDD 基站，在 1 880 ~ 1 885 MHz 频段已没有带外保护要求，可能会造成使用该 5 MHz 频段的 TD - LTE 系统受到严重干扰。为避免干扰，公司 TD - LTE 系统 F 频段的使用频率调整至 1 885 ~ 1 915 MHz。可用频率带宽为 30 MHz，包括一个 20 MHz 频点（1 885 ~ 1 905 MHz）和一个 10 MHz 频点（1 905 ~ 1 915 MHz），用于室外宏基站覆盖或封闭室内场景（如地铁）的覆盖。

D 频段：可用频率带宽为 60 MHz，3 个可用频点。两个频点用于室外宏基站进行蜂窝组网，一个频点用于补盲、补弱。

E 频段：可用频率带宽为 50 MHz 带宽。为了尽可能减少 4G 网络对 WLAN 的干扰，本期工程 4G 网络优先使用低端频点 2 320 ~ 2 340 MHz。大型运动场馆等开阔场景使用 E 频段异频组网。

3. 分区域、分站型建设方案

1）城区宏基站建设方案

根据总体建设要求，连续覆盖区域需进一步完善优化城市和县城的连续覆盖，实现乡镇的连续覆盖。根据本地网的网络实际情况，从新建区域、弱覆盖补点、网络结构调整、频率配置等多方面对网络建设需求和建设方案进行分析。

吉林地区 4G 五期城区共计需求 104 个宏基站，包含以下几个方面建设需求。

（1）4G 已建区域网络弱覆盖分析。通过 MR 数据对吉林地区弱覆盖小区占比的分析，吉林地区弱覆盖小区比例为 19. 14%，超过全省平均值，说明深度覆盖仍有不足。

通过 MR 数据中对吉林地区 4G 站点的弱覆盖采样点分析，吉林地区弱覆盖采样点比例为 9. 66%。

（2）网络结构调整建设需求。选址难、建设难一直是无法回避的问题，这些因素导致很多理想的规划无法落地，实际建成的效果和规划偏差较大，出现了很多网络结构不合理的区域。本期工程将通过现场测试分析来确定需要补点的建设方案。

某胡同附近弱覆盖。该测试点的主服务小区为“药材公司”基站，周边基站“妇幼保健院”“银龙大厦”站间距 300 m 左右，由于弱覆盖区域内建筑物较密集，且为多层建筑，信号损耗大，建议用小基站解决覆盖问题。

2）县城宏基站建设方案

4G 五期县城共计需求 11 个宏基站。

3）乡镇宏基站建设方案

根据建设指导意见，4G 五期应实现对乡镇区域的连续覆盖。

4G 五期工程将实现乡镇镇区内的连续覆盖，共建设 14 个基站，实现乡镇的连续覆盖。

对于规模较大的乡镇，根据 F 频段传播性能，乡镇结构参照县城考虑，平均站间距控制在 900 ~1 200 m，站高控制在 30 ~35 m；中等规模乡镇根据原有 2G 站址位置合理布局。

对于只有一个基站且后期没有新建需求的小规模乡镇，天线挂高可参考 2G 共址站现状及铁塔剩余平台情况。乡镇区域覆盖示意图如图 17 –1 所示。

规模较大乡镇，平均站间距控制在900~1200 m

中等规模乡镇根据原有2G站址位置合理布局

小规模乡镇主要考虑现有基站情况

乡镇房屋以多层、平房为主

图 17 –1　乡镇区域覆盖

4）农村宏基站建设方案

（1）农村基本情况。

吉林地区基本可以实现农村的 2G 网络覆盖。农村 2G 基站的数据流量分布情况呈现比较明显的“二八原则”，数量占比较少的数据业务热点基站贡献了较大比例的数据流量。考虑到农村地域广大、人口分布相对稀疏的现实，在综合网络建设能力、投资效益、未来技术演进路线等多方面考虑后，本期工程 TD－LTE 建设对农村采取“数据业务热点覆盖”的建设策略。

（2）农村 TD－LTE 基站覆盖能力。

基站覆盖能力与链路预算直接相关，具体来说与信号频段、基站高度、发射功率、天线类型、业务类型及边缘速率要求、传播模型等因素均密切相关。

在频段选择上，考虑到 F 频段频率低于 D 频段，空间传播损耗较小，而农村现有 2G 基站的密度小于城区，一般为覆盖受限场景，因此选择 F 频段覆盖农村。

考虑到农村和城区在覆盖目标（农村为“数据业务热点覆盖”，城区为“连续覆盖”）、信号传播环境（农村建筑物相对低矮，信号干扰小等）方面的区别，在链路预算的“覆盖概率”“阴影衰落方差”“干扰余量”“穿透损耗”的参数取值上农村和城区有所差异，农村链路预算的最大允许空间损耗大于城区。

本期工程中，以 COST231－Hata 模型为基础，对实际农村传播模型进行了校正测试。以影响信号传播的地形因素为主要标准，基本可以把农村分为平原、丘陵、山地 3 种地形。经过模型校正，对于典型站高下的 TD－LTE（F 频段）基站，不同地形场景下的基站覆盖能力如表 17－2 所示。

表 17－2　不同地形场景下的基站覆盖能力

场景	子场景	覆盖半径建议取值/km
农村平原	旱地	1.8～2.1
	水稻田*	3.4～3.9
农村丘陵	天线挂高明显高于丘陵起伏度	1.7～2
	天线挂高与丘陵起伏度相当	1.5～1.7
	天线挂高明显低于丘陵起伏度	1.2～1.5
农村山区	信号被大山全阻挡	无法覆盖山后
	信号被山半遮挡	仅一次半遮挡且半径不大于 1
	基站位于高山上，视距传播	2.2～2.7

注：*指常年均为水稻田环境。

（3）农村 TD－LTE 热点覆盖目标与建设规模。

本期工程农村 TD－LTE 建设综合考虑投资效益，优先进行热点覆盖，同时兼顾行政村覆盖。

根据不同场景的农村基站覆盖能力，以及本市各县农村的主要地形，估算对不同方案下的 4G 农村宏基站建设情况如表 17－3 所示。

经综合评估，本期工程将覆盖 2G 日均数据流量 450 MB 以上的农村业务热点区域，将建设农村 4G 基站 509 个，农村 4G 基站新址比例 99.2%。本期工程建成后，行政村覆盖率达到 89.47%，农村人口覆盖率达到 92.32%。

表 17－3　不同业务热点目标下的建设需求统计

方案	覆盖农村数据热点标准	五期农村 4G 基站建设数量/个	五期后农村 4G 基站到达数量/个	行政村覆盖率/%	农村人口覆盖率/%
高方案	450 MB 以上	509	1 671	89.47%	92.32%
中方案	500 MB 以上	322	1 484	84.25%	86.42%
低方案	600 MB 以上	188	1 350	82.62%	84.12%

4. 站址设置方案

1）站址设置原则

（1）坚持“以终为始、质量第一”的原则，为保障网络结构合理和架构稳定，在一、二类重点城市的主城区，要按照 F/D 频段混合组网、同步规划的原则进行站址的统筹规划，确保无线网络结构在未来 2～3 年原则上不做大的调整。

（2）对现网站址结构进行认真细致的评估，网络结构分析确认可共址建设的站点应充分利用现有资源，降低工程投资；对于网络结构分析不合理的站点应通过天馈调整、新选站址或异频插花组网方式来解决，以保证网络性能。

（3）为了保证网络质量，对于本期工程新建基站，原则上应尽量采用 8 通道天线，并在条件具备的情况下尽可能采用独立天馈系统。

（4）对于确有覆盖需求而现网没有物理站点的区域，采用新选站址方式进行覆盖。

（5）具体的站址选择应满足以下要求。

①满足覆盖和容量要求。参考链路预算的计算值，充分考虑基站的有效覆盖范围，使系统满足覆盖目标的要求，充分保证重要区域和用户密集区的覆盖。在进行站点选择时应进行需求预测，将基站设置在真正有话务和数据业务需求的地区。

②满足网络结构要求。基站站址在目标覆盖区内尽可能平均分布，尽量符合蜂窝网络结构的要求，一般要求基站站址分布与标准蜂窝结构的偏差应小于站间距的 1/4。在具体落实时注意以下几个方面。

a. 在不影响基站布局的情况下，视具体情况尽量选择现有设施，以减少建设成本和周期。

b. 原则上应避免选取对于网络性能影响较大的已有高站（站高大于 50 m 或站高高于周边建筑物 15 m），并通过在周边新选址或选用多个替换站点等方式保证取消高站后的覆盖质量，或选用大下倾角天线控制覆盖范围。

c. 在市区楼群中选址时，可利用建筑物的高度，实现网络层次结构的划分。

d. 市区边缘或郊区海拔很高的山峰（与市区海拔高度相差 100 m 以上），一般不考虑作为站址，一是为便于控制覆盖范围和干扰，二是为了减少工程建设和后期维护的难度。

e. 避免将小区边缘设置在用户密集区，良好的覆盖是有且仅有一个主力覆盖小区。

③避免周围环境对网络质量产生影响。天线高度在覆盖范围内基本保持一致，不宜过高，且要求天线主瓣方向无明显阻挡，同时在选择站址时还应注意以下几个方面。

a. 新建基站应建在交通方便、市电可用、环境安全的地方，避免在大功率无线电发射台、雷达站或其他干扰源附近建站。

b. 新建基站应设在远离树林处，以避免信号的快速衰落。

c. 在山区、丘陵城市及有高层玻璃幕墙建筑的环境中选址时要注意信号反射及衍射的影响。

2）站址设置方案

本设计根据网络覆盖要求以及站址设置原则，结合实地勘察情况，并考虑深度覆盖效果等情况，给出具体站点设置方案。鉴于篇幅限制，针对站址设置方案进行了归纳总结。

5. 站型配置

本期新建室外基站以覆盖为主要目标，宏基站配置以 S111 为主，单载频带宽建议配置 20 MHz。室外微基站配置以每扇区 1 载频为主，单载频带宽建议配置 20 MHz，扇区数根据微基站覆盖范围确定。

根据集团公司 4G 五期工程方案审核及批复精神，TD－LTE 小区同频第二载频以上建设，以及同址异频基站建设均作为扩容需求。

6. 子帧规划

工信部正式明确了各运营商 4G（TD－LTE）的频率分配方案，D 频段是按照运营商间不留间隔的方式进行频率分配的。为了避免交叉时隙干扰，各运营商 D 频段的子帧配置需保持一致。经总部研究决定，安装公司 4G 网络 D 频段子帧统一设置为 1UL：3DL（10：2：2）。同时为了减少终端的异频段测量时间，改善客户感知，F 频段、D 频段应保持帧同步，即帧头对齐。各频段具体配置如下。

F 频段业务子帧配置为 3DL：1UL。特殊子帧配置：在同一覆盖区域，当 TDS 和 TDL 同厂家且为华为、中兴或者大唐时，特殊子帧配置为 9：3：2，与其他覆盖区域交界处配置为 6：6：2；当 TDL 厂家为烽火、新邮通自研设备时，特殊子帧配置为 3：9：2；其他情况特殊子帧全部配置为 6：6：2。

D 频段业务子帧配置为 1：3，特殊子帧配置为 10：2：2。

7. 规模数量

本单位工程共包括宏蜂窝基站 71 个，均为新建基站。共配置 S111 基站 62 个、S11 基站 9 个，新增宏基站载波 204 个。主设备由中兴和华为厂商提供。本单位工程的基站主要分布在一般城区、县城、乡镇和农村。

与可研批复相比，一阶段设计建设数量同可研批复不存在差异。本单位工程宏蜂窝基站规模配置如表 17－4 所示。

表 17－4　本单位工程宏蜂窝基站规模配置表

	场景类型	覆盖面积/km^2	S1 站型数量/个	S11 站型数量/个	S111 站型数量/个	工作频段	宏蜂窝基站总数/个	宏蜂窝基站载频总数/个	新建基站数/个	共站率/%
可研方案	一般城区			1	10	F	11	32	11	0
	县城				1	F	1	3	1	0
	乡镇				1	F	1	3	1	0
	农村			8	50	F	58	166	58	0
	合计			9	62	0	71	204	71	0

续表

	场景类型	覆盖面积/km²	S1 站型数量/个	S11 站型数量/个	S111 站型数量/个	工作频段	宏蜂窝基站总数/个	宏蜂窝基站载频总数/个	新建基站数/个	共站率/%
设计方案	一般城区			1	10	F	11	32	11	0
	县城				1	F	1	3	1	0
	乡镇				1	F	1	3	1	0
	农村			8	50	F	58	166	58	0
	合计			9	62	0	71	204	71	0
设计与可研对比				一致	一致	一致	一致	一致	一致	一致

8. 天线设置

宏基站天线选型和使用应能够满足本期工程网络建设的需求，在此基础上考虑4G网络扩容及技术演进的需求，并积极探索针对特殊覆盖场景、特殊工程建设需求的创新解决方案。

(1) 以八通道天线为主，二通道天线主要用于密集城区的补盲建设。

(2) 为了保障良好的网络质量和性能，在具备条件的情况下，原则上4G网络基站应尽可能采用独立天馈系统。新增天馈确实困难的站址可采用具备独立电调功能的天线。

(3) 应与现有天馈系统协同考虑，避免对现网系统产生明显影响。合路建设时应考虑与拟合路系统的覆盖一致性要求及覆盖收缩。降低合路天线对后续维护优化工作的影响和限制。独立建设时应保证空间隔离度以满足系统共存要求。

(4) 在满足本期网络部署需求的基础上，应适当考虑4G网络扩容和技术演进的需求。潜在容量站点应为F、D多载频部署预留天线位置或天线共用条件。

(5) 优先采用集团集采的天线类型，不在集团集采范围内的小型化天线及美化天线等应在中国移动企标范围内选择，且性能指标须满足要求。

(6) 本期新增的微基站，应根据其应用场景和受限因素，选择天线形态适宜（内置或外置，尺寸符合安装要求）、增益及半功率角合适的双通道天线。

(7) 在保证整体网络覆盖的前提下，针对一些特殊覆盖场景和特殊建设需求场景，探索使用新型天线。例如，某些需要提升覆盖能力的农村站点，采用相对高增益的FA窄频智能天线；高铁场景，采用水平波束更窄、增益更高的双通道天线；使用“近处打”方式进行居民楼深度覆盖的，采用垂直半功率角更宽的天线等。

根据基站资源排查情况，本工程吉林地区有638个新建宏基站采用新建独立天馈方式，本工程基站使用各类型天线具体规模见表17－5。

本工程项目设计共71个基站，均采用新建独立天馈方式，采用204面FAD频段智能天线。

9. 主要工程量

本单位工程安装71个TD－LTE宏蜂窝基站的设备及天馈系统。主要安装工作量汇总见表17－6。

表 17-5　基站天线设置表

区域	八通道普通天线（支持 FAD 频段，独立天馈）/站	八通道高增益天线（支持 FAD 频段，独立天馈）/站	八通道普通天线（支持 FA/D 频段，共天馈）/站	八通道高增益天线（支持 FA/D 频段，共天馈）/站	17dBi 双通道双频独立电调天线/站	八通道美化天线（支持 FAD 频段，独立天馈）/站	八通道高增益美化天线（支持 FAD 频段，独立天馈）/站
主城区	6						
一般城区	98						
县城	11						
乡镇		14					
农村		509					
景区							
高铁							
合计	115	523					

表 17-6　宏蜂窝基站主要安装工程量总表

项目	数量	项目	数量
安装落地式基站设备/架	7	安装 RRU/个	204
新增 EPU02D/DCPD7/个	64	安装普通定向天线/副	204
安装嵌入式基站设备/个	64	安装 GPS 天线/副	71
安装室外型基站设备/个		布放 GPS 馈线/m	2 130
布放 BBU-PTN 光纤/m	1 688	布放光缆/m	10 395
布放电源线/m	14 140	布放射频同轴电缆 1/2 in/条	1 836
安装美化天线/副		安装集束电缆/m	

17.1.3　主要参数设置方案

1. PCI 设置

PCI（Physical Cell ID.）是标识小区的物理小区识别码，每一个小区都有一个 PCI 与之相对应。TD-LTE 系统共有 504 个 PCI，取值范围为 0~503，采用模 3 方式分成 168 组，每组包含 3 个小区 ID。

PCI 规划可由规划软件实现。为避免出现未来网络扩容引起 PCI 冲突问题，应适当预留物理小区标识资源。

PCI 规划应遵循以下原则。

①不冲突原则：保证同频相邻小区之间的 PCI 不同。

②不混淆原则：同站 3 个小区配置不同的 PCI 模 3；相邻小区之间应尽量选择干扰最优的 PCI 值，即邻站（干扰大的小区间）尽量配置不同的 PCI 模 3 和 PCI 模 30。

③最优化原则：保证同 PCI 的小区具有足够的复用距离。

④对于异频段组网的，各频段可独立规划 PCI。

⑤若后续考虑扩容和小型化基站等应用，应进行 PCI 资源的预留。

对异厂家的边界进行 PCI 规划时，为了避免 PCI 冲突，可以参照以下 3 种方法规划。

①统一进行全网的 PCI 规划，可避免边界 PCI 冲突。

②A 厂家先规划，然后 B 厂家再锁定 A 厂家的 PCI 规划结果，规划 B 厂家的 PCI，可避免边界 PCI 冲突，具体由省公司相关部门统一协调实施。

③在厂家的边界区域各自划分 2 ~5 km 的边界地带，两个厂家的边界地带 PCI 可用范围分开使用，避免 PCI 冲突。

推荐使用第一种方法避免异厂家边界的 PCI 冲突，对于边界新增站点或者新增小区的 PCI 规划，或者修改厂家 A 或 B 的边界小区 PCI 时，必须同时知会厂家 A 和 B，双方进行 PCI 冲突核查。

2. TA 及 TA list 设置

1）设置原则

在规划和部署 TA/TA list 时，应遵循以下原则。

（1）考虑厂家实现及组网情况，TA list 初期暂按一个 TA 考虑。

（2）为便于网络管理，应避免 TA 跨厂家设置。

（3）为保证 CSFB 被叫接通性能，TA 边界不能跨 MSC POOL。

（4）对于 POOL 内部，可按照 TA 寻呼能力进行规划（初步建议密集城区 TA 包含的小区数目不超过 800 个，一般城区 TA 包含的小区数目不超过 2 000 个，并根据室分和微蜂窝建设情况适当调整），若考虑更好的语音回落性能，建议 TA 参照 LA 覆盖范围进行规划。

（5）对于 POOL 边界，应严格保证 TA 和 LA 在同区域的对应关系，保证无线边缘对齐，避免寻呼失败。

2）设置方案

TA list（跟踪区标识）由三部分组成，即 MCC + MNC + TAC。

TD－LTE 网络的 MCC 和 MNC 码段与 GSM/TD－SCDMA 网络共用，MCC 设置为 460，MNC 设置为 00。

TAC 是跟踪区号码，为一个 2 字节的十六进制编码，表示为 X1X2X3X4，取值范围为 0x0000 ~0xFFFF（0 ~65 535）。全部为 0 的编码不用。

TAC 码号的规划与 LAC 的规划分配统一，X1X2 由中国移动集团公司总部统一分配，X3X4 由各省自行分配。

3）邻区规划原则

（1）建网初期邻区规划的策略重点在于增加邻区，以保证基本的网络性能。后续根据实际需求增减邻区。

（2）在邻区设置中保证合理的邻区列表长度，尽量保证信号最好的邻小区添加在邻区列表中，避免不必要的冗余邻区关系。

（3）邻区初始规划应以网络仿真数据为基础依据，对于同频段高比例升级的场景可以原 TD－SCDMA 网络邻区规划现状为基础，在网络建成后主要采取以 MR、扫频数据和地理信息相结合的方式，完善邻区列表。

（4）地理位置上直接相邻的小区一般要作为邻区，即第一层邻区都应该在邻区列表中。

（5）邻区一般要求互配，即 A 扇区载频把 B 扇区作为邻区，B 也要把 A 作为邻区。在一些特殊场合，可能要求配置单向邻区，如高层室内覆盖与室外宏小区配置室外到室内小区的单向邻区。

（6）当 TD－LTE 邻区为 F/D 共站时，为控制邻区数量，优先配置 F 邻区，同时还需考虑 F/D 小区话务均衡和容量的情况。

（7）在 4G 建网初期，应合理配置异系统邻区以保证用户业务体验的连续性。针对 4G 网络与现有 GSM、TD－SCDMA 网络数据业务及话音业务的互操作策略配置邻区。

（8）当 GSM 邻区 GSM900/DCS1800 共站时，为控制邻区数量，优先配置 GSM900 邻区，同时还需考虑 GSM900/DCS1800 话务均衡和容量的情况，壅塞的 DCS1800 小区尽量不要配置。

3. 基站标识（eNodeB－ID）

eNodeB－ID 为 20 bit 长度，可用 X1X2X3X4X5（X1～X5 均为 4 bit 长）表示，取值范围为 0x00000～0xFFFFF，全部为 0 的编码不用。X1 和 X2 由集团统一分配，X3～X5 由省里自行分配。省公司在有新的 eNodeB－ID 资源需求时按照网络部相关流程进行申请。

2014 年 11 月，为支撑 LTE 网络三期建设，克服现有 eNodeB－ID 码号资源短缺的情况，集团对现有的 eNodeB－ID 资源进行扩充。根据集团建议，拟采用四色原则通过省间复用且相邻省不复用的方式进行再分配，可确保省内和相邻省 eNodeB－ID（20 位）不同，从而保证在切换中不存在问题。同时，为满足全网 LTE Cell－ID（共 28 位，Cell－ID＝eNodeB－ID（20 bit）＋Sector－ID（8 bit））的唯一性，eNodeB 复用后需将前期 Sector－ID 的前两位统一设置的“00”，修改为“10”，从而保证定位等业务层面不存在问题，请分配到复用号段的省份务必将 Cell－ID 中后 8 位的 Sector－ID 的前两位置为“10”，Sector－ID 的后 6 位仍由省内自行分配。吉林省本期工程不涉及 eNodeB－ID 资源扩充。

4. 小区标识（ECGI）

小区标识（ECGI）用于在无线网络子系统中唯一地识别一个小区。

ECGI＝eNodeB－ID＋Cell－ID，为 28 bit 长度，前 20 bit 为 eNodeB－ID 的值，后 8 bit 为 Cell－ID 的值，其取值范围为 0x0000000～0xFFFFFFF。eNodeB－ID 值的设置参见上文，根据分工界面 Cell－ID 的值由省网优中心统一分配。

5. IP 地址设置

TD－LTE 基站采用网管与业务地址分离的原则，每个基站分配两个 IP 地址，一个用于网管，另一个用于业务和控制（S1/X2），且两个 IP 地址属于不同的网段。

网管地址由各省按照省内网管网地址自行规划，用于 eNodeB 与省网管互联，可分省复用，全网统一规划两个 B 的地址用户网管互联，具体为 100.92.0.0/16～100.93.0.0/16 共两个 B 的地址段。

各地市业务地址规划中，每个地市公司分配 N 个连续的 C 类地址，以保证在地市出口能够聚合为一条 X.Y.Q.H/M（$16 \leqslant M \leqslant 24$）的路由，具体的地市分配规则由各省网优中心统筹考虑。每个地市核心层 PTN 节点只发布基站汇聚后的路由，省会核心层 PTN 节点发布基站汇聚和核心网汇聚路由。

随着 TD－LTE 网络的建设、优化和运营，TD－LTE 网络日益成熟，新技术不断引入，重点无线优化参数也逐步完善，可分为以下七大类。

①功率控制类参数。

②Band41 引入后相关参数。

③移动性管理类参数。

④邻区及互操作参数。

⑤CSFB 开关及 DRX 节电类参数配置。

⑥接入类参数。

⑦HARQ 参数。

《中国移动 TD－LTE 重点优化参数配置指导手册》

无线参数需要根据每个小区的无线环境及业务需求制订，此处将常规场景下的参数配置原则总结如下，详细的参数配置原则可参见集团网络部下发的材料《中国移动 TD－LTE 重点优化参数配置指导手册（2015 年更新）》。

1）功率控制类参数

功率控制类参数如表 17－7 所示。

表 17－7　功率控制类参数表

类别	参数英文名	中文含义	对网络质量的影响	室分取值建议	一般宏站及高速取值建议
功率配置参数	Pb	天线端口信号功率比	Pb 取值越大，RS 功率在原来的基础上抬升得越高，能获得更好的信道估计性能，增强 PDSCH 的解调性能，但同时减少了 PDSCH（Type B）的发射功率，合适的 Pb 取值可以改善边缘用户速率，提高小区覆盖性能	1（单天线配置为 0）	1
	Pa	不含 CRS 的符号上 PDSCH 的 RE 功率与 CRS 的 RE 功率比	在 CRS 功率一定的情况下，增大该参数会增大数据 RE 功率	－3（单天线配置为 0）	－3
PRACH 功率控制	Preamble-Initial Received TargetPower	初始接收目标功率/dBm	该参数的设置和调整需要结合实际系统中的测量来进行。该参数设置得偏高，会增加本小区的吞吐量，但是会降低整网的吞吐量；设置偏低，可降低对邻区的干扰，导致本小区的吞吐量降低，提高整网吞吐量	－100 ~ －104	－100 ~ －104
	Preamble TransMax	前导码最大传输次数	最大传输次数设置得越大，随机接入的成功率越高，但是会增加对邻区的干扰；最大传输次数设置得越小，存在上行干扰的场景随机接入的成功率越低，但是会减小对邻区的干扰	n8，n10	n8，n10
	Power Ramping Step	功率调整步长	调整后保证 UE 接入成功率。该参数设置得偏高，会增加本小区的吞吐量，但是会降低整网的吞吐量；设置偏低，可降低对邻区的干扰，导致本小区的吞吐量降低，提高整网吞吐量	dB2，dB4	dB2，dB4
	P－max	UE 最大发射功率/dBm	基本配置参数，若 UE 发射功率偏低，会导致随机接入失败概率增加	23	23

续表

类别	参数英文名	中文含义	对网络质量的影响	室分取值建议	一般宏站及高速取值建议
PUCCH功率控制	P0 - Nominal PUCCH	PUCCH 标称 P0 值/dBm	该参数的设置和调整需要结合实际系统中的测量来进行。P0 - Nominal PUCCH 设置得过高，会增加本小区的吞吐量，但是会降低整网的吞吐量；P0 - Nominal PUCCH 设置偏低，可降低对邻区的干扰，导致本小区的吞吐量降低，提高整网吞吐量。	-100 ~ -105（同时要求：须开启上行 PUCCH 闭环功控）	-100 ~ -105（同时要求：须开启上行 PUCCH 闭环功控）
	deltaF - PUCCH - Format 1	PUCCH 格式 1 的偏置	增大该值，可以增加 PUCCH 发射功率，会增加本小区的吞吐量，但是会降低整网的吞吐量；减小该值，可降低对邻区的干扰，导致本小区的吞吐量降低，提高整网吞吐量	0	0
	deltaF - PUCCH - Format 1b	PUCCH 格式 1b 的偏置	增大该值，可以增加 PUCCH 发射功率，会增加本小区的吞吐量，但是会降低整网的吞吐量；减小该值，可降低对邻区的干扰，导致本小区的吞吐量降低，提高整网吞吐量	3	3
	deltaF - PUCCH - Format 2	PUCCH 格式 2 的偏置	增大该值，可以增加 PUCCH 发射功率，会增加本小区的吞吐量，但是会降低整网的吞吐量；减小该值，可降低对邻区的干扰，导致本小区的吞吐量降低，提高整网吞吐量	1	1
	deltaF - PUCCH - Format 2a	PUCCH 格式 2a 的偏置	增大该值，可以增加 PUCCH 发射功率，会增加本小区的吞吐量，但是会降低整网的吞吐量；减小该值，可降低对邻区的干扰，导致本小区的吞吐量降低，提高整网吞吐量	2	2
	deltaF - PUCCH - Format 2b	PUCCH 格式 2b 的偏置	增大该值，可以增加 PUCCH 发射功率，会增加本小区的吞吐量，但是会降低整网的吞吐量；减小该值，可降低对邻区的干扰，导致本小区的吞吐量降低，提高整网吞吐量	2	2
PUSCH功率控制	Alpha	部分路损补偿系数	配置时需要考虑网络的平均吞吐量和边缘速率，选择一个最佳的 Alpha，如果需要保证本小区的吞吐量性能，将 Alpha 设置得相对较大；如果需要保证整网吞吐量的性能，将 Alpha 设置得相对较小	0.8（同时要求：须开启上行 PUSCH 闭环功控）	0.8（同时要求：须开启上行 PUSCH 闭环功控）

续表

类别	参数英文名	中文含义	对网络质量的影响	室分取值建议	一般宏站及高速取值建议
PUSCH功率控制	P0 - Nominal PUSCH	非持续调度期望功率	该值设置得偏高，则会增加本基站级的吞吐量，同时增加了对邻区的干扰，但是会降低整网的吞吐量；该值设置偏低，可降低对邻区的干扰，但是会导致本基站级的吞吐量降低	-87（同时要求：须开启上行PUSCH闭环功控）	-87（同时要求：须开启上行PUSCH闭环功控）
	deltaMCS - Enabled	是否根据不同MCS格式的差异调整UE发射功率的开关	KS=0，只能通过闭环TPC命令调整发射功率；KS = 1.25，可以通过调度选择不同的MCS方式来调整发射功率，快速自适应信道变化，提高基站级吞吐量	en0	en0

2）Band41引入后相关参数

（1）4G mFBI（多频段指示）参数配置建议。

Band38和Band41重叠（2 575～2 620 MHz）的D频段小区，为支持终端在4G小区驻留及系统内重选，SIB1中配置主频段工作在Band38，辅频段指示Band41；作为异频邻区，SIB5中按Band38的EARFCN配置异频频点，辅频段指示Band41。连接态无须额外配置相关参数。驻留及重选相关参数配置建议如表17-8所示。

表17-8　mFBI（多频段指示）参数配置建议

系统消息	中文名称	英文名称	取值范围	参数配置建议
SIB1	主频段指示（FBI）	freqBandIndicator	INTEGER（1～64）	38
	辅频段指示（eFBI）	MultiBandInfoList	SEQUENCE（SIZE（1～maxMultiBands））OF FreqBandIndicator	{41}
SIB5	异频频点	dl - CarrierFreq	INTEGER（0～65 535）	37 800～38 200
	异频辅频段指示	MultiBandInfoList	SEQUENCE（SIZE（1～maxMultiBands））OF FreqBandIndicator	{41}

（2）Band41引入后2G邻区配置指导建议。

针对Band38和Band41重叠频谱（2 575～2 620 MHz）的4G邻区，2G到4G互操作采用双频点方案，即在2G广播消息SI2quarter中同时下发Band38和Band41的两个EARFCN，这两个EARFCN对应同一个物理频点，配置的优先级和互操作参数都相同。

各厂家设备均在网管上针对同一物理频点直接配置两个LTE邻区（一个Band38的

EARFCN，一个 Band41 的 EARFCN），网络按照 EARFCN 由小到大顺序下发 4G 频点信息，Band41 的 EARFCN 在最后下发。目前 2G 现网设备除贝尔公司的设备以外，其他厂家设备均可配置和下发 Band41 的 EARFCN。贝尔公司支持 2G 双频点方案的版本号为 BSS-SAL04D04。

3）移动性管理类参数

LTE 中的终端移动性管理分为空闲态移动性管理和连接态移动性管理。

（1）空闲态移动性管理主要是通过驻留参数和小区选择参数的设置来完成的，主要包括在什么情况下或什么时候 UE 驻留到一个小区，及在什么情况下或什么时候 UE 搜索一个新的小区去驻留。与 2G/3G 系统不同的是，LTE 中在空闲态移动性管理中增加了频率优先级的概念，即在同时有多个频点覆盖的区域，可以要求 UE 不单纯按照信号强弱对比来选择驻留小区，而是可以要求 UE 首先参考频率等级高低，然后再参考不同频率小区信号强度的对比，来选择驻留小区的顺序。

（2）连接态移动性管理主要是通过切换来完成的，主要包括 UE 在什么情况下或什么时候开始测量并上报测量结果以辅助网络触发切换流程。

移动性管理类参数需要根据小区的实际情况进行配置，因地制宜地进行参数配置，使得终端驻留在质量最高的小区，获得最优的服务质量。

4）邻区及互操作参数

（1）4G 到 3G/2G 网络的空闲态互操作。

4G 到 3G/2G 的重选为高优先级到低优先级网络的重选，涉及的重选参数包括异系统启测门限、本系统判决门限、异系统判决门限和重选迟滞时间。LTE 到 3G/2G 空闲态重选参数取值建议如表 17－9 所示。

表 17－9　LTE 到 3G/2G 空闲态重选参数取值建议

<table>
<tr><th rowspan="2">LTE 室内外组网策略</th><th rowspan="2">重选方向</th><th rowspan="2">启动异系统测量门限</th><th rowspan="2">服务小区判决门限③</th><th colspan="2">异系统判决门限④</th></tr>
<tr><th>3G 判决门限</th><th>2G 判决门限</th></tr>
<tr><td rowspan="2">优先级配置 1：室内绝对高优先级</td><td>室外 LTE 到室外/室分 3G/2G</td><td rowspan="3">RSRP：－80 ～ －110 dBm①</td><td>RSRP：－116 ～ －122dBm</td><td>比现网 3G 到 2G 重选的 3G 门限高 2 ~ 3 dB</td><td>RSSI：－95 dBm</td></tr>
<tr><td>室分 LTE 到室外/室分 3G/2G</td><td>RSRP：－112 ～ －116 dBm</td><td>RSCP：－85 dBm</td><td>RSSI：－65 dBm</td></tr>
<tr><td rowspan="2">优先级配置 2：室外配室内高优先级，室内配室外同优先级</td><td>室外 LTE 到室外/室分 3G/2G</td><td>RSRP：－116 ～ －122 dBm</td><td>比现网 3G 到 2G 重选的 3G 门限高 2 ~ 3 dB</td><td>RSSI：－95 dBm</td></tr>
<tr><td>室分 LTE 到室外/室分 3G/2G</td><td>RSRP：－112 dBm②</td><td>RSRP：－116 ～ －122 dBm</td><td>比现网 3G 到 2G 重选的 3G 门限高 2 ~ 3 dB</td><td>RSSI：－95 dBm</td></tr>
</table>

注：①LTE 到 3G/2G 重选的异系统启测门限与 LTE 到低或同优先级异频重选的启测门限是同一参数。当 LTE 小区不存在相同或低优先级异频邻区时，该门限可设置较低，否则应按异频重选的启测门限设置，一般高于 -100 dBm。

②在优先级配置 2 情况下，室分 LTE 信号高于一定门限 A（例如 -112 dBm）即可从室外 LTE 重选到室分 LTE，为避免室内外异频之间乒乓重选，室分 LTE 到室外 LTE 重选的测量启测门限应不高于 A。

③当 LTE 小区不存在低优先级异频邻区时，该门限可设置较低，但需比 LTE 网络下最小接入电平（Qrxlevmin）高2 ~ 4 dB。在 LTE 信号衰减较快的场景，可适当提高该值，使得用户尽早重选至异系统小区。当 LTE 小区存在低优先级异频邻区时，该门限应按异频重选的启测门限设置（例如优先级配置 1 情况下，室分 LTE 到室外 3G/2G 的本系统判决门限）。

④一般情况下，LTE 到 3G/2G 重选的异系统判决门限满足可接入即可，但为避免 LTE→3G→2G 连续重选，LTE 到 3G 重选的 3G 门限要求比 3G 到 2G 小区重选的 3G 门限高 2 ~ 3 dB。在 LTE 存在低优先级异频邻区时（例如优先级配置 1 情况下，室分 LTE 到室外 3G/2G 的本系统判决门限），由于本系统判决门限较容易满足，为使用户尽量驻留 LTE 网络，将该异系统判决门限适当提高，为避免用户在 LTE 脱网，该门限可根据 3G/2G 实际覆盖情况进行调整。

（2）4G 到 3G/2G 网络连接态互操作。

互操作方案可以是基于测量的重定向，也可以是盲重定向。基于测量的重定向涉及的测量事件包括 A2 和 B2；盲重定向涉及的测量事件仅包括 A2。当网络收到触发异系统的 A2 测量报告时，下发 B2 测量控制消息；当网络收到 B2 测量报告时，基于测量结果下发重定向消息；当网络未收到 B2 测量报告，但收到盲重定向的 A2 测量报告时，随机选择邻区下发盲重定向消息。连接态基于测量重定向参数取值建议如表 17 - 10 所示。

表 17 - 10　连接态基于测量重定向参数取值建议

LTE A2 测量事件（触发异系统测量）	本系统判决门限（含门限迟滞值）	-110 ~ -115 dBm
LTE B2 测量事件	本系统判决门限（含门限迟滞值）	-116 ~ 122 dBm①
	异系统判决门限（含门限迟滞值）	比现网 3G 到 2G 数据业务互操作的 3G 信号门限高 2 ~ 3dB

注：①本系统判决门限可与 LTE 到 3G/2G 重选的本系统判决门限保持一致。

5）接入类参数

接入类参数如表 17 - 11 所示。

表 17 - 11　接入类参数表

参数英文名	中文含义	功能含义	对网络质量的影响	取值建议
High Speed Flag	高速小区指示	该参数表示高速小区指示。高速铁路场景下配置为高速小区。决定限制集或非限制集的使用	在高多普勒频率偏移情况下，如不加限制，可能导致普通前导序列检测出错或时延估计不准确，为了避免此问题，协议规定在高速场景，可以对每个根序列生成的前导信号集合进行限制，因此，在高速铁路场景下，建议配置 High Speed Flag	建议覆盖高铁沿线的小区设置为 True，其他普通场景设置为 False
Number of Ra Preambles	竞争前导码数量	用于竞争随机接入的 Preamble 码数量	该参数与基于竞争的每秒随机接入的次数相关，基于竞争的每秒随机接入的次数越多，所需 number of Ra - Preambles 越多，相应的预留给非竞争 Preambles 序列会减少	普通场景：N40 ~ N56

续表

参数英文名	中文含义	功能含义	对网络质量的影响	取值建议
RaResponse WindowSize	响应接收窗口大小	随机接入过程中 Msg2 接收窗口大小	响应消息的发送时刻在规范中不是固定的，因此，也为基站处理同时的接入申请提供了灵活性。如果终端在时间窗内没有检测到随机接入响应，则本次尝试被视为失败，终端将提升功率后重新尝试随机接入	普通场景：SF8～SF10
Mac Contention Resolution Timer	竞争解决定时器时长	该参数表示 RA 过程中 UE 等待接收 Msg4 的有效时长	当 UE 初传或重传 Msg3 时启动。在超时前 UE 收到 Msg4 或 Msg3 的 NACK 反馈，则定时器停止。定时器超时，则随机接入失败，UE 重新进行 RA	普通场景：SF48～SF64
Cell Reserved for Operator Use	小区预留给运营商使用指示	该参数表示该小区是否预留给运营商使用	当取值为 notReserved 时表示小区没有为运营商保留，在小区选择重选过程中，所有的 UE 将本小区作为候选小区。当取值为 Reserve 时表示小区为运营商保留，被分配 AC11 或 AC15 且运行于 HPLMN/EHPLMN 的 UE，在小区选择重选过程中，将本小区作为候选小区；被分配 AC0－9/AC12－14 的 UE 或被分配 AC11/AC15 但没有运行于 HPLMN/EHPLMN 的 UE，在小区选择重选过程中，将本小区视为禁止小区	普通场景：notReserved
Cell Barred	小区禁止接入指示	该参数表示该小区是否被禁止接入	该参数表示小区是否被禁止，如果小区被禁止，则 UE 不能驻留在本小区，UE 在小区选择重选过程中，不会将本小区作为候选小区	普通场景：notBarred

6）HARQ 参数

HARQ 参数如表 17－12 所示。

表 17－12　HARQ 参数表

参数英文名	中文含义	功能含义	对网络质量的影响	取值建议
MaxHarq Msg3Tx	Msg3 的 HARQ 最大传输次数	该参数表示 Msg3 的 HARQ 最大传输次数	参数配置越大，则 Msg3 HARQ 重传传对可能性越高，但消耗更多上行资源，MAC 时延增加。较极端情况下，即使配置较大值，可能增益也不明显甚至无增益；反之亦然	普通场景：4～5 次
MaxHarqTx	上行 HARQ 最大传输数量	该参数表示上行 HARQ 最大传输次数	参数配置越大，则 HARQ 重传传对可能性越高，但消耗更多上行资源，MAC 时延增加。较极端情况下，即使配置较大值，可能增益也不明显甚至无增益；反之亦然	普通场景：3～7 次

17.1.4　系统间干扰规避

TD－LTE 与其他系统的干扰隔离度如表 17－13 所示。

表 17 - 13 TD - LTE 与其他系统的干扰隔离度

频段/dB	CDMA1X	GSM	DCS	WCDMA	CDMA2000	TD - SCDMA（A）	LTE FDD
D 频段	87	82/38	82/46	31	87	61/31	31
E 频段	87	82/38	82/46	61	87	61	31
F 频段	80	82/38	82/46	31	87	61/31	65/50

系统天线间的隔离距离如图 17 - 2（a）、（d）所示，水平隔离距离及垂直隔离距离均指两副天线相邻内侧边到边的距离。应注意，对于水平设置的相邻两副天线的距离核算前提是两天线中心连线与天线法线方向相垂直；当两天线方向角相向转动，或者其中一副天线安装位置前后发生移动时［见图 17 - 2（b）、（c）］，可能对天线间隔离度带来恶化，需要适当扩大天线间距离以满足干扰隔离要求。

核算 F 频段与 DCS1800 系统的隔离结果是基于中国移动集团公司研究院的最新测试结论。其他频段/系统间隔离距离使用下面的公式。

①水平隔离。水平隔离时，隔离度与隔离距离间的关系可以由下面的公式描述，即

$$I_h(\text{dB}) = 22 + 20\lg\left(\frac{d_h}{\lambda}\right) - G_{Tx} - G_{Rx}$$

式中 G_{Tx}——发射天线在信号辐射方向上的增益（dB）；

G_{Rx}——接收天线在信号辐射方向上的增益（dB）；

d_h——天线水平方向的间距（m）；

λ——载波波长，计算杂散干扰和互调干扰隔离度时为被干扰系统接收波长，计算阻塞干扰隔离度时为干扰系统发射波长（m）。

②垂直隔离。垂直隔离时，隔离度与隔离距离间的关系可以由下面的公式描述，即

$$I_v(\text{dB}) = 28 + 40\log\left(\frac{d_v}{\lambda}\right)$$

式中 d_v——天线垂直方向的间距（m）；

λ——载波波长，计算杂散干扰和互调干扰隔离度时为被干扰系统接收波长，计算阻塞干扰隔离度时为干扰系统发射波长（m）。

d_h

（a）

（b）

（c）

d_v

（d）

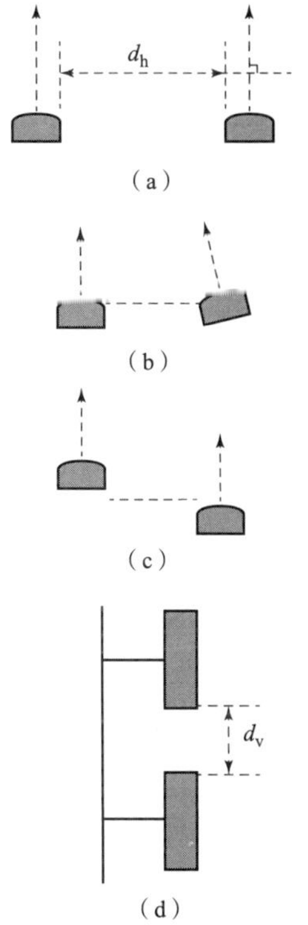

图 17 - 2 系统间隔离距离示意图

（a）水平隔离；（b）方向偏转；（c）位置交错；（d）垂直隔离

综合考虑系统间隔离度要求及现网系统间干扰实际测试结果，TD - LTE 与其他系统共站址时的干扰规避措施如下。

1. TD - LTE 宏站（F 频段）与其他系统共站址时的干扰规避

（1）若存在 GSM900 系统的二次谐波干扰，应更换 GSM900 系统天线。

（2）若存在 DCS1800 系统的三阶互调干扰，应更换 DCS1800 系统天线（天线三阶互调抑制指标优于 - 133 dBc）。

（3）开启动态 AGC 功能提升 F 频段 RRU 的抗阻塞能力。

（4）在工程实施中，两系统天线之间适当进行垂直或水平空间隔离，建议 TD - LTE F 频段基站天线安装间距采用以下标准。

①TD－LTE线阵与GSM900定向天线之间间距要求：并排同向安装时，水平隔离距离不小于0.5 m，垂直隔离距离不小于0.3 m。

②FDD LTE（1.8 GHz）下行链路工作在1 875 MHz以下，且TD－LTE RRU阻塞指标满足《工业和信息化部关于发布1800 MHz和1900 MHz频段国际移动通信系统基站射频技术指标和台站设置要求的通知》（工信部无函〔2012〕559号）要求时，TD－LTE线阵和FDD LTE（1.8 GHz）定向天线之间间距要求：并排同向安装时，水平隔离距离不小于0.5 m，垂直隔离距离不小于0.2m。

《工业和信息化部关于发布1800 MHz和1900 MHz频段国际移动通信系统基站射频技术指标和台站设置要求的通知》及附件1和2

③FDD LTE（1.8 GHz）下行链路工作在1 875 MHz以下，且TD－LTE RRU阻塞指标不满足《工业和信息化部关于发布1800 MHz和1900 MHz频段国际移动通信系统基站射频技术指标和台站设置要求的通知》（工信部无函〔2012〕559号）要求时，TD－LTE线阵和FDD LTE（1.8 GHz）定向天线之间间距要求：并排同向安装时，水平隔离距离不小于3 m，垂直隔离距离不小于0.2 m。

对于不能并排同向安装的，其隔离距离须适当增加：如发射－接收天线辐射方向在其半功率角边缘时，水平隔离距离不小于10 m；如发射－接收天线辐射方向正对时（收发天线下倾角均按3°考虑），水平隔离距离不小于20 m。

对于发射－接收天线辐射方向的其他情况可参照上述两种情况合理考虑。

④TD－LTE线阵和CDMA1X/CDMA2000/WCDMA定向天线之间间距要求：并排同向安装时，水平隔离距离不小于0.5 m，垂直隔离距离不小于0.2 m。

⑤TD－LTE系统与PHS系统共址时的天线间距要求：由于部分地区PHS没有按照国家规定在2011年年底前退频，对TD－LTE产生邻频干扰。建议通过与其他运营商协调并推动政府落实PHS退频来解决干扰。

2. TD－LTE宏站（D频段）与其他系统共站址时的干扰规避

在工程实施中，两系统天线之间适当进行垂直或水平空间隔离，建议TD－LTE D频段基站天线安装间距采用以下标准。

（1）TD－LTE线阵和GSM/DCS/CDMA1X/CDMA2000/WCDMA定向天线之间间距要求：并排同向安装时，水平隔离距离不小于0.5 m，垂直隔离距离不小于0.2 m。

（2）TD－LTE（D频段）系统工作在2 570～2 620 MHz时，TD－LTE线阵和WLAN全向天线之间间距要求：并排同向安装时，水平隔离距离不小于2 m，垂直隔离距离不小于0.3 m。

（3）TD－SCDMA（A频段）设备符合YD/T 1365—2006《2GHz TD－SCDMA数字蜂窝移动通信网无线接入网络设备技术要求》及《信息产业部无线电管理局关于发布<2 GHz频段TD－SCDMA数字蜂窝移动通信网设备射频技术要求（试行）>的通知》（信无函〔2007〕22号）要求时，TD－SCDMA与TD－LTE异时隙配置，TD－LTE线阵与TD－SCDMA定向天线间距要求：同向安装时，建议采用垂直隔离方式，垂直隔离距离不小于0.7 m。

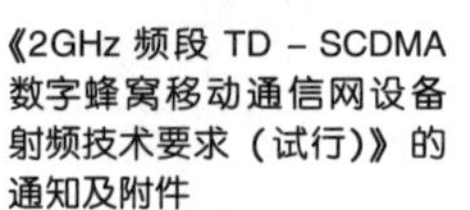

《2GHz频段TD－SCDMA数字蜂窝移动通信网设备射频技术要求（试行）》的通知及附件

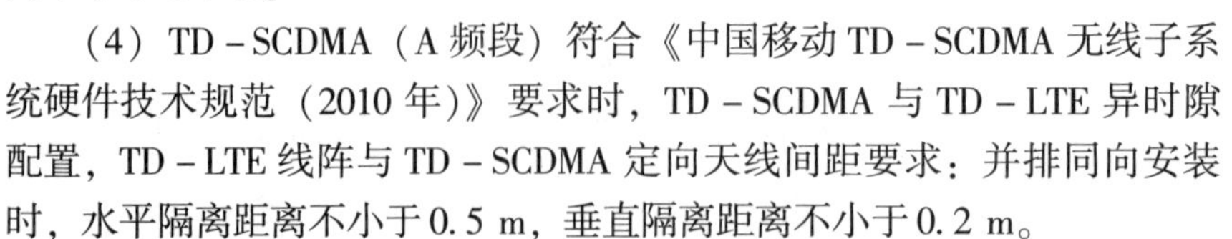

（4）TD－SCDMA（A频段）符合《中国移动TD－SCDMA无线子系统硬件技术规范（2010年）》要求时，TD－SCDMA与TD－LTE异时隙配置，TD－LTE线阵与TD－SCDMA定向天线间距要求：并排同向安装时，水平隔离距离不小于0.5 m，垂直隔离距离不小于0.2 m。

《中国移动TD－SCDMA无线子系统设备规范》

3. TD-LTE 宏站与其他系统非共站址时的干扰规避

TD-LTE 宏站与其他系统非共站址情况时，应尽量保证两个系统基站天线距离 50 m 以上（对于 PHS 应通过退频来解决干扰），在天线方向设置时避免天线正对情况的出现，天线下倾角（含电下倾和机械下倾）不小于 6°。

4. TD-LTE（E 频段）与其他系统共站址时的干扰规避

中国移动拥有 E 频段的 2 320～2 370 MHz，用于 TD-LTE 的室内覆盖。E 频段的 TD-LTE 基站射频仅支持 2 320～2 370 MHz 的 50 MHz 带宽，但由于终端需要支持国际漫游，E 频段终端支持全部 2 300～2 400 MHz。

（1）TD-LTE E 频段的主要干扰包括以下几个。

①TD-LTE 基站对 WLAN AP 的阻塞干扰。

②TD-LTE 终端对 WLAN 终端的阻塞干扰。

③WLAN 终端对 TD-LTE 终端的杂散干扰。

（2）TD-LTE E 频段的干扰隔离要求及规避措施如下。

①频率协调，优先选用 E 频段中的低频点部署 TD-LTE。

②增加空间隔离，保证 TD-LTE 室分天线和 WLAN AP 天线间有 4 m 以上隔离距离。

③提高 WLAN AP 阻塞指标，在 2 370 MHz 处可抵抗功率 -24 dBm/20 MHz 干扰信号，保证 TD-LTE 室分天线与 WLAN 放装型 AP 在间距 2 m 时无干扰。

④提高 WLAN 终端阻塞指标至 -20 dBm/20 MHz 干扰信号，保证 TD-LTE 终端与 WLAN 终端在间距 0.5 m 时无干扰。

⑤适当提高 WLAN 覆盖电平，增加 WLAN 终端接收信号的信噪比，从而提高其抗系统外干扰的能力。

17.1.5　设备安装及抗震加固

1. 基站设备平面布置及安装

各基站机房内设备布置应连线合理、整齐美观，以维护方便、操作安全、便于施工为原则，并应预留出扩容设备的位置。

基站无线设备的平面布置见附录 A。

2. 基站走线架布置及安装

根据吉林移动与吉林铁塔的分工界面，基站走线架由铁塔公司负责设计、安装。本设计根据吉林移动和吉林铁塔签订的验收协议，对走线架安装工艺和抗震加固提出技术要求。基站无线机架要求为上走线。无线机架除与地面加固和架间相连外，还应与走线架加固连接。同时要遵照厂商要求进行安装及调测。

室内走线架一般采用 400 mm 或 600 mm 宽的标准定型产品，安装在机架上方，上沿距机房地面高度一般为 2 200～2 600 mm，如果是在原有走线架上方再新增一层走线架，则新增走线架与原有走线架之间须间隔 200 mm 以上。走线架采用顶棚吊挂、侧边支撑及终端与墙加固等方式加固。安装室内走线架时，要求保证其整体不晃动、牢固可靠，同时走线架均要敷设接地线，与机房室内接地排连接。

室外走线架要求采用 400 mm 或 600 mm 宽、50 mm×50 mm×5 mm 角钢和 40 mm×4 mm 扁钢制成，表面涂灰色防锈漆。一般每隔 2.5 m 左右加固一次，在拐弯或终端需增设加固点。水平走线架可采用支撑加固，终端靠近女儿墙可加固在女儿墙上；垂直走线架可采用加固件或角钢用膨胀螺栓加固在楼房外墙壁上。

3. 基站天馈线系统布置及安装

1）基站天馈系统布置及安装

TD－LTE 天线对抱杆固定的具体要求见图 17－3。

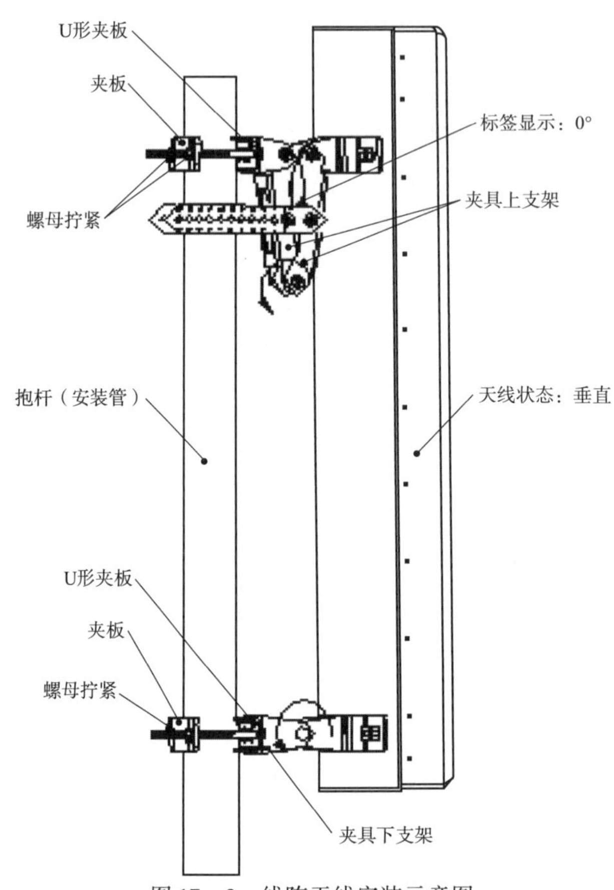

图 17－3　线阵天线安装示意图

TD－LTE 天线对天线抱杆的要求如下。

①安装抱杆直径为 ϕ50～90 mm。

②天线的安装位置必须位于天线架避雷针的保护角内。

③安装工具为 16 mm 开口扳手（适用于 M10 零件）。

④安装时，看清天线的方向标签，分清上下端，有 N 头的一端朝下。

天线安装高度应满足规划要求，并考虑周围环境和建筑物平均高度，天线安装位置及方向角的设置应当满足小区覆盖需求，基站附近天线正前方不得有高的建筑物和地物遮挡，天线照射方向上不能被同址建筑物上的构件、广告牌、其他系统天线及抱杆等设施遮挡。

当天线安装在屋顶平台时，应综合考虑楼面长度和女儿墙高度、天线垂直半功率角以及未来网优调整天线方向可能达到的最大下倾角度，核算适当的天线挂高，使得天线主瓣不被近处的物体（如楼面、女儿墙等）所阻挡，如图 17－4 所示。

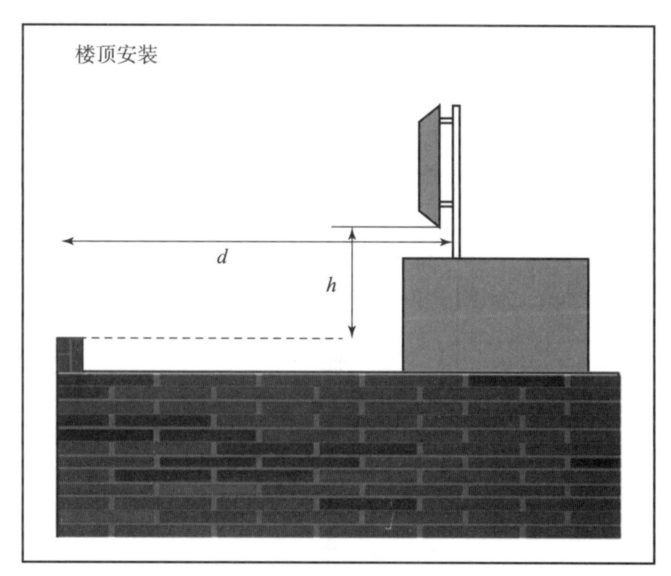

图 17－4 天线安装在屋顶平台时距楼边缘位置/高度间关系示意图

2）GPS 天馈系统布置及安装

对于基站 GPS 天线的安装应符合以下要求。

①GPS 天线应安装在较开阔的位置上并保持垂直，垂直度各向偏差不得超过 1°，离开周围金属物体的距离不小于 1.5 m，条件许可时大于 2 m，GPS 天线必须安装在较空旷位置，上方 90°范围内（至少南向 45°）应无建筑物遮挡。

②GPS 天线避免放置于基站射频天线主瓣的近距离辐射区域，不能位于微波天线的微波信号下方、高压电缆的下方以及电视发射塔的强辐射下。

③GPS 天线应处在避雷针顶点下倾 45°保护范围内。

④GPS 天线不得处于区域内最高点。

⑤GPS 应与至少 4 颗 GPS 卫星保持直线无遮拦连接。

⑥两个或多个 GPS 天线安装时要保持 2 m 以上的间距。

⑦为保证本工程同步信号的性能，TD－L 与 TD－S 为不同厂家的建议新建 GPS 系统。TD－L 与 TD－S 为同一厂家的情况下，当 TD－L 需要共用 GPS 系统时，应充分考虑馈线、分路器等器件带来的损耗，确保 GPS 信号强度满足接收灵敏度要求。GPS 天线安装示意图工艺要求如图 17－5 所示。

对于基站 GPS 馈线的布放应符合以下要求。

①GPS 馈线使用馈线卡子沿走线架或角钢固定，每隔 1 m 左右固定一次，不得有交叉、扭曲、裂痕等情况。馈线弯曲半径必须满足要求，1/2 in 馈线最小弯曲半径为 70 mm（一次性弯曲）。

②馈线进户前，要有防水弯，馈线布放完毕后，墙孔需用穿墙板及密封胶做好密封工作。

③为绿色环保、低碳，GPS 馈线在施工中应量裁布放，GPS 馈线不允许盘留。

根据不同场景下 GPS 馈线长度要求，本工程 GPS 馈线设计长度需满足 GPS 信号强度及接收灵敏度要求。对于新建 GPS 和共用 GPS 场景，主要厂家支持的最大馈线长度见表 17－14。

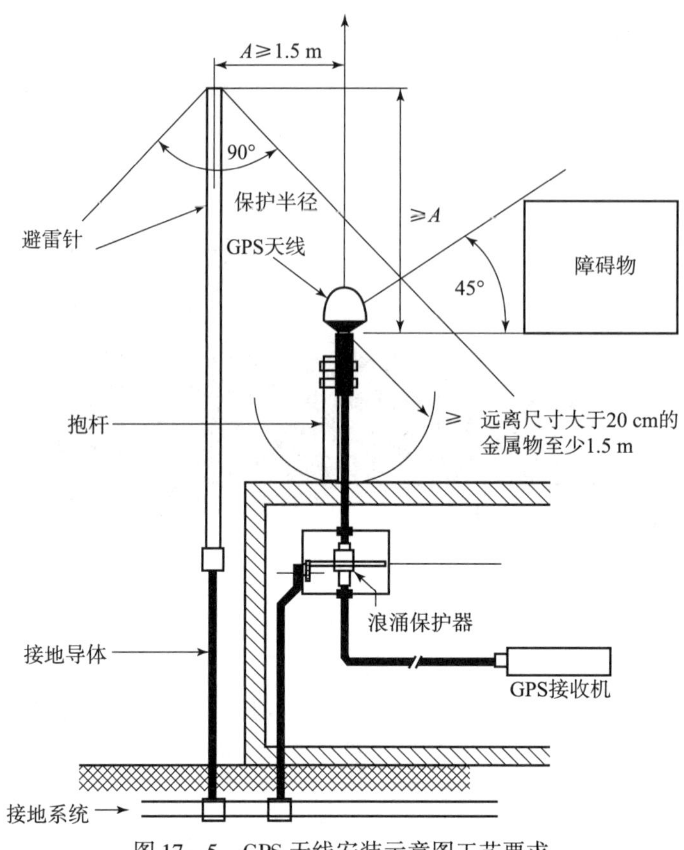

图 17－5　GPS 天线安装示意图工艺要求

表 17－14　本地市不同设置场景下 GPS 最大馈线长度

<table>
<tr><th>厂家</th><th>馈线类型</th><th colspan="2">GPS 应用场景</th><th>允许最大馈线长度/m</th></tr>
<tr><td rowspan="12">中兴</td><td rowspan="6">1/4 in 馈线</td><td rowspan="2">新建 GPS</td><td>1/4 in 馈线</td><td>120</td></tr>
<tr><td>1/4 in 馈线＋一个中继放大器</td><td>230</td></tr>
<tr><td rowspan="2">共用 GPS（二功分）</td><td>1/4 in 馈线＋一个二功分器</td><td>85</td></tr>
<tr><td>1/4 in 馈线＋一个中继放大器＋一个二功分器</td><td>195</td></tr>
<tr><td rowspan="2">共用 GPS（四功分）</td><td>1/4 in 馈线＋一个四功分器</td><td>70</td></tr>
<tr><td>1/4 in 馈线＋一个中继放大器＋一个四功分器</td><td>180</td></tr>
<tr><td rowspan="6">1/2 in 馈线</td><td rowspan="2">新建 GPS</td><td>1/2 in 馈线</td><td>210</td></tr>
<tr><td>1/2 in 馈线＋一个中继放大器</td><td>430</td></tr>
<tr><td rowspan="2">共用 GPS（二功分）</td><td>1/2 in 馈线＋一个二功分器</td><td>150</td></tr>
<tr><td>1/2 in 馈线＋一个中继放大器＋一个二功分器</td><td>370</td></tr>
<tr><td rowspan="2">共用 GPS（四功分）</td><td>1/2 in 馈线＋一个四功分器</td><td>120</td></tr>
<tr><td>1/2 in 馈线＋一个中继放大器＋一个四功分器</td><td>340</td></tr>
</table>

续表

厂家	馈线类型	GPS 应用场景		允许最大馈线长度/m
华为	RG8U	新建 GPS	RG8U 馈线	150
			RG8U 馈线 + 一个中继放大器	270
		共用 GPS（二功分）	RG8U 馈线 + 一个二功分器	100
			RG8U 馈线 + 一个中继放大器 + 一个二功分器	250
		共用 GPS（四功分）	RG8U 馈线 + 一个四功分器	100
			RG8U 馈线 + 一个中继放大器 + 一个四功分器	240

对于本期工程，华为产品不需单独安装 GPS 馈线避雷器，中兴产品 GPS 馈线避雷器安装在 BBU 的走线导风插箱内，走线导风插箱安装于 BBU 下方。

3）跳线安装

TD－LTE 系统室外需要安装 RRU 设备，每个 RRU 通过跳线与天线阵相连，安装位置要受跳线长度限制，在跳线长度允许的范围内可将 RRU 安装于抱杆、铁塔、女儿墙、楼顶平台等处。

华为和中兴设备提供商提供的 TD－LTE 天馈系统中馈线包括一根 GPS 馈线，每扇区均有一根光缆、一根 RRU 电源线，所以室外原则上共站不需新增室外走线架，新建站点考虑到以后其他系统的需求，需新增室外走线架或角钢对馈线进行加固。

线缆使用绑扎带沿走线架或角钢固定，每隔 0.8 m 固定一次，不得有交叉、扭曲、裂痕等情况。馈线弯曲半径必须满足要求，1/2 in 馈线最小弯曲半径为 70 mm（一次性弯曲）。

馈线进户前，要有流水弯，馈线布放完毕后，墙孔需用穿墙板及密封胶做好密封工作。

4. 抗震加固要求

根据《电信设备安装抗震设计规范》（YD 5059—2005）的要求，设备安装须考虑抗震加固。电信设备安装设计的抗震设防烈度，应与安装设备的电信房屋的抗震设防烈度相同。一般情况下可采用基本烈度，各类电信房屋设防类别应执行《通信建筑抗震设防分类标准》（YD 5054—2010）的有关规定。

根据我国国家标准《建筑抗震设计规范》（GB 50011—2010）第 1.0.2 款的要求，抗震设防烈度为 6 度及以上地区的建筑必须进行抗震设计。

《建筑抗震设计规范》（GB 50011—2010）

1）抗震设防类别及烈度

根据我国国家标准《建筑抗震设计规范》（GB 50011—2010），本期工程所属吉林市（龙潭区、船营区）、桦甸市、蛟河市、舒兰市属于抗震设防区，各设备安装地点抗震设防烈度如表 17－15 所示。

表 17－15 本期工程抗震设防烈度表

序号	本期抗震措施采用的抗震设防烈度	安装地点
1	抗震设防烈度为 8 度，设计基本地震加速度值为 0.20g	舒兰市
2	抗震设防烈度为 7 度，设计基本地震加速度值为 0.10g	龙潭区、船营区
3	抗震设防烈度为 6 度，设计基本地震加速度值为 0.05g	蛟河市、桦甸市

根据《通信建筑抗震设防分类标准》（YD 5054—2010）第 1.0.3 条要求，抗震设防区的所有通信建筑工程应确定其抗震设防类别。新建、改建、扩建的通信建筑工程，其抗震设防类别不应低于本标准的规定。

根据《通信建筑抗震设防分类标准》（YD 5054—2010）第 3.0.1 条要求，通信建筑工程应分为以下 3 个抗震设防类别。

《通信建筑抗震设防分类标准》（YD 5054—2010）

（1）特殊设防类。它指使用上有特殊设施，涉及国家公共安全的重大通信建筑工程和地震时使用功能不能中断，可能发生严重次生灾害等特别重大灾害后果，需要进行特殊设防的通信建筑。简称甲类。

（2）重点设防类。它指地震时使用功能不能中断或需尽快恢复的通信建筑，以及地震时可能导致大量人员伤亡等重大灾害后果，需要提高设防标准的通信建筑。简称乙类。

（3）标准设防类。它指除（1）、（2）款以外按标准要求进行设防的通信建筑。简称丙类。

根据《通信建筑抗震设防分类标准》（YD 5054—2010）第 3.0.2 条要求，通信建筑的抗震设防类别应符合表 17－16 的规定。

表 17－16　通信建筑抗震设防类别

类别	建筑名称
特殊设防类（甲类）	国际出入口局、国际无线电台 国际卫星通信地球站 国际海缆登陆站
重点设防类（乙类）	省中心及省中心以上通信枢纽楼 长途传输干线局站 国内卫星通信地球站 本地网通信枢纽楼及通信生产楼 应急通信用房 承担特殊重要任务的通信局 客户服务中心
标准设防类（丙类）	甲、乙类以外的通信生产用房

根据《通信建筑抗震设防分类标准》（YD 5054—2010）第 3.0.3 条的要求，通信建筑的辅助生产用房，应与生产用房的抗震设防类别相同。

根据《通信建筑抗震设防分类标准》（YD 5054—2010）第 4.0.1 条的要求，各抗震设防类别通信建筑的抗震设防标准应符合下列要求。

（1）标准设防类，应按本地区抗震设防烈度确定其抗震措施和地震作用，达到在遭遇高于当地抗震设防烈度的预估罕遇地震影响时不致倒塌或发生危及生命安全的严重破坏的抗震设防目标。

（2）重点设防类，应按高于本地区抗震设防烈度一度的要求加强其抗震措施；但抗震设防烈度为 9 度时应按比 9 度更高的要求采取抗震措施；地基基础的抗震措施应符合有关规定。同时，应按本地区抗震设防烈度确定其地震作用。对于划为重点设防类而规模很小的通信建筑，当改用抗震性能较好的材料且符合抗震设计规范对结构体系的要求时，允许按标准设防类设防。

（3）特殊设防类，应按高于本地区抗震设防烈度提高一度的要求加强其抗震措施；但抗震设防烈度为9度时应按比9度更高的要求采取抗震措施。同时，应按批准的地震安全性评价的结果且高于本地区抗震设防烈度的要求确定其地震作用。

遵照上述各项规定，本期设备机房按照规范《通信建筑抗震设防分类标准》（YD 5054—2010）采用标准设防类（丙类）设防要求。

本期通信设备的抗震设防措施根据表17－17所示确定抗震设防烈度。

表17－17　本期工程抗震措施抗震设防烈度表

序号	设备安装地点	该地点抗震设防烈度	本期抗震措施采用的抗震设防烈度
1	舒兰市	8度	8度
2	龙潭区、船营区	7度	7度
3	蛟河市、桦甸市	6度	6度

2）抗震加固设计参数

抗震设防烈度可由我国国家标准《建筑抗震设计规范》（GB 50011—2010）中的附录A我国主要城镇抗震设防烈度、设计基本地震加速度和设计地震分组查询获得。

《电信设备安装抗震设计规范》（YD 5059—2005）

设备重要度系数、设备对楼面的反应系数、水平地震影响系数等，按照规范《电信设备安装抗震设计规范》（YD 5059—2005）第4章公式（4.1.1－1）取用。

设备参数：本期项目各类设备基本参数如表17－18所示。

表17－18　本期工程设备抗震性能需求表

序号	设备名称	宽×深×高/（mm×mm×mm）	质量/kg
1	华为机柜	600×450×1 600	60
2	华为BBU（BBU3910）	446×310×88	12
3	中兴BBU（B8300）	446×310×132	9
4	中兴机柜BC8811	600×450×950	40
5	中兴机柜BC8810	600×600×2 000	80

地震影响系数最大值α_{max}，按表17－19取定。

表17－19　水平地震影响系数最大值α_{max}

地震影响	6度	7度	8度	9度
多遇地震	0.04	0.08（0.12）	0.16（0.24）	0.32
设防地震	0.12	0.23（0.34）	0.45（0.68）	0.9
罕遇地震	0.28	0.5（0.72）	0.9（1.2）	1.4

参数按照设防地震进行计算。

锚栓受力，根据规范《混凝土结构后锚固技术规程》（JGJ 145—2013）的6.1节、6.2节选取参数并计算。

基材受力，根据《混凝土结构后锚固技术规程》（JGJ 145—2013）的6.3节选取参数并计算。

3）抗震加固设计计算方法

（1）设备的水平地震作用，按照规范《电信设备安装抗震设计规范》（YD 5059—2005）的第4章相关要求计算，即

$$F_{H}=k_{1}k_{2}\left(1+2\frac{h}{H}\right)\alpha G$$

式中 F_{H}——水平地震作用标准值（N）；

α——相应于建筑物基本自振周期的水平地震影响系数；

k_{1}——设备重要度系数；

k_{2}——设备对楼面的反应系数；

G——设备等效总重力荷载，可取其重力荷载代表值的75%（N）；

h——设备所在楼面的地上高度（m）；

H——建筑物地上总高度（m）。

（2）锚栓实际受力。按照规范《电信设备安装抗震设计规范》（YD 5059—2005）的第4章相关要求计算。

（3）锚栓钢材的承载力验算。根据规范《混凝土结构后锚固技术规程》（JGJ 145—2013）第6章提供的验算方法进行验算。

《混凝土结构后锚固技术规程》（JGJ 145—2013）

（4）受力验算。根据规范《混凝土结构后锚固技术规程》（JGJ 145—2013）第6章提供的验算方法进行验算。

同时承受剪力和拉力的锚栓，应符合公式

$$\sqrt{\left(\frac{N_{v}}{N_{v}^{b}}\right)^{2}+\left(\frac{N_{t}}{N_{t}^{b}}\right)^{2}}\leqslant 1$$

式中 N_{v}，N_{t}——某个普通螺栓或铆钉所承受的剪力和拉力；

N_{v}^{b}，N_{t}^{b}——一个普通螺栓的受剪、受拉力设计值。

4）台式、自立式电信设备安装抗震措施

（1）抗震加固锚栓基本要求。

一般通信类设备抗震连接后锚固连接安全等级为一级，仅安装无线设备的基站设备抗震连接后锚固连接安全等级为二级。

一般地［根据规范《混凝土结构后锚固技术规程》（JGJ 145—2013）第4.1.1条］，锚栓应按受拉状态生命线工程选用。当局站位于三、四类场地或8度以上地区时，还应由建筑结构专业人员进行复核。

施工前应根据图纸资料或现场实地检测确定室内地面非结构层厚度，锚栓长度应为有效锚固长度与非结构层厚度之和。当没有实测资料时，可按照不小于表17-20所确定的长度认定楼面非结构层厚度。

表17-20 各类楼面非结构层厚度 mm

地面类型	普通水泥抹面	自流平	涂层地面	磁砖地面	石材地面	水磨石
非结构层厚度/mm	30	50	50	30	50	30~40

注：屋面设备应另行根据屋面建筑做法确定。

（2）台式电信设备抗震措施。

根据我国通信行业标准《电信设备安装抗震设计规范》（YD 5059—2005）条文说明，台式电信设备安装组合架没有定型产品，因此在加工制作时，选用的材料应有足够的强度；电信设备与组合架应安装牢固，防止地震时设备掉落。

6 度和 7 度抗震设防时，小型台式设备宜用组合机架方式安装。组合架顶部应与铁架上梁或房屋构件加固，底部应与地面加固，所用锚栓规格按《电信设备安装抗震设计规范》（YD 5059—2005）的公式计算确定。

根据我国通信行业标准《电信设备安装抗震设计规范》（YD 5059—2005）第 5.2.2 条的要求，对于 8 度及 8 度以上的抗震设防，小型台式设备应安装在抗震组合柜内。抗震组合柜顶部应与铁架上梁或房屋构件加固，底部应与地面加固，所用锚栓规格按《电信设备安装抗震设计规范》（YD 5059—2005）的公式计算确定。

对在桌面上进行操作的台式设备，可用压条直接固定在桌面上，也可在桌面上设置下凹形底座，将设备直接蹲坐在凹形底座内。

（3）自立式电信设备抗震措施。

①抗震措施要求。根据我国通信行业标准《电信设备安装抗震设计规范》（YD 5059—2005）条文说明，自立式通信设备是指宽度为 650 ~ 800 mm、深度为 500 ~ 800 mm、高度为 2 000mm 或 2 000 mm 以下，重量较重、重心较低、顶部不用铁架安装的设备。

根据《电信设备安装抗震设计规范》（YD 5059—2005）第 5.3.1 条的要求，6 ~ 9 度抗震设防时，自立式设备底部应与地面加固。其锚栓规格按《电信设备安装抗震设计规范》（YD 5059—2005）的公式计算确定。

根据《电信设备安装抗震设计规范》（YD 5059—2005）第 5.3.2 条的要求，6 ~ 9 度抗震设防时，按上述计算的螺栓直径超过 M12 时，设备顶部应采用连接构件支撑加固，连接构件及地面加固锚栓的规格按《电信设备安装抗震设计规范》（YD 5059—2005）的公式计算确定。

②抗震加固锚栓。根据计算及规范相关规定，高度小于 2 000 mm、宽度为 650 ~ 800 mm 深度为 500 ~ 800 mm、质量小于 300 kg 的设备，为自立式设备。其地脚锚栓数量及型号按表 17 – 21 取用。当设备高度小于 2 000 mm，宽度及深度不小于 400 mm，或设备质量大于 300 kg时，地脚锚栓数量及型号的取用由于表 17 – 21 不满足，此时可采用上部增加支撑的“架式设备”安装方式；当宽度或深度小于 400 mm 时应采用“架式设备”安装方式。

表 17 – 21　设备地脚锚栓规格数量

设防烈度	楼层	每台设备的锚栓数	锚栓规格	备注
8 度及以下	下层	4	不小于 M10	
	上层	4	不小于 M12	
9 度	下层	4	不小于 M12	设备高度大于 1.5 m 时还需要增加上部支撑
	上层	4	不小于 M12	

注：（1）本表适用于机列中单台设备质量不大于 300 kg 的情况。

（2）“上层”指建筑物地上楼层的上半部分，“下层”指建筑物地上楼层的下半部分；处于建筑物地上楼层中间部位的，按上层取用；单层房屋按表中下层考虑。

（3）锚栓长度为锚栓有效锚固长度加上非结构层厚度，有效锚固长度为 $7d_0$；非结构层的确定应根据实际基站情况确定。

（4）9 度区机房设备安装除满足表中要求外，还需结构专业人员复核。

(4) 挂墙式电信设备抗震措施。

应当对墙体材料进行检测，不得安装于空心砌块墙或轻质隔墙上。当设备质量不大于10 kg且设备中心与墙体距离不大于150 mm时，可采用4个不小于M10的锚栓直接固定于墙上，不满足本条件的设备宜在设备底部增加三角支架进行支撑。

5）移动天馈线安装抗震措施

(1) 移动天线安装抗震措施。

①室外天线与天线支撑杆的连接应不少于两处。

②室外天线与支撑杆连接处的连接螺栓直径应不小于M8。

③室内天线的安装应用不小于M6的螺栓固定。

④对于特殊场合的天线安装应专门设计，并符合抗震加固要求。

(2) 移动馈线安装抗震措施。

①馈线安装应采用专用的走线架（槽）或者走线管道。

②馈线安装在走线架（槽）中时，水平方向至少每隔1.5 m用馈线卡固定一次，垂直方向至少每隔1 m用馈线卡固定一次。

③馈线与天线的连接处不宜太紧，接头处宜留有一定富余度。

(3) 天线立杆安装抗震措施。

天线立杆设计由土建专业负责，各类型天线立杆安装抗震说明及图纸可参阅土建专业设计文件。

6）本期工程主要设备抗震类型及设计、施工要求

本期工程主要设备抗震类型及抗震加固锚栓尺寸见附表：各基站无线设备抗震类型及抗震加固锚栓尺寸表。

本期工程按照《电信设备安装抗震设计规范》（YD 5059—2005）、《电信机房铁架安装设计标准》（YD/T 5026—2005）所对应的要求，参考我国通信行业标准《通信设备安装抗震设计图集》（YD 5060—2010）进行设备安装抗震设计。

《通信设备安装抗震设计图集》（YD 5060—2010）

本设计以规范《通信设备安装抗震设计图集》（YD 5060—2010）为基础。

17.1.6 安全生产要求

通信生产具有“全程全网、联合作业”的特点，要求参与通信生产的所有设备、设施的技术性能要安全、可靠；要求操作、使用这些设备和设施的人员具有迅速、准确、安全的操作技能。在研制、采用相应的安全技术措施时，应首先考虑安全技术措施的可靠性；其次，在通信生产过程中，消除存在的危险因素，制订应急预案。

无线基站工程安全生产要求

为规范安全生产管理工作，防止和减少安全生产事故，保护员工和企业生命财产安全，维护正常工作秩序，在中华人民共和国境内从事公用电信网新建、改建、扩建和拆除等活动需遵守国家相关法律、法规的规定。

通信安全生产管理应坚持“安全第一、预防为主”的原则。建设单位、勘察单位、设计单位、施工单位、工程监理单位及其他与建设工程安全生产相关的单位，必须遵守安全生产法律、法规的规定，保证建设工程安全生产，依法承担建设工程安全生产责任。

1. 安全生产责任

1）建设单位安全生产责任

（1）建立完善的通信建设工程安全生产管理制度，建立生产安全事故应急预案，建立安全生产管理机构并确定责任人。

（2）通信建设工程的安全生产费按建安工程费的1.5%计取，在工程概预算中明确通信建设工程安全生产费，不得打折；在工程承包合同中明确支付方式、数额及时限。

（3）建设单位不得对设计、施工、工程监理单位提出不符合安全生产法律、法规和强制性标准规定的要求，不得压缩合同规定的工期。

（4）建设单位在通信工程开工前，应当就落实保证安全生产的措施进行全面系统的布置，明确相关单位的安全生产责任。

（5）建设单位在对施工单位进行资格审查时，应当对企业的主要负责人、项目负责人以及专职安全生产管理人员是否经通信主管部门安全生产考核合格进行审查；有关人员未经考核合格的，不得认定投标单位的投标资格。

（6）建设单位应当向施工单位提供施工现场及毗邻区域内供水、排水、供电、供气、供热、通信、广播电视等地下管线资料，气象和水文观测资料，相邻建筑物和构筑物、地下工程的有关资料，并保证资料的真实、准确、完整。

（7）建设单位不得明示或暗示施工单位购买、租赁、使用不符合安全施工要求的安全防护用具、机械设备、施工机具及配件、消防设施和器材。

（8）建设单位应当将拆除工程发包给具有相应资质等级的施工单位。

2）勘察、设计单位安全生产责任

（1）勘察单位应依照法律、法规和工程建设强制标准进行勘察，提供的勘察文件应当真实、准确，满足建设工程安全的需要。

（2）勘察单位在勘察作业时，应当严格执行操作规程，采取措施保证各类管线、设施和周边建筑物、构筑物的安全。

（3）设计单位和有关人员对其设计安全性负责。

（4）设计单位编制工程概预算时，必须按照相关规定全额列出安全生产费用。

（5）设计单位应当按照法律、法规和工程建设强制性标准进行设计，防止因设计不合理导致生产安全事故的发生。

（6）设计单位应当考虑施工安全操作和防护的需要，对涉及施工安全的重点部位和环节，在设计文件中注明，并对防范安全事故提出指导意见。

（7）设计单位应参与与设计有关的安全生产事故分析，并承担相应责任。

3）监理单位安全生产责任

（1）按照法律、法规、规章制度、安全生产操作规范和工程建设强制性标准实施监理，并对工程建设生产安全承担监理责任。

（2）完善安全生产管理制度，明确监理人员的安全监理责任，建立监理人员安全生产教育培训制度，总监理工程师和安全监理人员须经安全生产教育培训取得通信主管部门核发的《安全生产考核合格证》后方可上岗。

（3）审查施工单位施工组织设计中的安全技术措施或者专项施工方案是否符合工程建设强制性标准要求。

(4) 工程监理在工程建设过程中，要监督工程建设单位安全生产费是否按照工程承包合同中预定的时限足额支付，施工单位是否合理有效使用安全生产费，专款专用。

(5) 工程监理在实施监理过程中，发现存在安全事故隐患的，应当要求施工单位整改；情况严重的，应当要求施工单位暂时停止施工，并及时报告建设单位。施工单位拒不整改或者不停止施工的，工程监理单位应当及时向有关主管部门报告。

4) 施工单位安全生产责任

(1) 施工单位从事建设工程的新建、扩建、改建和拆除等活动，应当具备国家规定的注册资本、专业技术人员、技术装备和安全生产等条件，依法取得相应等级的资质证书，并在其资质等级许可范围内承揽工程。

(2) 施工单位应设立安全生产管理机构，建立健全安全生产责任制度和教育培训制度，制定安全生产规章制度和操作规范，建立生产安全事故紧急预案。

(3) 建立安全生产费用预算，专款专用，不得挪作他用。

(4) 建设工程实施施工总承包的，由承包单位对施工现场的安全生产负总责。

(5) 特种作业人员必须按照国家有关规定经过专门的安全作业培训，并取得特种作业操作资格证书后，方可上岗工作。

(6) 施工单位对因建设工程施工可能造成损害的毗邻建筑物、构筑物和地下管线等，应当采取专项防护措施。

(7) 施工单位应当在施工现场建立消防安全责任制度，确定消防安全责任人，配备消防设施和灭火器材，在施工现场入口处设置明显标志。

(8) 施工单位应当向作业人员提供安全防护用具和安全防护服装，并书面告知危险岗位的操作规程和违章操作的危害。作业人员应当遵守安全施工的强制性标准、规章制度和操作规程，正确使用安全防护用具、机械设备等。

2. 易发问题及安全风险点说明

1) 设备安装易发问题及安全风险点说明

(1) 设备安装易发问题主要有以下几个。

①在已有运行设备的机房内作业时，没有划定施工作业区域，作业人员随意触碰已有运行设备，随意触碰消防设施。

②擅自关断运行设备的电源开关。

③擅自将交流电源线挂在通信设备上。

④脚踩铁架、机架、电缆走道、端子板及弹簧排。

⑤放置工具和器材在铁架、槽道、机架、人字梯上。

⑥设备在安装时（含自立式设备），没有采用膨胀螺栓对地加固。在需要抗震加固的地区，没有按设计要求对设备采取抗震加固措施。

⑦布放线缆时，强拉硬拽。在楼顶布放线缆时，没有使用安全带站在窗台上作业。

⑧设备开箱及搬运中的违规操作。

⑨铁件加工及安装过程中的违规操作。

⑩未做好设备接地。

⑪设备加电测试中的违规操作。

(2) 设备安装所涉及的工程安全风险点如下。

①技术风险。通信设备安装工程所采用的设备都是正规厂家出厂的合格产品，在技术性能上都达到了合同规定的要求，技术风险较低。

②管理风险。项目施工单位有差异，施工人员有流动，尤其无线基站设备安装工程的施工单位因为分工不同，分为前期施工单位、后期施工单位，在多单位配合施工中，存在协同工作风险，施工单位应做好项目实施计划，建设单位（监理单位）应做好项目实施的过程把控。

③资源风险。无线基站设备安装工程涉及在居民区进行作业建设，在站址资源获取或续租上存在资源风险。

④质量风险。施工中工艺水平差异，存在施工质量偏差风险，施工工人对环境或设备不熟悉存在操作风险。

⑤环境风险。施工地点有正在运行的设备，在运行安全方面可能存在风险；施工粉尘对在网运行的设备也可能存在危害。其中无线基站设备安装施工所处居民区，存在业主干扰施工的可能，因此存在业主干扰风险。

此外，具体设备安装施工作业中主要涉及设备安装前开箱、在已有运行设备的机房内作业、需现场进行铁件加工及安装、机架安装和线缆布放以及设备加电测试等关键环节，存在较多涉电作业。

（3）涉及的危险因素主要有以下几项。

①设备开箱及搬运中的违规操作。

②未做好设备抗震加固。

③在已有运行设备的机房内作业时违规操作。

④各项涉电作业中的违规操作。

⑤铁件加工及安装过程中的违规操作。

⑥机架安装和线缆布放过程中的违规操作。

⑦未做好设备接地。

⑧设备加电测试中的违规操作。

2）天馈线安装易发问题及安全风险点说明

（1）天馈线安装易发问题主要有以下几个。

①在塔上安装天馈线工作中，没有认真检查塔的固定方式及其牢固程度，盲目上塔作业。

②上、下塔时没按规定路由攀登，人与人之间距离小于3 m，行动速度过快。

③天线安装现场没有设置围栏，导致非作业人员误入作业区。

④天线基础的混凝土浇筑没有达到养护期和强度要求就进行天线安装。

⑤天馈线安装工程涉电作业中的违规操作。

⑥作业人员在上塔调整天馈线前，网优工程师没有向上塔人员进行技术交底，没有确认所调整的平台、天线和调整的内容。

（2）天馈线安装所涉及的工程安全风险点如下。

①技术风险。天馈线系统安装工程，采用的天线、馈线及相关附属设备都是正规厂家出厂的合格产品，在技术性能上都达到了合同规定的要求，技术风险较低。

同时也应该根据各施工地区地理和环境情况不同（如大风、高腐蚀、高寒、多雨），选取相应技术指标和具有针对性的天馈线产品。

②管理风险。天馈线系统安装工程涉及基础铁塔、抱杆、简易杆（灯杆）等基础设施，施工单位因为分工不同，分为前期施工单位、后期施工单位，在多单位需求沟通及施工配合中，存在协同工作风险，各施工单位应做好项目实施计划，建设单位（监理单位）应做好项目实施的过程把控。

当租用第三方基础铁塔、抱杆、简易杆（灯杆）等基础设施时，应在第三方确定我方天馈线系统安装技术要求后，协同施工单位做好项目实施工作。

③资源风险。天馈线系统安装工程涉及在建筑天面、外墙、简易杆（灯杆）或铁塔上进行施工作业建设，在基础资源获取或续租上存在资源风险。

④质量风险。天馈线系统安装工程在施工中存在工艺水平差异、施工质量偏差风险；施工工人对环境或设备不熟悉存在操作风险。

⑤环境风险。天馈线系统安装工程涉及塔上、杆上及建筑物顶部或外墙的施工作业，恶劣天气条件会增加施工作业中的风险，且施工地点很可能存在已有开通的天馈系统正在运行中。一方面，存在施工登高作业风险；另一方面，在运行安全方面也可能存在风险。还可能存在施工所处物业业主干扰施工的业主干扰风险。

此外，具体设备安装施工作业中主要涉及：施工人员上下塔、上下杆、天馈线等物件吊装作业，塔上、杆上安装天馈线作业，天馈线防雷接地，天馈线测试及调整等关键环节，存在较多塔上、杆上、塔周或登高作业。

（3）涉及危险因素主要有以下几项。

①上下塔、上下杆中的违规操作。

②未做好安装现场的施工防护。

③天馈线等物件吊装时的违规操作。

④塔上、杆上安装天馈线时的违规操作。

⑤未按规范要求做好天馈线防雷接地。

⑥涉电作业中的违规操作。

⑦天馈线测试及调整等规划优化过程中的违规操作。

3. 安全生产要求

通信生产过程中应全程遵照执行《通信建设工程安全生产操作规范》（YD 5201—2014）的各项具体要求，严格执行，确保通信系统的正常运行，促进通信建设事业发展。

本设计中作为重点详细列出相关强制性条文的要求，其他要求可参照《通信建设工程安全生产操作规范》（YD 5201—2014）的详细内容。

《通信建设工程安全生产操作规范》（YD 5201—2014）

1）基本规定

根据通信行业标准《通信建设工程安全生产操作规范》（YD 5201—2014）中“3 基本规定”的具体条款，施工现场、施工驻地、野外作业、施工现场防火须严格遵守各项强制性要求。

根据通信行业标准《通信建设工程安全生产操作规范》（YD 5201—2014）第 3.2.1 条要求，在公路、高速公路、铁路、桥梁、通航的河道等特殊地段和城镇交通繁忙、人员密集处施工时必须设置有关部门规定的警示标志，必要时派专人警戒看守。

根据通信行业标准《通信建设工程安全生产操作规范》（YD 5201—2014）第 3.2.8 条要求，从事高处作业的施工人员，必须正确使用安全带、安全帽。

根据通信行业标准《通信建设工程安全生产操作规范》（YD 5201—2014）第3.3.1条要求，临时搭建的员工宿舍、办公室等设施必须安全、牢固、符合消防安全规定，严禁使用易燃材料搭建临时设施。临时设施严禁靠近电力设施，与高压架空电线的水平距离必须符合相关规定。

根据通信行业标准《通信建设工程安全生产操作规范》（YD 5201—2014）第3.4.7条要求，严禁在有塌方、山洪、泥石流危害的地方搭建住房或搭设帐篷。

根据通信行业标准《通信建设工程安全生产操作规范》（YD 5201—2014）第3.4.10条要求，在江河、湖泊及水库等水面上作业时，必须携带必要的救生用具，作业人员必须穿好救生衣，听从统一指挥。

根据通信行业标准《通信建设工程安全生产操作规范》（YD 5201—2014）第3.6.6条要求，在光（电）缆进线室、水线房、机房、无（有）人站、木工场地、仓库、林区、草原等处施工时，严禁烟火。施工车辆进入禁火区必须加装排气管防火装置。

根据通信行业标准《通信建设工程安全生产操作规范》（YD 5201—2014）第3.6.8条要求，电缆等各种贯穿物穿越墙壁或楼板时，必须按要求用防火封堵材料封堵洞口。

根据通信行业标准《通信建设工程安全生产操作规范》（YD 5201—2014）第3.6.9条要求，电气设备着火时，必须首先切断电源。

2）工器具和仪表相关安全规定

根据通信行业标准《通信建设工程安全生产操作规范》（YD 5201—2014）“4 工器具和仪表”的具体条款，施工过程中工器具和仪表在选择和使用中须严格遵守各项强制性要求。

根据通信行业标准《通信建设工程安全生产操作规范》（YD 5201—2014）第4.3.9条要求，伸缩梯伸缩长度严禁超过其规定值。在电力线、电力设备下方或危险范围内，严禁使用金属伸缩梯。

根据通信行业标准《通信建设工程安全生产操作规范》（YD 5201—2014）第4.4.1条要求，配发的安全带必须符合国家标准。严禁用一般绳索、电线等代替安全带。

根据通信行业标准《通信建设工程安全生产操作规范》（YD 5201—2014）第4.6.4条要求，在易燃、易爆场所，必须使用防爆式用电工具。

根据通信行业标准《通信建设工程安全生产操作规范》（YD 5201—2014）第4.7.1条要求，焊接现场必须有防火措施，严禁存放易燃、易爆物品及其他杂物。禁火区内严禁焊接、切割作业，需要焊接、切割时，必须把工件移到指定的安全区内进行。当必须在禁火区内焊接、切割作业时，必须报请有关部门批准，办理许可证，采取可靠防护措施后方可作业。

根据通信行业标准《通信建设工程安全生产操作规范》（YD 5201—2014）第4.7.5条要求，焊接带电的设备时必须先断电。焊接储存过易燃、易爆、有毒物质的容器或管道时，必须清洗干净，并将所有孔口打开。严禁在带压力的容器或管道上施焊。

根据通信行业标准《通信建设工程安全生产操作规范》（YD 5201—2014）第4.7.7条要求，使用氧气瓶应符合以下要求。

（1）严禁接触或靠近油脂物和其他易燃品。严禁氧气瓶的瓶阀及其附件黏附油脂。手臂或手套上黏附油污后，严禁操作氧气瓶。

（2）严禁与乙炔等可燃气体的气瓶放在一起或同车运输。

（3）瓶体必须安装防震圈，轻装轻卸，严禁剧烈震动和撞击；储运时，瓶阀必须戴安全帽。

（4）严禁手掌满握手柄开启瓶阀，且开启速度应缓慢。开启瓶阀时，人应在瓶体一侧，且人体和面部应避开出气口及减压气的表盘。

（5）严禁使用气压表指示不正常的氧气瓶。严禁氧气瓶内气体用尽。

（6）氧气瓶必须直立存放和使用。

（7）检查压缩气瓶有无漏气时，应用浓肥皂水，严禁使用明火。

（8）氧气瓶严禁靠近热源或在阳光下长时间曝晒。

根据通信行业标准《通信建设工程安全生产操作规范》（YD 5201—2014）第4.7.8条要求，使用乙炔瓶应符合以下要求。

（1）检查有无漏气应用浓肥皂水，严禁使用明火。

（2）乙炔瓶必须直立存放和使用。

（3）焊接时，乙炔瓶5 m内严禁存放易燃、易爆物质。

根据通信行业标准《通信建设工程安全生产操作规范》（YD 5201—2014）第4.8.1条要求，严禁使用汽油、煤油洗刷空气压缩机曲轴箱、滤清器或空气通路的零部件。严禁曝晒、烧烤储气罐。

根据通信行业标准《通信建设工程安全生产操作规范》（YD 5201—2014）第4.8.4条要求，严禁发电机的排气口直对易燃物品。严禁在发电机周围吸烟或使用明火。作业人员必须远离发电机排出的热废气。严禁在密闭环境下使用发电机。

根据通信行业标准《通信建设工程安全生产操作规范》（YD 5201—2014）第4.8.7条要求，潜水泵保护接地及漏电保护装置必须完好。

根据通信行业标准《通信建设工程安全生产操作规范》（YD 5201—2014）第4.8.10条要求，搅拌机检修或清洗时，必须先切断电源，并把料斗固定好。进入滚筒内检查、清洗，必须设专人监护。

根据通信行业标准《通信建设工程安全生产操作规范》（YD 5201—2014）第4.8.12条要求，使用砂轮切割机时，严禁在砂轮切割片侧面磨削。

根据通信行业标准《通信建设工程安全生产操作规范》（YD 5201—2014）第4.8.14条要求，严禁用挖掘机运输器材。

根据通信行业标准《通信建设工程安全生产操作规范》（YD 5201—2014）第4.8.17条要求，推土机在行驶和作业过程中严禁上下人，停车或在坡道上熄火时必须将刀铲落地。

根据通信行业标准《通信建设工程安全生产操作规范》（YD 5201—2014）第4.8.19条要求，使用吊车吊装物件时，严禁有人在吊臂下停留或走动，严禁在吊具上或被吊物上站人，严禁用人在吊装物上配重、找平衡。严禁用吊车拖拉物件或车辆。严禁吊拉固定在地面或设备上的物件。

3）器材储运相关安全规定

根据通信行业标准文件《通信建设工程安全生产操作规范》（YD 5201—2014）“5 器材储运”第5.5.6条要求，易燃、易爆化学危险品和压缩可燃气体容器等必须按其性质分类放置并保持安全距离。易燃、易爆物必须远离火源和高温。严禁将危险品存放在职工宿舍或办公室内。废弃的易燃、易爆化学危险品必须按照相关部门的有关规定及时清除。

4）通信设备工程相关安全规定

根据通信行业标准文件《通信建设工程安全生产操作规范》（YD 5201—2014）“8 通信设备工程”第 8.1.3 条的要求，严禁擅自关断运行设备的电源开关。

4. 安全生产保障措施

1）安全生产培训

（1）安全教育对象是生产经营企业所有员工，包括各级领导、管理人员及所有施工人员。安全培训教育是企业所有人员上岗的先决条件，任何人都不可例外。

（2）生产经营单位要负责购置、编印安全生产书籍、刊物、影像资料等发放给员工。

（3）生产经营单位要长期、定期举办安全生产展览和知识竞赛活动，设立陈列室、教育室等，组织员工参观、学习。全过程的安全教育是确保职工安全生产的基本前提条件。

（4）生产经营单位要定期召开安全生产专题会议，谈论近期生产安全工作重点，防范事故发生。

（5）安全教育培训要具有针对性。通信施工生产设计的专业广、内容多，受地形、水文、气象等环境影响大，因此必须具有针对性、专业性的培训，生产经营单位要组织专职安检人员、生产管理人员等参加安全生产专业培训。

（6）特种作业人员上岗作业前，必须进行专门的安全技术和操作技能的培训教育，增强安全生产意识，并获得证书后方可上岗。

（7）生产经营单位要制订安全应急救援预案，下发给所有员工学习，并组织预案演练，增强员工应对突发生产安全事故的经验。

2）针对本工程安全风险点的保障措施

针对可能存在的技术风险，工程开展前期应全面做好技术储备和专业技术培训，应在设备采购等环节严控设备技术功能与性能品质，确保设备合格入网。

针对管理协调中可能面临的风险，在项目开展初期即制订出完备的管理控制流程，明确各单位责任分工，确定责任人和接口人，明确上下级联系沟通机制，具体任务与责任明确到人，并在项目实施过程中严格执行管理流程。

针对施工现场及周边环境可能给施工人员及周围居民造成危害的风险（如在居民稠密区施工、重要交通路口施工、桥上施工、铁路沿线施工、加油加气站附近施工、变电站附近施工、重要仓库附近施工等），应从技术措施上防止安全事故的发生，施工现场凡有危险存在的地方，一律设置安全警示标志；警示标志要规范，并符合我国安全标志规定；在危险性较大的部位、地段，除设置警示标志外，还应派专人看守。

针对季节性施工所面临的风险，为保证作业人员及设备设施的安全，应制订相应的技术措施。例如，夏季要制订防暑降温措施，雨季制订防雨、防滑、防触电、防雷电、防坍塌措施，冬季要制订防风、防火、防冻、防滑、防煤气中毒措施，在山区施工要有防山体滑坡、防泥石流措施，在森林区施工要有防火措施。

针对施工现场可能发生的各类常见事故，应制订明确的安全急救措施，最大限度地保护生命财产安全。例如，发生机械伤害事故时的措施主要有：①应先切断动力，再根据伤害部位和伤害性质进行处理；②根据现场人员被伤害的程度，通知急救医院，对轻伤人员进行现场救护；③对重伤者不明伤害部位和伤害程度的，不应盲目进行抢救，以免引起更严重的伤害。发生火灾、爆炸事故的措施主要有：①紧急事故发生后，发现人应立即报警，启动应急预案；②按事先制订的应急方案立即进行自救；③疏通事发现场道路，保证救援工作顺利进行；疏散人群至安全地带；④在急救过程中，遇有威胁人身安全情况时，应首先确保人身安全，迅速组织脱离危险区域或场所后，再采取急救措施；⑤切断电源、可燃气体（液体）的输送，防止事态扩大。

3）设备安装安全风险因素及保障措施

本工程设备安装所涉及施工作业中的风险因素及安全措施如表 17－22 所示。

表 17－22　设备安装安全风险因素及保障措施

<table>
<tr><th>施工作业内容</th><th>风险因素序号</th><th>风险因素</th><th>风险说明</th><th>风险处置方案及安全施工说明</th></tr>
<tr><td rowspan="5">设备安装</td><td rowspan="5">1</td><td rowspan="5">设备重量大，登高作业</td><td rowspan="5">易跌倒、砸伤、跌落等</td><td>人工搬运时，男工每人不超过 40 kg，女工每人不超过 20 kg</td></tr>
<tr><td>需要支搭脚手架时，脚手架要支搭牢固，脚后板要放置平稳，木板厚度不得少于 5 cm，跨度不得超过 2 m，不得支“探头板”</td></tr>
<tr><td>登高作业时，严禁脚踩铁架、机架、上线电缆走道；严禁攀登配线架支架；严禁脚踩端子板、弹簧排</td></tr>
<tr><td>组立机架时，应铺木板或其他物品，防止机架滑动而伤人；当机架立起后，应立即做临时支撑，防止倾倒</td></tr>
<tr><td>放电缆时，不得硬拉并设人看管缆盘，防止盘倒伤人，用剖刀时，应避免划伤手</td></tr>
<tr><td rowspan="7">施工现场用电</td><td rowspan="7">2</td><td rowspan="7">用电频繁</td><td rowspan="7">易触电</td><td>施工现场用电应采用三相五线制的供电方式。用电应符合三级配电结构，即由总配电箱经分配电箱到开关箱。每台用电设备应有各自专用的开关箱，实行“一机一箱”制</td></tr>
<tr><td>施工现场用电应遵照批准的临时用电方案，应采用绝缘护套导线，禁止各类用电电缆乱拉乱接、随地缠绕，严禁将线头直接插到插座内使用，防止发生短路事故线路</td></tr>
<tr><td>安装、巡检、维修、移动或拆除临时用电设备和线路，应由电工完成，并应有人监护</td></tr>
<tr><td>检修各类配电箱、开关箱、电气设备和电力工具时，应切断电源，并在总配电箱或者分配电箱一侧悬挂“检修设备，请勿合闸”的警示标牌，必要时设专人看管</td></tr>
<tr><td>施工时严禁使用高热灯具（如太阳灯等）做临时照明，严禁使用电热水器、电炉等非施工用电热器具，使用照明灯时，灯具的相线应经过开关控制，不得直接引入灯具</td></tr>
<tr><td>使用机房原有电源插座时应核实电源容量，用电设备的总功率不得超过供电负荷</td></tr>
<tr><td>当使用吸尘器、冲击钻、电烙铁或调试用的手提电脑等用电设备取电时，严禁使用 UPS 及通信设备使用的电源插座</td></tr>
</table>

续表

施工作业内容	风险因素序号	风险因素	风险说明	风险处置方案及安全施工说明
施工现场用电	2	用电频繁	易触电	使用带有金属的工具时，应避免触碰电力线或带电物体
				在机房施工使用的电气设备，应安装漏电保护器，并标明所需电压
				涉电作业应使用绝缘良好的工具，使用的金属工具如改锥、扳手等应用胶布或绝缘塑料带缠绕，并由专业人员操作。在带电的设备、头柜、分支柜中操作时，不得佩戴金属饰物，并采取有效措施防止螺钉、垫片、金属屑等金属材料掉落，以防引起电源短路
				严禁擅自关断运行设备的电源开关
				电源线中间严禁有接头
				严禁在接地线、交流中性线中加装开关或熔断器
				严禁在接闪器、引下线及其支持件上悬挂信号线及电力线
				不得将交流电源线挂在通信设备上
				设备在加电前应进行检查，设备内不得有金属碎屑，电源正负极不得接反和短路，设备保护地线应引接良好，各级电源熔断器和空气开关规格应符合设计和设备的技术要求
				设备加电时，应逐级加电、逐级测量
				插拔机盘、模块时应佩戴接地良好的防静电手环
				测试仪表应接地，测量时仪表不得过载
				插拔电源熔断器应使用专用工具，不得用其他工具代替
				光纤激光不得正对眼睛
施工工器具使用	3	工器具经常使用	易伤手、四肢和身体	插销板、电烙铁、电锤、行灯及手电钻等设备的电源接线应绝缘良好，要布放合理，避免作业人员踢碰或绊倒，并不得挂在通信设备上
				铁架、机架及高凳上，不准存放工具和器材。工作需要必须往高凳上放工具或器材时，人离开时必须随手取下；当搬移高凳时，应先检查上面有无工具和器材
				在运行设备顶部操作时，应对运行设备采取防护措施，避免工具、螺钉等金属物品落入机柜内
				作业时，施工作业人员不得将有锋刃的工具插入腰间或放在衣服口袋内。运输或存放这些工具应平放，锋刃口不可朝上或向外，放入工具袋时刃口应向下
				长条形工具或较大的工具应平放。长条形工具不得靠墙、汽车或电杆倚立
				传递工具时，不得上扔下掷

续表

施工作业内容	风险因素序号	风险因素	风险说明	风险处置方案及安全施工说明
施工工器具使用	3	工器具经常使用	易伤手、四肢和身体	使用手锤、榔头时不应戴手套，抡锤人对面不得站人。铁锤木柄应牢固，木柄与锤头连接处应用楔子固定牢固，防止锤头脱落
				手持钢锯的锯条安装应松紧适度，使用时避免左右摆动
				滑车、紧线器应定期进行注油保养，保持活动部位活动自如。使用时，不得以小代大或以大代小。紧线器手柄不得加装套管或接长
				各种吊拉绳索在使用前应进行检查，如有磨损、断股、腐蚀、霉烂、碾压伤、烧伤现象之一者不得使用。在电力线下方或附近，不得使用钢丝绳、铁丝或潮湿的绳索进行牵、拉、吊等作业
				使用铁锹、铁镐时，应与他人保持一定的安全距离
				使用剖缆刀、壁纸刀等工具时，刀口应向下，用力均匀，不得向上挑拨
				台虎钳应装在牢固的工作台上，使用台虎钳夹固工件时应夹固牢靠
				使用砂轮机时，应站在砂轮侧面，佩戴防护眼镜，不得戴手套操作
				固定工件的支架离砂轮不得大于3 mm，安装应牢固。工件对砂轮的压力不得过大。不得利用砂轮侧面磨工件，不得在砂轮上磨铅、铜等软金属
				选用的梯子应能满足承重要求，长度适当，方便操作。带电作业或在运行的设备附近作业时，应选择绝缘梯子
				伸缩梯伸缩长度严禁超过其规定值。在电力线、电力设备下方或危险范围内，严禁使用金属伸缩梯
				高处施工应使用绝缘梯或高凳。严禁脚踩机架和布线走道
				使用后未冷却的电烙铁、热风机不得随意丢放
施工现场防火	4	管理疏忽	有失火风险	遵守机房管理制度，严禁在机房内饮水、吸烟
				机房内施工不得使用明火，需用明火时应经相关单位部门批准
				施工场地应配备消防器材。机房内严禁堆放易燃、易爆物品
				在已有运行设备的机房内作业时，应划定施工作业区域。作业人员不得触碰在运设备；不得随意关断电源开关

4）天馈线安装安全风险因素及保障措施

本工程天馈线安装所涉及施工作业中的风险因素及安全措施如表17－23所示。

表 17-23 天馈线安装安全风险因素及保障措施

施工作业内容	风险因素序号	风险因素	风险说明	风险处置方案及安全施工说明
上下塔及塔上、高空作业	1	高空设备安装	施工作业位于高处天面或铁塔、通信杆上，未做好安全措施，易导致失足坠地的人员伤亡	（1）高处作业人员必须持证上岗，应该严格遵守施工单位编制的、经过审核的高处施工安全技术措施。 （2）施工人员作业时要求遵守工程施工安全规范，不在高温环境下作业、不超负荷作业、不疲劳作业、不在酒后作业，确保工作的安全和质量。 （3）工作时必须使用符合国家标准的安全帽、安全带以及其他相应的劳保用品，严禁穿拖鞋、硬底鞋或赤脚上塔作业。作业中切勿接触潮湿的墙面、导电性高的物体，不能靠近避雷器装置。 （4）安全用品及工具用完后必须放在规定的位置，不得与其他杂物放在一起
	2	高空物件掉落	作业使用的器具未做好安全防护可能滑落，比如暂不使用的塔上的工具、金属安装件等物体掉落，造成塔下人员伤亡	（1）在高空作业时，应严格遵守高空作业施工规范。 （2）在施工前做好防护及隔离措施，安装现场设置围栏，确保施工的安全性。 （3）在天线吊装现场（包括市内楼房吊装）应设置安全作业警示区域，禁止车辆及无关人员穿行。 （4）施工现场人员必须佩戴相应的劳动保护用品
	3	恶劣天气	高温环境下，强风、大雾、雷雨中户外作业，存在一定安全隐患	（1）气候环境条件不符合施工要求时，严禁上塔施工作业。 （2）雷雨天气应停止户外作业，防止遭遇雷击伤害，应到安全地点躲避，等雷电消除后方可继续施工。 （3）遇到强风、大雾等天气时，也应停止户外作业。 （4）可作业情况下，施工作业中应做好各项安全防护措施
天馈线设备安装作业	4	天馈线安装基础	（1）天线基础的混凝土浇筑未达到养护期和强度要求。 （2）安装杆塔时没有检查房屋结构或没有按照杆塔安装规范施工，造成房屋漏水或抱杆倒塌造成人身伤害	（1）应确保天线基础的混凝土浇筑达到养护期和强度要求后方可进行天线安装。 （2）安装杆塔时应该按照杆塔安装规范施工。对于有隔热层的天面，应该先拆除隔热层，把杆塔安装件固定在实体天面上，安装完成后需要做好防水处理
	5	设备运输搬运	（1）设备、材料运输途中人货混装、设备搬运操作不当，导致物体打击伤害。 （2）在重要设备或重要客户设备旁边施工，发生设备碰撞或线缆拉扯现象，造成通信中断	（1）驾驶人员需严格遵守交通规则，按规范操作。 （2）施工人员在设备搬运前后应该对设备做好防护措施，确保设备搬运过程中的安全，搬运时注意不要碰撞楼梯或电梯，设备搬运要遵守规定

续表

施工作业内容	风险因素序号	风险因素	风险说明	风险处置方案及安全施工说明
天馈线设备安装作业	6	天馈线设备吊装	（1）无专人指挥或指挥混乱。 （2）未按照吊装作业规范操作造成人员、设备及环境的损害	（1）应严格按照操作规程实施吊装作业。 （2）起吊天线、天线座安装就位时，应有专人负责指挥。 （3）吊装天馈线等物件时，应系好尾绳，严格控制物件上升的轨迹，应使天馈线与铁塔或楼房保持安全距离；拉尾绳的作业人员应密切注意指挥人员的口令，松绳、放绳时应平稳，不得大幅度摆动；向建筑物的楼顶吊装时，绳索不得摩擦楼体
天馈线设备安装作业	7	抗震加固	未按抗震加固规范进行天馈线设备加固，存在较大安全隐患，易造成设备滑落、倒塌等情况，带来人员伤亡及财产损失	天线：（1）室外天线与天线支撑杆的连接应不少于两处。室外天线与支撑杆连接处的连接螺栓直径应不小于M8。 （2）室内天线的安装应用不小于M6的螺栓固定。 （3）对于特殊场合的天线安装应专门设计，并符合抗震加固要求。 馈线：（1）馈线安装应采用专用的走线架（槽）或者走线管道。 （2）馈线安装在走线架（槽）中时，水平方向至少每隔1.5 m用馈线卡固定一次，垂直方向至少每隔1 m用馈线卡固定一次。 （3）馈线与天线的连接处馈线不宜太紧，接头处宜留有一定富余度
	8	防雷接地	未按规范要求做好防雷基地措施	应遵循国家或行业规范要求，做好天馈线系统的防雷接地措施，符合安全生产操作规范，符合工程项目设计要求
	9	破坏已有天面设备或天馈系统	施工现场已有复杂多样的天面设备，施工时容易破坏其他设备	施工时应结合周围情况做好防护措施，不得随意触动已有设备，不得踩踏走线架、馈线等设备，避免对已有系统造成任何不利影响
涉电作业	10	不检查电源极性及相位	送电前不检查极性及相位导致短路或错相，送电不通知、不挂牌、不看护，导致触电伤害	（1）施工时要求遵守工程施工安全规范。 （2）送电前，先核实电源情况，做好送电前的通知、挂牌和看护
	11	插座、插头漏电	各类电气插座、插头老化，电动工具漏电，带电更换附件导致机械或触电伤害	施工前需做好用电设备、工具的检查，及时更换各类老化电气设备、工具，施工时要求遵守工程施工安全规范

续表

施工作业内容	风险因素序号	风险因素	风险说明	风险处置方案及安全施工说明
涉电作业	12	高压线风险	高压线离基站距离比较近时，施工队在进行新建移动基站施工时容易碰到高压线造成人员伤亡	施工前必须核实与高压的安全距离，施工时严格按照工程施工规范安装，同时做好安全防范措施
规划优化作业	13	通信维护网络被病毒攻击	测试计算机带病毒连接到移动通信的维护网络造成对网络的攻击	测试计算机应安装查杀病毒软件并及时更新病毒库，定期查杀病毒。个人计算机不得连接到移动通信的维护网络上去，应防止计算机上的病毒攻击移动通信网络
	14	天馈线测试和调整未遵守操作规程	（1）调整天馈线时，遇到铁架生锈松动、天线抱杆不牢固等现象，仍冒险登高作业。 （2）网优工程师未按规范要求完成向上塔人员的技术交底。 （3）误操作调整本次工程或本专业范围以外的网元参数。 （4）数据修改前和修改后，未严格按照操作规范流程操作，导致造成影响网络运行正常的安全问题	（1）调整天馈线时，如遇到铁架生锈松动、天线抱杆不牢固等现象，应报相关单位处理后再调整，不得要求或强制大馈线操作人员冒险登高作业。 （2）作业人员在上塔调整大馈线前，网优工程师应向上塔人员进行技术交底，确认所调整的平台、天线和调整的内容。 （3）不得调整本次工程或本专业范围以外的网元参数。 （4）数据修改前，应检查在维护过程中由于操作失误而造成的重大数据隐患；检查历次数据修改记录及修改效果记录，对以前的数据应有充分的了解；检查基站控制器（BSC）、基站收发信系统（BTS）版本，了解版本中应该注意的安全事项。 （5）数据修改前，应制订详细的基站数据修改方案和数据修改失败后返回的应急预案，报建设单位审核、批准；应对设备和系统的原有数据进行备份，并注明日期。 （6）数据修改后的检测应遵守以下要求： ①修改完成后应通过基站维护台检测各基站载频、信道的工作状态是否正常。同时宜采用拨打测试进行检查，保证数据修改后的通信业务正常。 ②5个基站以上的大范围数据修改后，应及时组织路测，确保网络运行正常。 ③仔细观察话务统计，检查修改后是否有异常情况发生，特别是拥塞率、掉话率等技术指标。当发现异常情况时应及时处理，恢复设备正常运行。 （7）在优化过程中发现存在涉及网络安全的重大问题时，应在规定时间内上报相关单位

5. 安全应急预案

(1) 配备必要的应急救援器材、设备和现场作业人员安全防护物品，如应急照明、通风、抽水设备及锹镐铲、千斤顶、急救药箱及器材。

(2) 施工现场发生交通事故、触电、落水、火灾、人员高空坠落等事故时，现场人员应立即抢救伤员，同时应向上级应急预案组织和当地医疗、消防、交通及相关部门报警。

(3) 施工现场发生电路阻断、电源短路，造成设备损坏或使正在运行的设备停机事故时，现场负责人应立即向建设单位和项目经理报告，按照应急预案要求尽快恢复。

(4) 发生任何事故，必须及时逐级上报。

(5) 项目负责人接到事故报告后，应迅速采取有效措施，积极组织救护、抢险，减少人员伤亡和财产损失，防止事故继续扩大，并立即报告安全生产主管部门或上级应急指挥中心。

(6) 对重伤及死亡事故，必须保护好现场，不得破坏与事故有关的物体、痕迹、状态；为抢救伤员需移动现场物体时，必须做好标记，未经批准任何人不得擅自清理或破坏现场。

17.1.7 节能环保

1. 设备能耗

本工程所采用的设备符合国家对通信产品的节能要求，且无线设备节能分级、绿色包装和智能节电技术相关要求满足《中国移动4G网络五期工程无线网主设备节能分级和绿色包装技术要求》。

2. 电磁防护与环境保护

电磁环境控制限值》（GB 8702－2014》

1) 电磁辐射防护

根据《电磁环境控制限值》(GB 8702—2014) 中的标准规定，在频率30～3 000 MHz范围内，为控制电场、磁场、电磁场所致公众暴露，环境中电场、磁场、电磁场场量参数任意连续6 min内的方均根值应满足表17－24要求。

表17－24 公众暴露控制限值

参数	单位	限值
电场强度	V/m	12
磁场强度	A/m	0.032
磁感应强度	μT	0.04
等效平面波功率密度	W/m^2	0.4

当公众暴露在多个频率的电场、磁场、电磁场中时，应综合考虑多个频率的电场、磁场、电磁场所导致的暴露，以满足以下要求。

$$\sum_{j=0.1\text{MHz}}^{300\text{GHz}} \frac{E_j^2}{E_{\text{L},j}^2} \leqslant 1$$

和

$$\sum_{j=0.1\text{MHz}}^{300\text{GHz}} \frac{B_j^2}{B_{\text{L},j}^2} \leqslant 1$$

式中 E_j——频率 j 的电场强度；

$E_{L,j}$——频率 j 的电场强度限值；

B_j——频率 j 的磁场强度；

$B_{L,j}$——频率 j 的磁场强度限值。

为使公众受到总照射剂量小于规定的限值，环保部《电磁辐射环境影响评价方法与标准》（HJ/T 10.3—1996）和工业和信息化部《通信工程建设环境保护技术暂行规定》（YD 5039—2009）对单个项目（单项无线通信系统）通过天线发射电磁波的电磁辐射评估限值做了以下规定。

（1）对于国家环境保护局负责审批的大型项目，可取场强防护限值的 $1/\sqrt{2}$ 或功率密度防护限值的 1/2。

《通信工程建设环境保护技术暂行规定》（YD 5039—2009）

（2）对于其他项目，可取场强防护限值的 $1/\sqrt{5}$ 或功率密度防护限值的 1/5。

根据上述标准，本工程对于单个 TD－LTE 基站电磁辐射等效平面波功率密度应小于 0.08 W/m²，对于 TD－LTE 和其他系统共站址的情况应满足上述多辐射体限制规定。

经核算，本工程基站设计符合国家规定的电磁辐射标准。

2）环境保护

通信工程对环境可能产生的污染是蓄电池酸污染，由于本工程拟采用密封防酸蓄电池，因此蓄电池的酸污染可以避免。

在工程中应采取措施使工程在投产后具有保护劳动者的安全和卫生条件，采用电磁波辐射计量符合卫生标准的设备。

3. 生产组织与进度安排

根据设备维护规程，对移动通信设备及网路运行进行监控、优化、维护和故障处理，保证设备完好和通信畅通。

本工程按本地网设置维护管理机构考虑，核心网及无线基站专业维护管理配置专门人员，传输、电源等配套专业基本利用现网设施，人员配置考虑适当增加。核心网设备实行 24 h 值班，无线基站设备、电源设备原则上要求实行无人值守。

17.1.8　网络及信息安全

1. 技术目标

中国移动网络安全的目标是将网络中存在的风险控制在可以接受的范围内。具体而言，该安全目标可以归纳为可用性、可控性、可信性、不可否认性、保密性、完整性和可监督性共 7 个安全目标。

中国移动网络的安全目标主要可分解为以下几个。

（1）可用性是最基本也是最重要的安全目标，因此要保证网络的畅通和可用，必须要防止拒绝服务攻击和大规模蠕虫扩散，并保证网络自身有一定入侵及灾难的容忍能力。在发生安全事件或检测到安全缺陷后，能在可接受的时间段内恢复到正常安全水平。对安全突发事件应具备完善的应急预案。

（2）可控性是保证只有合法用户才能接入并在授权范围内使用网络。防止恶意接入或操作。网络安全架构应有一定弹性和可扩展性，能支持不同的安全策略，如根据实际需要支持不同强度的安全机制。

（3）可信性保证网络可以区分不同的用户，并使得接入用户身份的真实性得到保证。

（4）不可否认性是能在网络中找到用户行为记录，保证所有用户能对自己（且仅对自己）在网络中的行为负责。

（5）保密性是保证敏感数据在网络中存储和传输不被窃取。

（6）完整性是保证数据在网络中存储和传输不被篡改。

（7）可监督性是保证满足 SOX 法案的要求，对系统管理员账号、口令和行为操作应具备管理措施，可以审计监督，并满足国家合法监听的需求。

（8）保证网络自身具有对未知异常情况的监测和自我保护能力。

2. 遵循原则

为了建立全程的、长期的、合理的和有重点的安全措施体系，本要求遵循以下原则。

（1）等级保护原则。该原则要求根据资产对象的重要程度及其实际安全需求，实行分级、分类、分阶段保护，突出重点。

（2）适度安全原则。该原则要求根据安全措施的投入成本与其规避的风险价值，结合安全目标要求，确定适当等级的安全措施，达到安全防护的合理性和经济性。

（3）全过程安全原则。该原则要求每个过程自始至终实施安全监控，要求每个环节都能始终贯彻安全原则，使得在全过程中对风险进行合理的控制。

（4）动态安全原则。该原则要求安全措施体系不断地调整以适应威胁和网络环境的变化，达到安全措施体系的长期适用性。

3. 措施指定流程

网络安全防护的核心问题是对风险的控制。为达到控制安全风险的目的必须建立合理的安全措施体系。安全措施体系建立的过程如图 17－6 所示。

安全措施体系的建立需要通过静态评估、动态评估、措施评价和保护实施 4 个步骤。具体流程如下。

（1）通过静态评估评价各种威胁所引发的风险价值，以此建立威胁库。威胁库包括威胁类型、威胁名称、威胁所利用的脆弱性、涉及的实体和影响的安全属性、威胁发生的概率和威胁产生的影响。

（2）通过动态评估收集网络实际发生的安全事件为静态评估威胁概率和影响提供依据，并检测和分析异常未知安全威胁。

（3）对应威胁库建立可选安全措施库，根据安全措施所能规避的风险价值与其投入的成本进行比较，在最大限度满足安全目标的前提下，建立合理的安全措施集合。

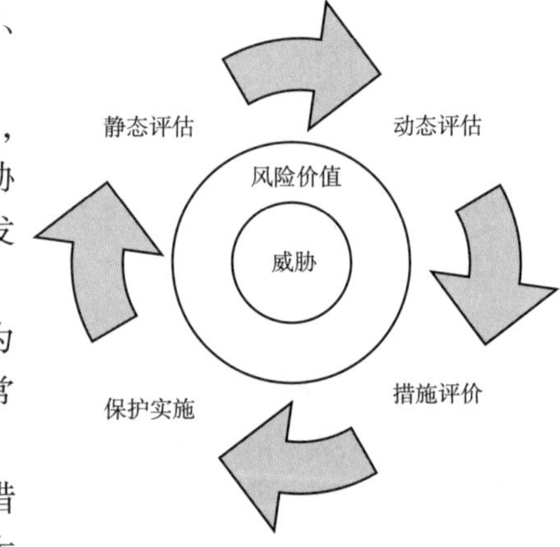

图 17－6　核心方法

（4）安全措施集合依据措施体系组织过程要求实施，返回实施结果。

（5）定期进行安全评估，对已实施的安全措施进行相应的调整改进，使得网络系统能够适应不断变化的网络环境，提高安全水平。

4. 威胁定级规则

本技术要求规定对威胁的管理应具备分级管理，对于威胁的处理遵从要事优先原则，对那些危害程度大、破坏力强，并且在被保护对象上容易发生的威胁优先实施保护。

威胁定级规定包括确定威胁造成的影响和威胁发生的可能性，评估者应根据经验和（或）有关的统计数据来判断威胁发生的频率或者发生的概率。依据威胁对实体（用户、系统）的潜在影响（可能引起的损害），以及出现的可能性进行评估。本要求将威胁出现的可能性分为高、中、低3个级别，如表17－25所示。

表17－25　威胁可能性分级表

威胁可能性	威胁可能性描述
低	根据最新的知识，一个可能的攻击者需解决高难的技术难题，才能实施威胁；或对攻击者而言，动机较低
中	技术方面的要求不是很高，或不需很大努力即可解决的威胁。此外，对攻击者实施攻击，有合理的动机
高	没有足够已有措施来抵御的威胁，并且攻击者的动机很高

本要求将威胁对实体（如用户、系统等）可能造成的影响大致分为高影响、中影响、低影响3个级别，如表17－26所示。需要注意的是，相同威胁对不同实体（如实体用户A和实体系统B）造成的影响可能是不同的。对实体用户A影响高的威胁对实体B影响可能很小；或反之。

表17－26　威胁影响分级表

威胁级别	描述	
	对用户的影响	对系统的影响
低影响	受侵袭的实体没有被严重损坏，可能的损害可恢复	
	用户被骚扰	系统保持正常的操作，同时需增加管理力量。可能出现个别业务的中断，但限于很有限的时间，或少量用户受到中等影响
中影响	威胁对受攻击方有兴趣，并且影响不可忽略	
	用户经受有限的财务损失或相当的不便（损失私密性等），或业务在一定时间内不可行	系统有限的时间内不能运行，或出现个别业务中断/资产受损，导致有限的财务损失（法律纠纷或声誉破坏）。少量用户经受高影响
高影响	商业的基本部分被威胁，并出现严重的损失	
	用户经受大量的财务损失或相当的不便。业务长时间不可运行，用户需求被侵犯	系统在一定时间内不可行。业务中断或出现系统资产瘫痪，导致严重的损失

基于威胁发生的场景、涉及实体及属性、发生概率、影响程度进行综合风险分析，针对实体存在的安全风险和已有的安全措施，提出相应的安全措施。

脆弱性可能存在以下几个方面。

（1）协议设计上的不严谨。

（2）软件出现的漏洞。

（3）资源受到限制。

（4）网络设计中的开放性、信任关系建立以及安全平面设计不合理。

（5）算法本身的脆弱性。

（6）人的因素。

5. 动态评估系统要求

动态评估系统旨在给予静态评估模块实际数据作为参考，并对异常行为提前预警。

动态评估系统首先通过各类网络监控、事件采集等设备将各类网络事件收集并存储，通过对收集的数据进行分析，得到各类事件的统计信息，并提供已知威胁的发生概率和影响，对于发现的异常事件需提交报警，相应地，安全人员需对其进行分析。

动态评估系统必须满足以下安全需求。

（1）动态评估系统必须能够收集当前威胁发生的状态和频率，并能够对以往历史进行统计分析。

（2）动态评估系统应具备对未知异常行为的预警能力。

（3）动态评估系统应具备区分不同网络安全环境调节其预警阈值的能力。

（4）动态评估系统应保证一定的预警准确性和及时性。

6. 安全措施筛选规则

安全措施筛选规则旨在从满足安全目标的前提下，通过对安全措施规避的风险及其投入成本进行比较，选择合理的安全措施。具体流程如下。

（1）确定安全目标和存在的风险。列举上述可选的安全措施，解决上述风险。

（2）评价全部安全措施所投入的成本。成本从以下四部分考虑。

①购置成本。购置成本是与购置设备本身单价和数量有关的，对于服务类型产品一般与服务内容和时间有关。

②运维成本。运维成本包括实施成本、运行维护带来的开销等。在具体计算过程中可能需要忽略一些与安全价值不在同一数量级的细节，但对于主要成分可能牵扯网络的割接、人员的配置等，需做全局考虑。

③引入威胁。任何措施的引入都有可能带来新的威胁，比如，在网络中加入防火墙，其实就防火墙自身的安全漏洞而言，串接方式本身也会带来安全隐患。因此，在考虑引入某安全措施时，应充分考虑引入该安全措施后可能带来的安全威胁，并计算其风险成本。

④消耗资源。在引入安全措施后可能带来网络和服务器资源消耗，如带宽消耗、延迟增加等。因安全措施引入而带来的资源消耗，应计算在安全措施的引入成本中。

（3）比较措施所规避的风险成本。与投入成本的大小相比较，选取投入成本较小的安全措施。

（4）根据附录中的具体计算方法和实际的环境选择合适的参数，从而最终选取出实际的安全措施。

7. 措施体系组织过程

中国移动网络系统包括以下系统单元：

①用户单元：终端、卡。

②接入网：4G 接入。

③核心网：CS 核心网、CMNet、PS 核心网、EPC。

④业务网：SMS、MMS、WAP、移动梦网等。

⑤IT 支撑系统：网管系统、BOSS 系统、企业信息化系统。

安全属性是指系统所应具备的最基本且相互独立的安全因素。从安全属性出发，可以较好地分析各系统单元的安全目标和安全需求。参考国际标准 ITU－T X.805，根据中国移动网络的特点，中国移动网络安全属性应包括以下七类。

①访问控制。防止对任何资源未经授权地使用、泄露、销毁以及发布等非法访问。

②身份认证。对网络系统中的主客体身份进行标识与判别。

③不可否认。提供证据防止个人或实体否认曾经实施过某操作。

④数据机密性。保护数据不被非授权实体所理解。

⑤数据完整性。保证数据的正确性，防止被非法修改、删除、创建或复制。

⑥可用性。保证对网络资源的合理授权访问不被拒绝。

⑦可监督性。保证管理面、控制面和数据面具备进行有效的、合法的审计追查能力。

中国移动网络安全技术措施贯穿于网络规划、建设以及运维的全过程，分网络安全规划、信息保密、信息控制、信息鉴别、业务安全规划、安全管理以及备份和应急响应7个方面，如图17－7所示。原则上，对于不同网络而言，其安全属性要求不同，在这七方面的保护侧重上存在差异。

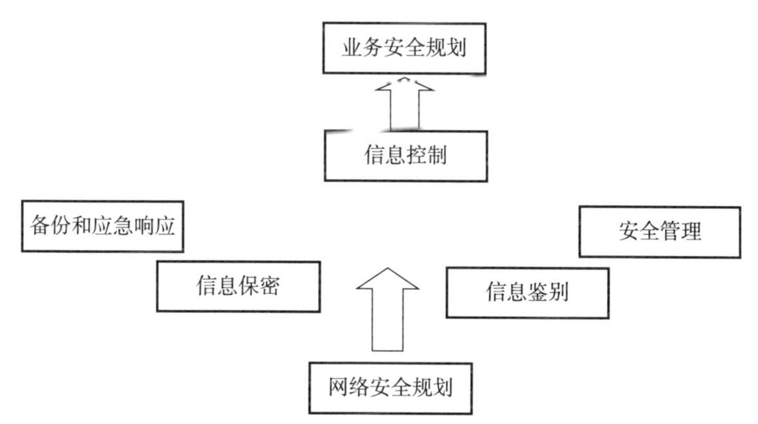

图17－7　中国移动网络安全技术措施层次

中国移动网络安全技术措施体系在首先保障网络传输安全的基础上，通过对信息的保密、控制和鉴别三大手段，保障业务层面的安全，并在运维过程中，保证健全的安全管理和备份应急响应作为支撑。具体要求如下。

（1）网络安全规划的目的是确保良好的网络架构，这是应用层业务安全可靠的基础保障。在网络系统的规划设计阶段必须考虑网络容量、网络可靠性、安全通道、安全域划分等方面的安全问题，为运营维护奠定安全基础。

（2）本要求在保证网络层面的安全规划后，通过信息控制、信息保密和信息鉴别三大信息安全措施为端到端业务安全提供了基础保障。在信息保密方面必须考虑密钥的协商、分发和销毁，信息加密算法的健壮性，以及敏感信息的隐藏技术；在信息控制方面必须考虑对信息的过滤、抗干扰、抗 DoS、对授权信息的访问控制，以及必要的流量填充；在信息鉴别方面必须考虑对身份的验证、对完整性的保护以及消息来源的鉴别等。

（3）业务安全规划的目的是确保良好的业务流程和业务实现，在该层面应保证业务逻辑（包括业务流程和算法）的合理性和业务数据存储安全性。

（4）网络层面和业务应用层面安全得到保证后，需要进一步加强运维过程中的安全管理手段，包括内容审查、系统测试、安全审计、升级和漏洞修补、敏感信息管理以及安全评估等，确保运维过程中的安全。

对于上述措施体系仍然无法解决的安全问题和未知的安全隐患需要通过备份和应急响应预案进行准备，当出现特殊事件如灾害、意外、紧急事件发生时，可以通过备份对系统进行恢复，并通过应急预案有条不紊地将损失控制在可接受的范围。

17.2　工程预算及预算编制

17.2.1　工程概况及预算总额

本设计为某区等71个宏蜂窝基站设备安装单位工程一阶段设计。本单位工程包括71个新建基站，新增载波204个。

本册设计预算含税价总额为8 194 914.36元。其中需要安装设备费7 140 000.00元，建筑安装工程费577 890.88元，工程建设其他费477 023.48元。

本册设计预算除税价总额为7 027 658.89元。其中需要安装设备费6 102 564.10元，建筑安装工程费471 506.36元，工程建设其他费453 588.43元。

17.2.2　预算编制依据

（1）工信部规〔2008〕75号《关于发布〈通信建设工程概算、预算编制办法〉及相关定额的通知》。

（2）工信部2008年5月发布的《通信建设工程概算、预算编制办法》。

（3）工信部2008年5月发布的《通信建设工程费用定额》。

（4）工信部2008年5月发布的《通信建设工程施工机械、仪表台班费用定额》。

（5）工信部2008年5月发布的《通信建设工程预算定额》第三册《无线通信设备安装工程》。

（6）工信部2011年9月发布的《无源光网络（PON）等通信建设工程补充定额》。

2014年10月下发的新补充定额——工信部通〔2011〕426号《无源光网络（PON）等通信建设工程补充定额》

（7）工信部通信工程定额质监中心发布的《关于营业税改增值税后通信建设工程定额相关内容调整的说明》（中心造〔2016〕08号）。

（8）中国移动通信集团吉林有限公司与厂商签订的设备供货合同。

（9）中国移动通信集团吉林有限公司与签订的本工程咨询、勘察设计服务合同。

（10）国家发展改革委、建设部《建设工程监理与相关服务收费管理规定》。

（11）工信部通函〔2012〕213号《关于调整通信工程安全生产费取费标准和使用范围的通知》。

（12）中国移动通信集团公司印发的《中国移动4G/3G网络固定资产投资界面管理办法》（中移计〔2013〕118号）。

（13）中国移动吉林公司发布的《中国移动2016年至2017年通信设备安装工程施工服务集中采购（吉林项目）》招标文件。

（14）中国移动2016—2017年通信设备设计与可行性研究集中采购标段29吉林省——无线网（4G）“中标通知书”及“2016—2017年吉林移动通信工程项目勘察设计费/可研费

取费标准”。

（15）中国移动吉林公司工程建设部下发的《中国移动吉林公司2017年工程建设项目施工、设计、监理取费标准》。

（16）中国移动吉林公司提供的相关资料。

（17）中国移动通信集团设计院人员现场勘察资料。

17.2.3　预算费率取定

1. 表一

根据中国移动吉林公司要求，本设计不计取预备费。

2. 表二（见表17－27）

表17－27　建设安装工程费取费

序号	费用项目			计算方法	主要参数
1	直接费	直接工程费	人工费	工日×人工费单价	技工48元/工日
			（技工、普工费）		普工19元/工日
2			材料费	按表四（材料）	
3			机械使用费	按表三乙	
4			仪表使用费	按表三丙	
5		措施费	共16项，见表17－28		
6	间接费	规费	工程排污费	施工所在地规定。	
7			社会保障费	人工费×社会保障费费率	社会保障费费率：26.81%
8			住房公积金	人工费×住房公积金费率	住房公积金费率：4.19%
9			危险作业意外伤害保险费	人工费×危险作业意外伤害保险费费率	危险作业意外伤害保险费率：1%
10		企业管理费		人工费×企业管理费费率	线路设备32.3%
11	利润			人工费×利润率	线路设备30.0%
12	销项税额			按照国家税法规定应计入建筑安装工程造价的增值税销项税额	（人工费＋乙供主材费＋辅材费＋机械使用费＋仪表使用费＋措施费＋规费＋企业管理费＋利润）×11%

注：建筑安装工程费＝建筑安装工程税前造价＋销项税额；建筑安装工程税前造价为人工费、材料费、机械使用费、仪表使用费、措施费、规费、企业管理费、利润等各项费用（不包含增值税可抵扣进项税额）之和。

表17－28　措施费取费

序号	措施费项目	计算方法	相应费率取值
1	环境保护费	人工费×环境保护费费率	1.20%
2	文明施工费	人工费×文明施工费费率	1.00%
3	工地器材搬运费	人工费×工地器材搬运费费率	1.3%
4	工程干扰费	人工费×工程干扰费费率	4.0%

续表

序号	措施费项目	计算方法	相应费率取值
5	工程点交、场地清理费	人工费×工程点交、场地清理费费率	3.5%
6	临时设施费	人工费×临时设施费费率	≤35 km，5.28%； >35 km，10.56%
7	工程车辆使用费	人工费×工程车辆使用费费率	5.2%
8	夜间施工增加费	人工费×夜间施工增加费费率	2.0%
9	冬雨季施工增加费	人工费×冬雨季施工增加费费率	无线设备（室外部分）1.9%
10	生产工具用具使用费	人工费×生产工具用具使用费费率	1.71%
11	施工用水电蒸汽费	依据施工工艺要求按实计列	
12	特殊地区施工增加费	总工日×3.20元	
13	已完工程及设备保护费	承包人依据工程发包的内容范围报价，经业主确认后计取	
14	运土费	工程量(t·km)×运费单价(元/(t·km))	计算依据参照地方标准
15	施工队伍调遣费	2×(单程调遣费定额×调遣人数)	参照中国移动吉林公司下发的《中国移动吉林公司2016—2017年工程建设项目施工、设计、监理取费标准》
16	大型施工机械调遣费	2×(单程运价×调遣运距×总吨位)	单程运价为0.62元/（t·单程公里）

注：吉林项目各标段若发生施工队伍调遣费可计取。调遣里程按投标人中标区域驻点为起调点，有多个驻点的，以离施工现场最近的驻点为起调点。吉林地区施工单位吉林省通信建设有限公司和中通国脉通信股份有限公司在吉林市区内有驻点，调遣费以单个设计批复的所有站点作为计取对象，按照吉林移动下发的《2017年吉林移动工程建设项目施工、设计、监理取费标准》要求，在预算中将整个费用分摊到需计取调遣费的相关站点中。

3. 表三（见表17－29）

表17－29　基站安装计列工日列表

定额编号	项目名称	单位	额定工日		备注说明
			技工	普工	
TSW1－006	安装综合架、柜	架	2.5		
TSW1－007	增（扩）装子机框	个	0.15		
TSW1－021	安装打印机	台	0.25		
TSW1－022	安装维护用微机终端	台	1		
TSW1－023	放绑120 Ω平衡电缆（双芯）	100 m条	1.4		
TSW1－025	放绑SYV类同轴电缆（单芯）	100 m条	1.5		
TSW1－026	放绑SYV类同轴电缆（多芯）	100 m条	2		
TSW1－027	放绑数据电缆（10芯以下）	100 m条	1		

续表

定额编号	项目名称	单位	额定工日		备注说明
			技工	普工	
TSW1-029	编扎、焊（绕、卡）接120 Ω平衡电缆（双芯）	条	0.1		
TSW1-031	编扎、焊（绕、卡）接SYV类同轴电缆	芯条	0.12		
TSW1-032	编扎、焊（绕、卡）接数据电缆（10芯以下）	条	0.12		
TSW1-034	布放监控信号线	10 m条	0.2		
TSW1-035	室内放绑软光纤（15 m以下）	条	0.4		BBU至RRU间光缆放绑采用本定额
TSW1-036	室内放绑软光纤（15 m以上）	条	0.7		
TSW1-037	室外放绑软光纤	10米条	1		
TSW1-038	室内布放电力电缆（单芯相线）（截面积16 mm^2以下）	10 m条	0.18		
TSW1-039	室内布放电力电缆（单芯相线）（截面积35 mm^2以下）	10 m条	0.25		
TSW1-040	室内布放电力电缆（单芯相线）（截面积70 mm^2以下）	10 m条	0.36		
TSW1-041	室内布放电力电缆（单芯相线）（截面积120 mm^2以下）	10米条	0.49		
TSW1-044	安装列内电源线	列	1.7		
TSW1-045	室外布放电力电缆（单芯）（16 mm^2以下）	10 m条	0.21		
TSW1-046	室外布放电力电缆（单芯）（35 mm^2以下）	10 m条	0.3		
TSW1-047	室外布放电力电缆（单芯）（70 mm^2以下）	10 m条	0.43		
TSW1-048	室外布放电力电缆（单芯）（120 mm^2以下）	10 m条	0.59		
TSW1-053	抗震机座（制作）	个	1.5		
TSW1-054	抗震机座（安装）	个	0.5		
TSW1-062	安装室外落地式综合机柜（宽800 mm以下）	个	5		
TSW1-063	安装室外落地式综合机柜（宽800 mm以上）	个	7		
TSW1-064	安装小型壁挂式DDF	个	0.4		
TSW1-065	安装防雷箱（室内安装）	套	2		
TSW1-066	安装防雷箱（室外非塔上安装）	套	2.3		
TSW1-067	安装防雷箱（室外塔上安装）	套	4		
TSW1-068	安装电表箱	个	1		
TSW1-069	室内天花板内布放软光纤	10 m条	0.7		
TSW1-070	室内布放控制信号线	10 m条	0.4		
TSW1-071	DDF布放跳线	10条	1.25		
TSW1-072	敷设硬质PVC管/槽	10 m	0.65		
TSW1-073	安装波纹软管	10 m	0.3		
TSW1-074	天线美化处理配合用工（楼顶）	副	0.5		

续表

定额编号	项目名称	单位	额定工日		备注说明
			技工	普工	
TSW1－075	天线美化处理配合用工（铁塔）	副	1		
TSW2－009	安装定向天线（楼顶铁塔上，20 m以下）	副	8		安装双极化8阵元智能天线直接采用本定额
TSW2－010	安装定向天线（楼顶铁塔上，20 m以上每增加10 m）	副	1		
TSW2－011	安装定向天线（地面铁塔上，40 m以下）	副	9		
TSW2－012	安装定向天线（地面铁塔上，40 m以上至80 m以下每增加10 m）	副	1		
TSW2－013	安装定向天线（地面铁塔上，80 m以上至90 m以下）	副	17		
TSW2－014	安装定向天线（地面铁塔上，90 m以上，每增加10 m）	副	2		安装双极化8阵元智能天线直接采用本定额
TSW2－015	安装定向天线（拉线塔上）	副	11		
TSW2－016	安装定向天线（支撑杆上）	副	6		
TSW2－017	安装定向天线（楼外墙壁）	副	13		
TSW2－019	安装调测卫星全球定位系统（GPS）天线	副	2.5		
TSW2－021	布放射频同轴电缆1/2 in以下（布放10 m）	条	0.5		GPS馈线安装采用本定额
TSW2－022	布放射频同轴电缆1/2 in以下（每增加10 m）	10 m条	0.3		
TSW2－032	基站天、馈线系统调测	条	4		每扇区按照两条馈线考虑计列8个工日
TSW2－035	配合调测天、馈线系统	站	3		
TSW2－036	安装基站设备（落地式）	架	10		
TSW2－037	安装基站设备（壁挂式）	架	8		
TSW2－038	安装室外基站设备（杆高≤20 m）	套	10		
TSW2－039	安装室外基站设备（杆高>20 m）	套	12		
TSW2－040	增（扩）装信道板	载频	1		
TSW2－042	安装室外射频拉远单元	套	4		RRU设备安装采用本定额
TSW2－048	配合基站系统调测	站	10		当供货厂家负责调测时，计列施工单位配合用工
TSW2－049	安装操作维护中心设备（OMCR）	套	4		

续表

定额编号	项目名称	单位	额定工日		备注说明
			技工	普工	
TSW2－050	调测操作维护中心设备（OMCR）	套	26		
TSW2－059	配合联网调测	站	5		当供货厂家负责调测时，计列施工单位配合用工
TSW2－060	配合基站割接、开通	站	3		
TSW2－061	布放射频同轴电缆 1/2 in 以下（4 m 以下）	条	0.2		
TSW2－062	安装集束电缆（馈线）	米	0.13		
TSW2－063	安装集束电缆（馈线）端头	个	0.06		
TSW2－064	安装电调天线控制器	套	0.12		
TSW2－065	多振元智能天馈线系统调测	副	8		
TSW2－066	安装基站设备（室外落地式）	部	13		
TSW2－067	安装基站设备（嵌入式）	台	1.3		
TSW2－068	扩装设备板件	块	0.5		
TSW2－071	安装射频拉远单元（室内安装）	套	2.5		
TSW2－072	安装射频拉远单元（铁塔上安装）	套	7		

4. 表四

主要材料费＝材料原价＋运杂费＋运输保险费＋采购及保管费＋采购代理服务费

材料原价为不含可抵扣进项税额的税前价格，运杂费、运输保险费、采购及保管费、辅助材料费的计价基础均为不含可抵扣进项税额的税前价格。

设备、工器具购置费＝设备原价＋运杂费＋运输保险费＋采购及保管费＋采购代理服务费

根据中国移动吉林公司与各设备厂商签署的合同规定，运杂费、运输保险费、采购及保管费等包含在主设备费内，本设计不再单独计列。

根据中国移动吉林公司工程建设部下发的《中国移动吉林公司 2017 年工程建设项目施工、设计、监理取费标准》中的吉林项目各标段施工现场与移动库房跨地市而发生的甲供设备、材料由乙方负责承运的，可按定额计取运杂费、运输保险费，不计取采购及保管费、采购代理服务费。本设计中甲供主材未发生跨地市承运，不计取运杂费、运输保险费等费用。

乙供设备、材料承运费若发生，在预算中不再单独计列，施工单位免费提供，并在报价中予以统筹考虑。

5. 表五（见表 17－30）

表 17－30　工程建设其他费

序号	名称	取费标准
1	建设用地及综合赔补费	不计列
2	建设单位管理费	不计列
3	可行性研究费	国家计委《关于印发〈建设项目前期工作咨询收费暂行规定〉的通知》（计投资〔1999〕1283 号）
4	研究试验费	不计列
5	勘察设计费	中国移动通信集团吉林有限公司与签订的本工程咨询、勘察设计服务合同
6	环境影响评价费	1 000 元/站
7	劳动安全卫生评价费	不计列
8	建设工程监理费	中国移动通信集团吉林有限公司与公诚管理咨询有限公司签订的本工程监理合同计取监理费
9	安全生产费	工信部通函〔2012〕213 号《关于"调整通信工程安全生产费取费标准和使用范围"的通知》，安全生产费 = 建安费 × 1.5%，任何单位和个人不得直接或间接对安全生产费进行打折
10	工程质量监督费	不计列
11	工程定额测定费	不计列
12	引进技术及引进设备其他费	不计列
13	工程保险费	不计列
14	工程招标代理费	不计列
15	专利及专利技术使用费	不计列
16	生产准备及开办费（运营费）	不计列
17	审计费	不计列

17.2.4　其他需要说明的问题

（1）依据中国移动吉林公司工程建设部下发的《中国移动吉林公司 2017 年工程建设项目施工、设计、监理取费标准》，本工程计取监理费。

（2）依据中国移动吉林公司工程建设部要求，本工程不计取辅助材料费、工程排污费、施工用水电蒸汽费。

（3）本工程安全生产费不打折。

（4）本工程无线主设备安装为厂家督导的方式，调测由督导负责，施工单位只计取配合工日。由无线主设备厂家负责提供的线缆等材料，其长度按厂家工勘发货，且必须满足工程施工使用要求，设计中计列的数量为布放、调测等工费的取费长度，不可作为厂家发货依据。

（5）主设备费包含：BBU、RRU、机柜等硬件、CSFB 等软件费，FAD、FA、D 普通宽频智能天线，FA/D 独立电调智能天线的设备费、跳线，主设备相关电源线、底线，GPS 和

GPS 馈线等。

（6）根据中国移动吉林公司工程建设部下发的《中国移动吉林公司 2017 年工程建设项目施工、设计、监理取费标准》需要计取下列费用（含税）。

①库房至现场设备搬运费：无线主设备已经全部到地市库房，各地市均不计列。

②搬迁（替换）基站设备拆除保管及装运费 290 元/站（含拆除设备回收保管及装运等费用）。

③对于业主较为敏感的物业点，施工中需要对天线进行伪装搬运，按拆除包装转运费标杆计取，290 元/站。

④设备上楼装运费：48 元/(层·架)。

⑤无线设备分屯费：145 元/架；按 BBU 计取时，基带板不计取。

⑥环境评价费：1 000 元/站。

⑦馈线窗防火封堵材料：193 元/站。

（7）TD－LTE 无线主设备勘察设计费。

按照中国移动 2016—2017 年通信设备设计与可行性研究集中采购标段 29 吉林省——无线网（4G）“中标通知书”及“2016—2017 年吉林移动通信工程项目勘察设计费/可研费取费标准”，本设计设计费计算方法如下。

①工程勘察费计算方法。

工程勘察费 = ××元/站 × 有效勘察基站数

本工程勘察费取费标准为：

宏基站勘察费 = 4 250 元 × 基站数

室内站勘察费 = 4 250 元 × 80% × 基站数 = 3 400 元 × 基站数

有效勘察基站数是指经建设单位确认完成勘察工作并由设计单位出具正式勘察报告的基站数量。

②设计费用计算方法。

基本设计收费 = 工程设计收费基价 × 专业调整系数 × 工程复杂程度调整系数 × 附加调整系数

本工程设计费取费标准如下。

工程设计收费 = 工程设计收费基价 × 1 × 1.15 × 1.1

注：实施营改增后，计费额按价税分离后的不含税金额计算。

③勘察、设计费计算方法：

勘察、设计费 = (工程勘察费 + 基本设计收费) × 投标折扣率

本工程折扣率为 0.61。

（8）应移动省公司要求，本工程不计取预备费。

17.3　图纸

图纸见附录 D。

附　　录

附录 A　无线基站设备系统图

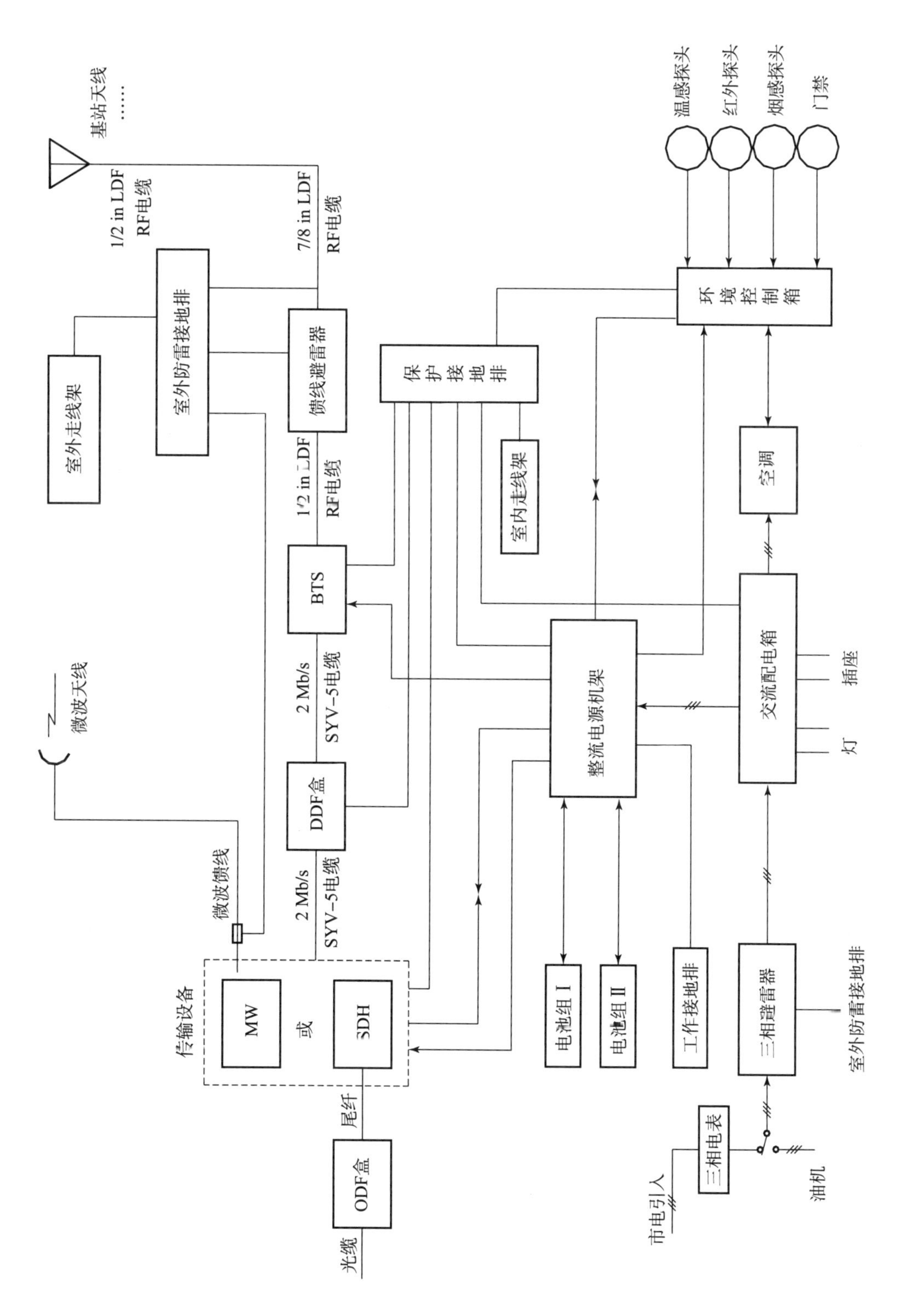

附录 B　无线专业术语、定义和缩略语

无线专业术语、定义和缩略语说明表

英文缩写	英文名称	中文名称
2G	The 2nd Generation	第二代
3G	The 3rd Generation	第三代
3GPP	3rd Generation Partnership Project	第三代伙伴计划
ARQ	Automatic Repeat Request	自动重传请求
BLER	Block Error Rate	误块率
CP	Cyclic Prefix	循环前缀
CSFB	Circuit Switched FallBack	电路交换回退
DL	Downlink	下行链路
DSCP	Differentiated Services Code Point	差分服务代码点
DwPTS	Downlink Pilot Time Slot	下行导频时隙
eNB	Evolved NodeB	演进的 NodeB
E - UTRA	Evolved UTRA	演进的 UTRA
E - UTRAN	Evolved UTRAN	演进的 UTRAN
EARFCN	E - UTRA Absolute Radio Frequency Channel Number	E - UTRA 绝对无线电频率信道号码
ECGI	E - UTRAN Cell Global Identifier	小区全球唯一标识
ECI	E - UTRAN Cell Identity	小区唯一标识
EPC	Evolved Packet Core	演进的分组核心网
GBR	Guaranteed Bit Rate	保证比特率
GNSS	Global Navigation Satellite System	全球导航卫星系统
GP	Guard Period	保护周期
GPS	Global Positioning System	全球定位系统
GUMMEI	Globally Unique MME Identity	全球唯一 MME 标识符
GUTI	Globally Unique Temporary Identity	全球唯一临时标识符
HARQ	Hybrid Automatic Repeat Request	混合自动重传请求
HLR	Home Location Register	归属位置寄存器
HSS	Home Subscriber Server	归属用户服务器
IEEE	Institute of Electrical and Electronics Engineers	美国电气和电子工程师协会
IMS	IP Multimedia Subsystem	IP 多媒体子系统
IMSI	International Mobile Subscriber Identification Number	国际移动用户识别码
IP	Internet Protocol	网际协议
ISDN	Integrated Services Digital Network	综合业务数字网
ITU	International Telecommunication Union	国际电信联盟
L3	Layer 3	层三

续表

英文缩写	英文名称	中文名称
LA	Location Area	位置区
M - TMSI	MME - Temporary Mobile Subscriber Identity	MME 移动用户临时标识
MCC	Mobile Country Code	移动国家号码
Mesh		网状网
MIMO	Multiple Input Multiple Output	多入多出
MME	Mobile Management Entity	移动管理实体
MNC	Mobile Network Code	移动网络码
MSIN	Mobile Subscriber Identification Number	移动用户识别码
MSISDN	Mobile Subscriber International ISDN/PSTN Number	移动用户的 ISDN 号码
MU - MIMO	Multiple User - Multiple Input Multiple Output	多用户 - 多入多出
Non - GBR	Non Guaranteed Bit Rate	非保证比特率
OMC	Operations & Maintenance Center	操作维护中心
P - GW	PDN Gateway	PDN 网关
PCI	Physical Cell Identity	物理小区标识
PDN	Packet Data Network	分组数据网络
PLMN	Public Land Mobile Network	公共陆地移动网
PRB	Physical Resource Block	物理资源块
PTN	Packet Transport Network	分组传送网
QCI	QoS Class Identifier	QoS 类别标识
QoS	Quality of Service	服务质量
RB	Resource Block	资源块
RS	Reference Signal	参考信号
RSRP	Reference Signal Received Power	参考信号接收功率
S1	The interface between eNode B and EPC	eNodeB 和 EPC 之间的通信接口
S - GW	Serving Gateway	服务网关
SINR	Signal to Interference & Noise Ratio	信干噪比
SRVCC	Single Radio Voice Call Continuity	单一无线语音呼叫连续性
TA	Tracking Area	跟踪区
TAC	Tracking Area Code	跟踪区域的标识
TAI	Tracking Area Identity	跟踪区域全球标识
TD - LTE	TD - SCDMA Long Term Evolution	TD - SCDMA 的长期演进
TD - SCDMA	Time Division Synchronous	时分同步码分多址
TDD	Time Division Duplex	时分双工
UE	User Equipment	用户设备
UL	Uplink	上行链路
UpPTS	Uplink Pilot Time Slot	上行导频时隙
VoIMS	Voice over IMS	IMS 语音
VoIP	Voice over IP	IP 语音
X2	The interface between eNodeBs	eNodeB 之间的通信接口

附录 C 通信管道工程实例图纸

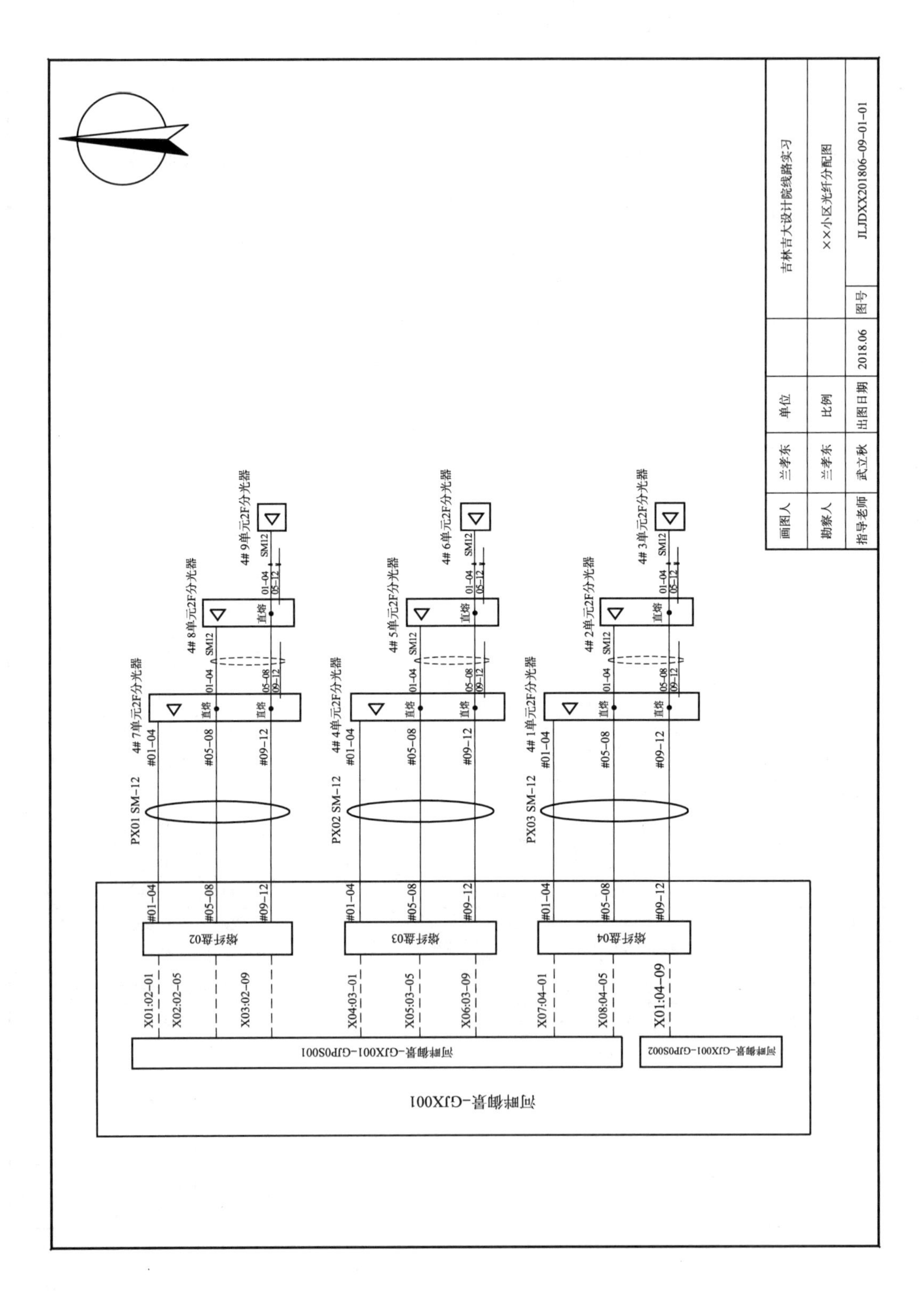

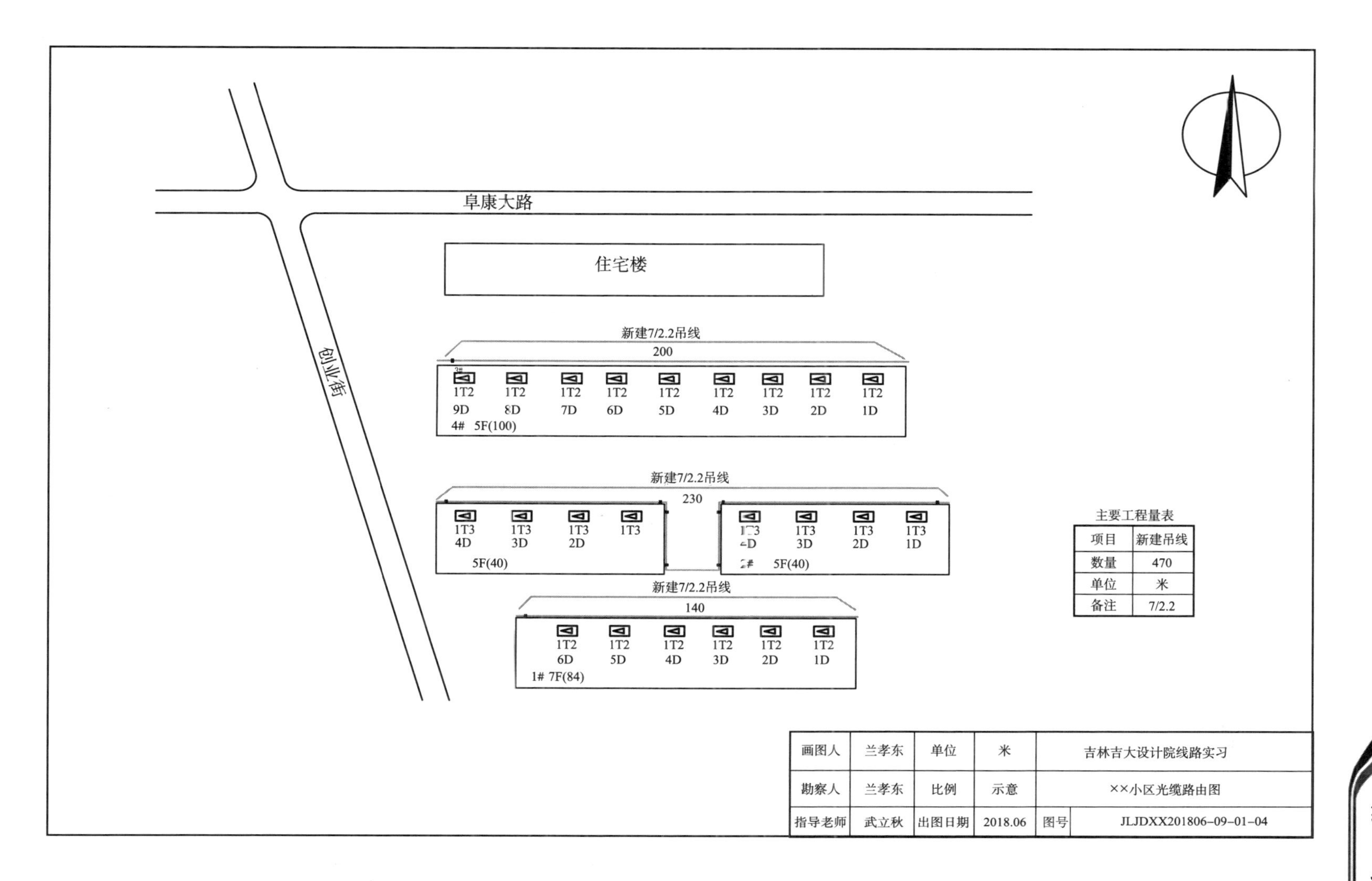
阜康大路
创业街
住宅楼
新建7/2.2吊线
200
1T2 9D
1T2 8D
1T2 7D
1T2 6D
1T2 5D
1T2 4D
1T2 3D
1T2 2D
1T2 1D
4# 5F(100)
新建7/2.2吊线
230
1T3 4D
1T3 3D
1T3 2D
1T3
5F(40)
1T3 3D
1T3 2D
1T3 1D
5F(40)
新建7/2.2吊线
140
1T2 6D
1T2 5D
1T2 4D
1T2 3D
1T2 2D
1T2 1D
1# 7F(84)
主要工程量表
项目 新建吊线
数量 470
单位 米
备注 7/2.2
画图人 兰孝东
单位 米
吉林吉大设计院线路实习
勘察人 兰孝东
比例 示意
××小区光缆路由图
指导老师 武立秋
出图日期 2018.06
图号 JLJDXX201806-09-01-04

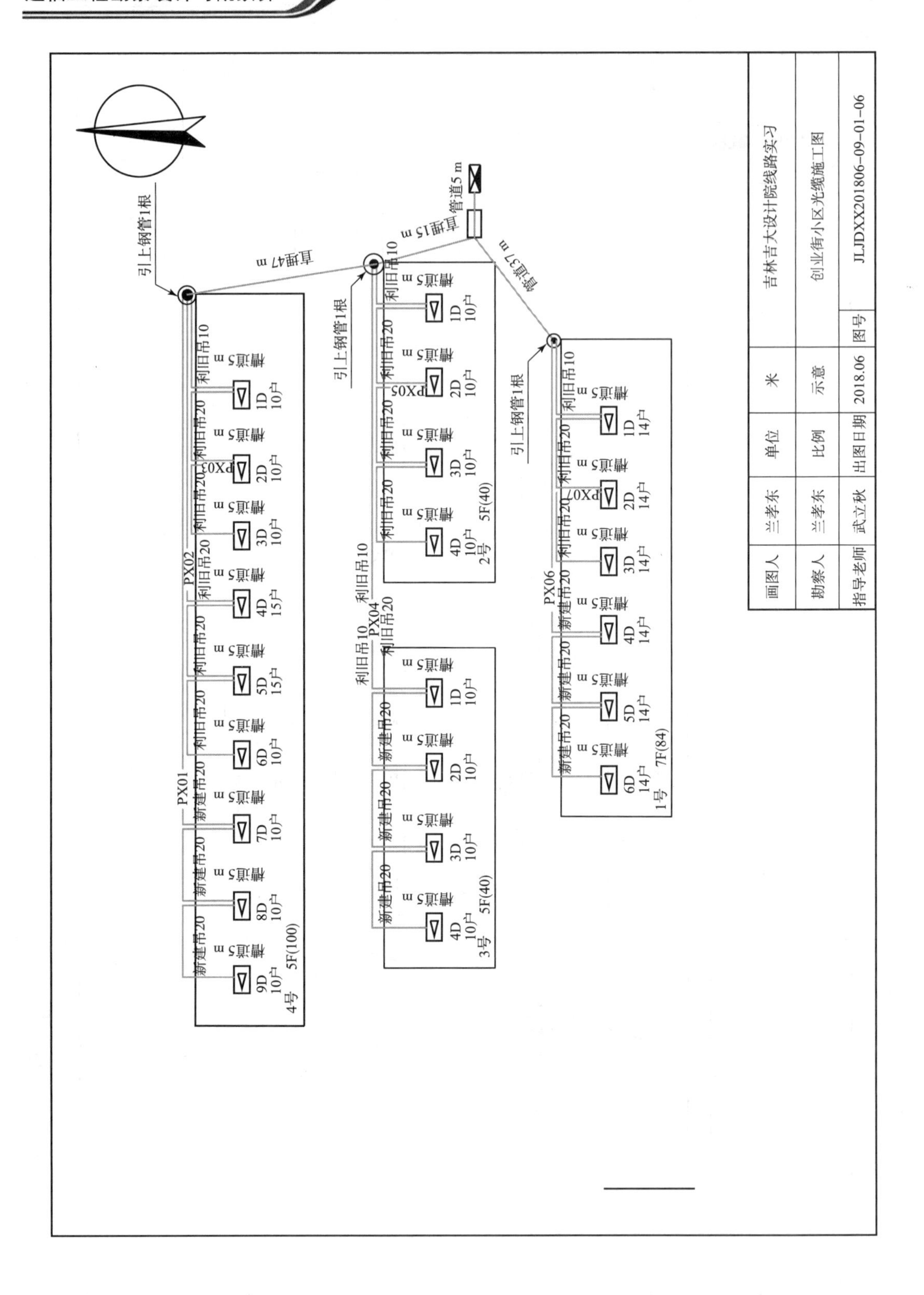

引上钢管1根
直埋47 m
直埋15 m
管道5 m
管道37 m
PX01
PX02
PX03
PX04
PX05
PX06
PX07
利旧吊10
利旧吊20
新建吊20
槽道5 m
4号 5F(100)
3号 5F(40)
2号 5F(40)
1号 7F(84)
画图人 兰孝东
勘察人 兰孝东
指导老师 武立秋
单位 米
比例 示意
出图日期 2018.06
图号 JLJDXX201806-09-01-06
吉林吉大设计院线路实习
创业街小区光缆施工图

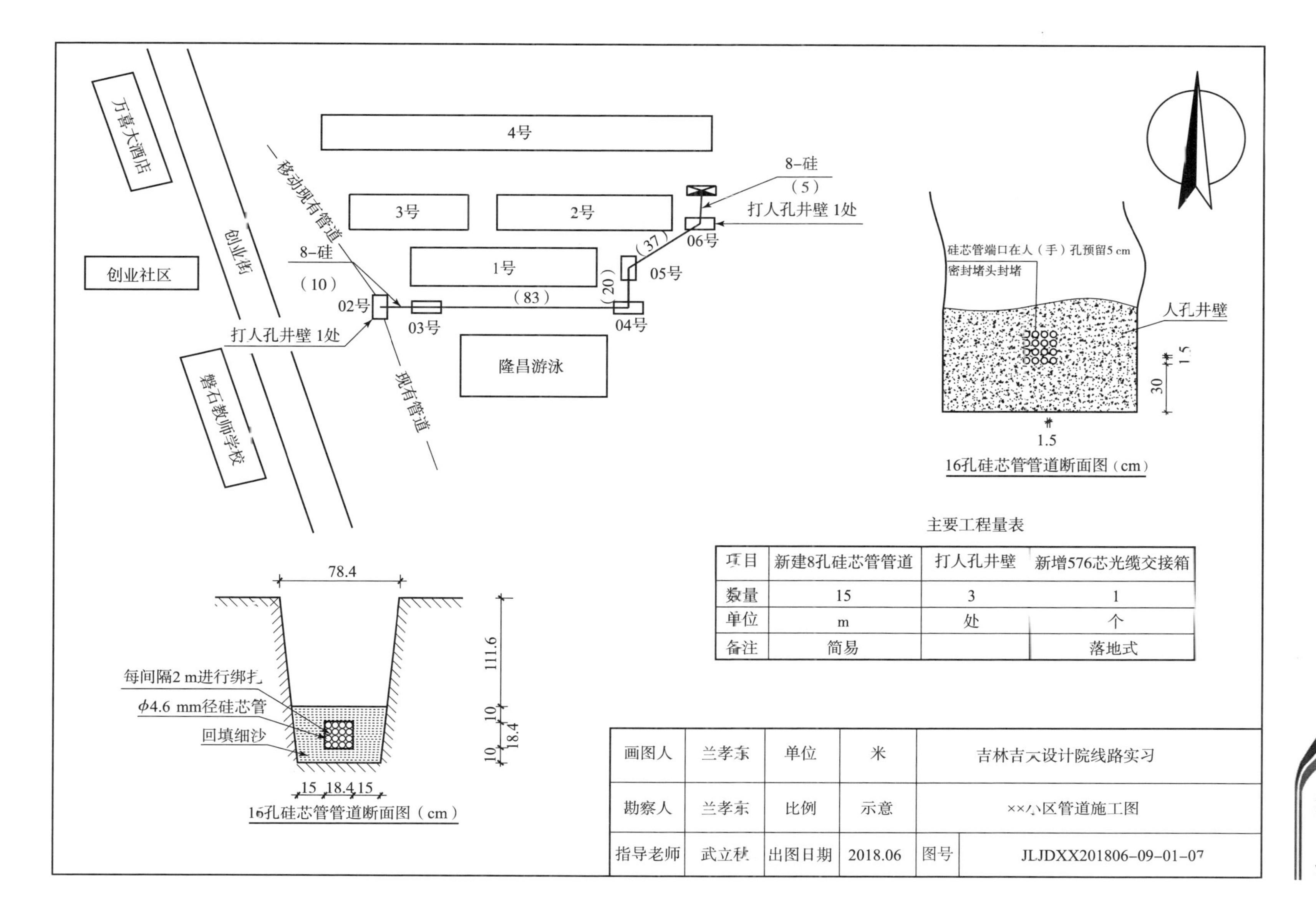

主要工程量表

项目	新建8孔硅芯管管道	打人孔井壁	新增576芯光缆交接箱
数量	15	3	1
单位	m	处	个
备注	简易		落地式

画图人	兰孝东	单位	米	吉林吉大设计院线路实习	
勘察人	兰孝东	比例	示意	××小区管道施工图	
指导老师	武立秋	出图日期	2018.06	图号	JLJDXX201806-09-01-07

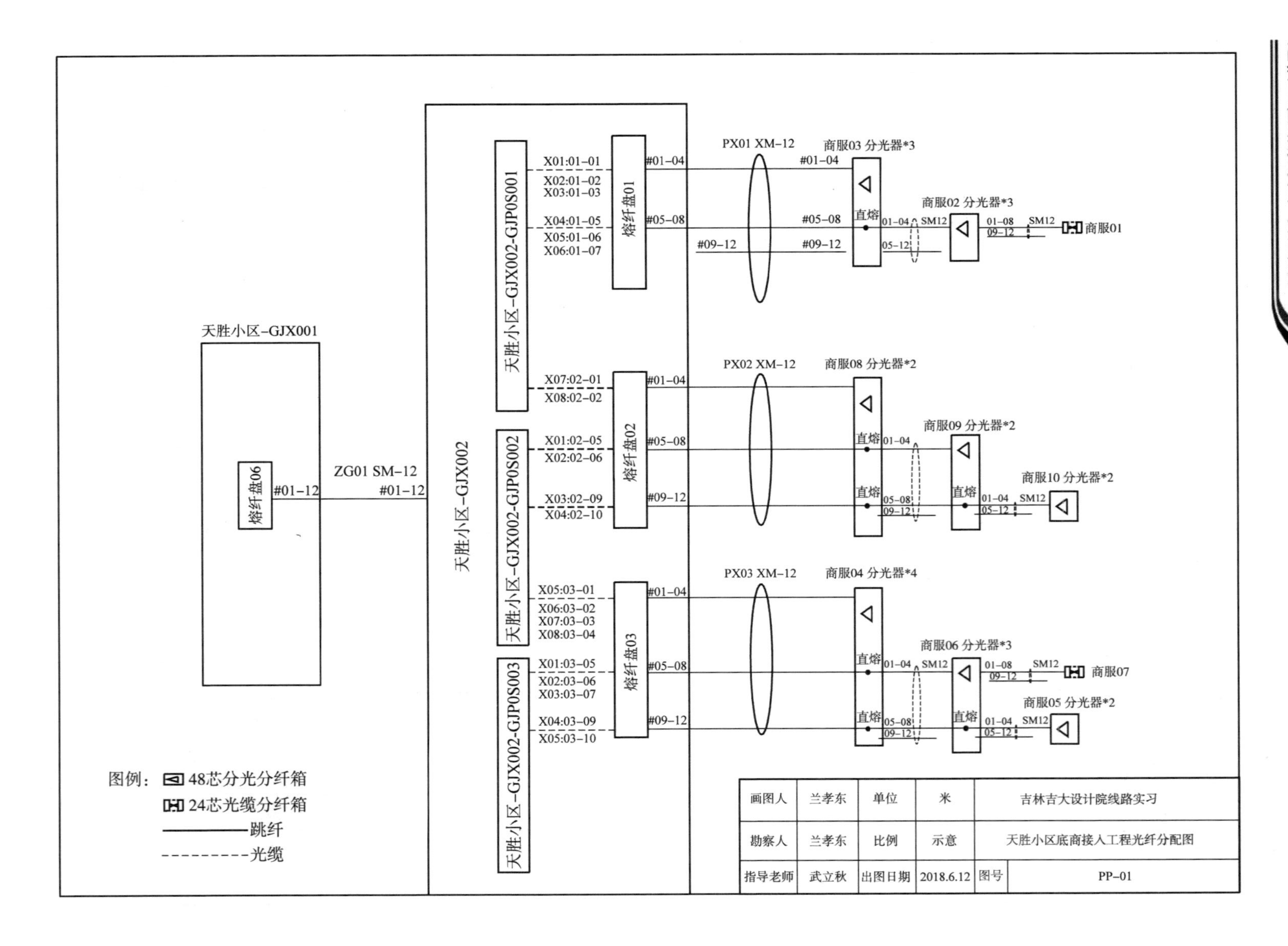
天胜小区-GJX001
熔纤盘06
#01-12
ZG01 SM-12
#01-12
天胜小区-GJX002
天胜小区-GJX002-GJP0S001
天胜小区-GJX002-GJP0S002
天胜小区-GJX002-GJP0S003
X01:01-01
X02:01-02
X03:01-03
X04:01-05
X05:01-06
X06:01-07
X07:02-01
X08:02-02
X01:02-05
X02:02-06
X03:02-09
X04:02-10
X05:03-01
X06:03-02
X07:03-03
X08:03-04
X01:03-05
X02:03-06
X03:03-07
X04:03-09
X05:03-10
熔纤盘01
熔纤盘02
熔纤盘03
#01-04
#05-08
#09-12
PX01 XM-12
PX02 XM-12
PX03 XM-12
商服03 分光器*3
商服02 分光器*3
商服01
商服08 分光器*2
商服09 分光器*2
商服10 分光器*2
商服04 分光器*4
商服06 分光器*3
商服07
商服05 分光器*2
直熔
SM12
01-04
01-08
05-08
05-12
09-12
画图人 兰孝东 单位 米 吉林吉大设计院线路实习
勘察人 兰孝东 比例 示意 天胜小区底商接入工程光纤分配图
指导老师 武立秋 出图日期 2018.6.12 图号 PP-01
图例：
48芯分光分纤箱
24芯光缆分纤箱
跳纤
光缆

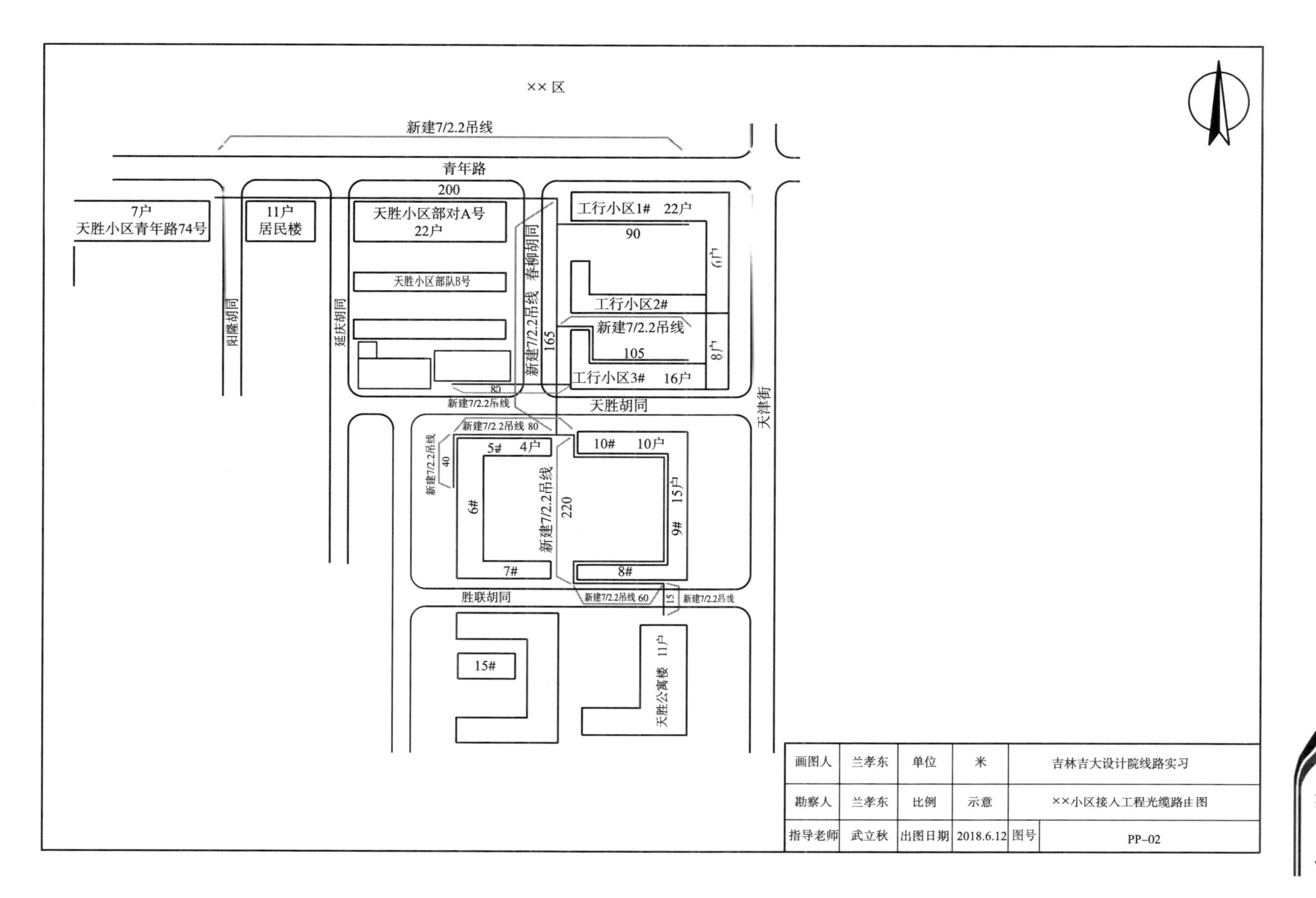

××区
新建7/2.2吊线
青年路
200
7户
天胜小区青年路74号
11户
居民楼
天胜小区部对A号
22户
天胜小区部队B号
阳隆胡同
延庆胡同
新建7/2.2吊线 春柳胡同
165
工行小区1# 22户
90
6户
工行小区2#
新建7/2.2吊线
105
8户
工行小区3# 16户
80
新建7/2.2吊线
天胜胡同
天津街
新建7/2.2吊线 80
新建7/2.2吊线
40
5# 4户
10# 10户
6#
新建7/2.2吊线
220
15户
9#
7#
8#
胜联胡同
新建7/2.2吊线 60
15
新建7/2.2吊线
15#
天胜公寓楼 11户
画图人
兰孝东
单位
米
吉林吉大设计院线路实习
勘察人
兰孝东
比例
示意
××小区接入工程光缆路由图
指导老师
武立秋
出图日期
2018.6.12
图号
PP-02

附录 D　无线通信基站实例图纸

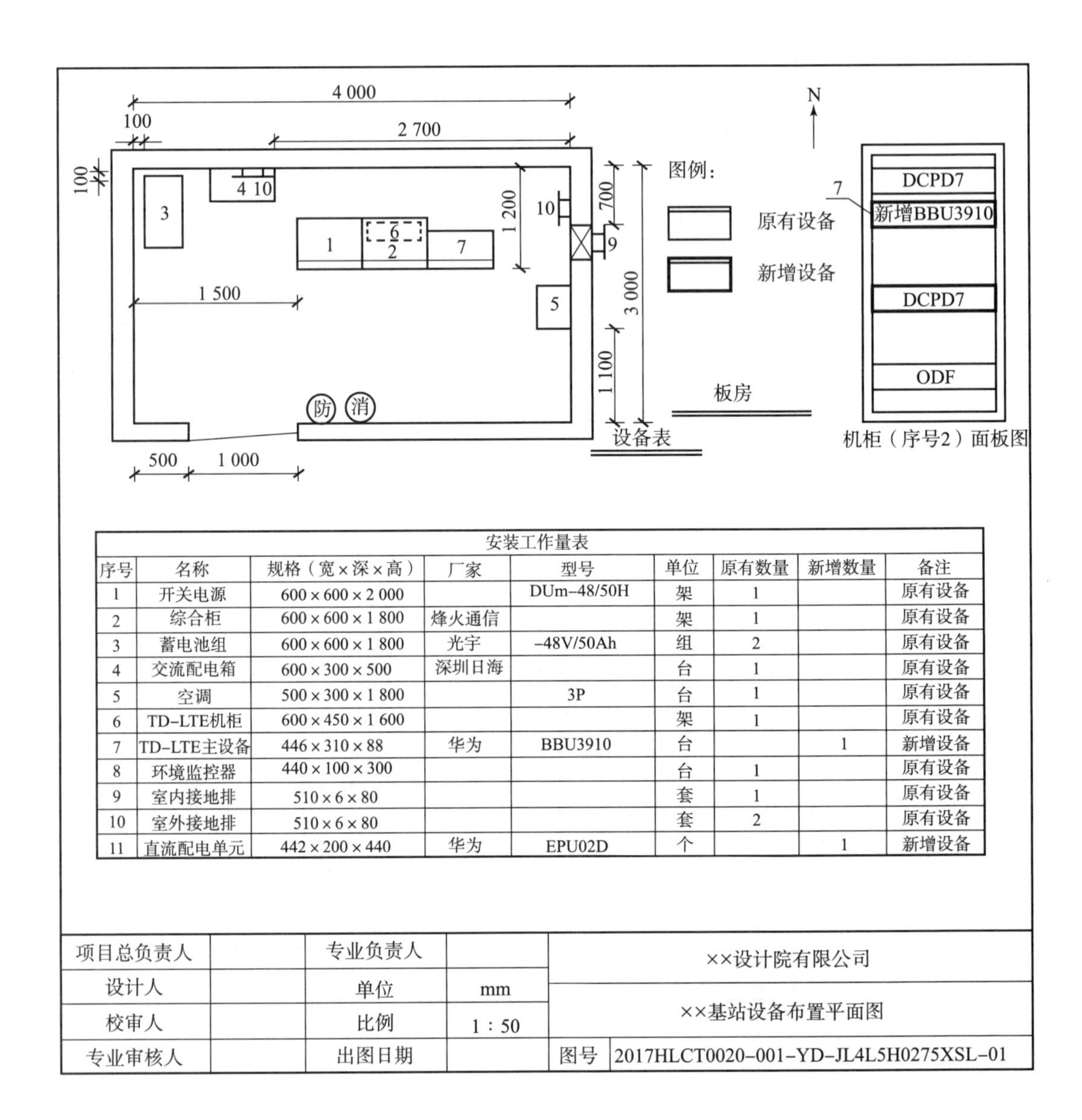

安装工作量表

序号	名称	规格（宽×深×高）	厂家	型号	单位	原有数量	新增数量	备注
1	开关电源	600×600×2 000		DUm-48/50H	架	1		原有设备
2	综合柜	600×600×1 800	烽火通信		架	1		原有设备
3	蓄电池组	600×600×1 800	光宇	-48V/50Ah	组	2		原有设备
4	交流配电箱	600×300×500	深圳日海		台	1		原有设备
5	空调	500×300×1 800		3P	台	1		原有设备
6	TD-LTE机柜	600×450×1 600			架	1		原有设备
7	TD-LTE主设备	446×310×88	华为	BBU3910	台		1	新增设备
8	环境监控器	440×100×300			台	1		原有设备
9	室内接地排	510×6×80			套	1		原有设备
10	室外接地排	510×6×80			套	2		原有设备
11	直流配电单元	442×200×440	华为	EPU02D	个		1	新增设备

项目总负责人		专业负责人		××设计院有限公司	
设计人		单位	mm	××基站设备布置平面图	
校审人		比例	1：50		
专业审核人		出图日期		图号	2017HLCT0020-001-YD-JL4L5H0275XSL-01

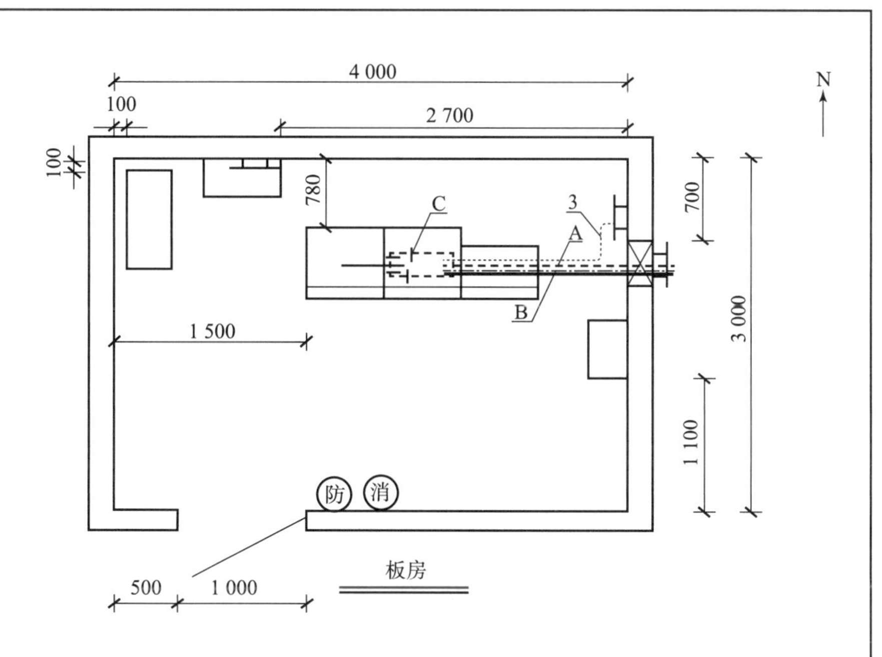

注：（1）斜体表示本设计只负责放工日，电缆由主设备厂家提供，施工时请按实际长度截取；

（2）布放线缆要三线分离：交流线和信号线（馈线、传输线）沿走线架两侧布放，直流线和地线沿走线架中间布放；

（3）室外RRU的保护地线在室外布放，本图未示出。

其他馈缆表					
编号	馈缆类型	规格	单位	数量	备注
A	RRU用光纤		条	3	
B	GPS馈线	1/2 in馈线	条	1	新增GPS馈线避雷器
C	传输线	光纤	条	1	

线缆图例：
- - - - - - 表示BBU至RRU光纤路由
——— 表示传输线路由
——— 表示直流电缆路由
·········· 表示保护地线路由
-·—·—·- 表示GPS馈线路由

项目总负责人		专业负责人		××设计院有限公司
设计人		单位	mm	××基站走线路由图及布缆表
校审人		比例	1：50	
专业审核人		出图日期		图号 2017HLCT0020-001-YD JL4L5H0275XSL 02

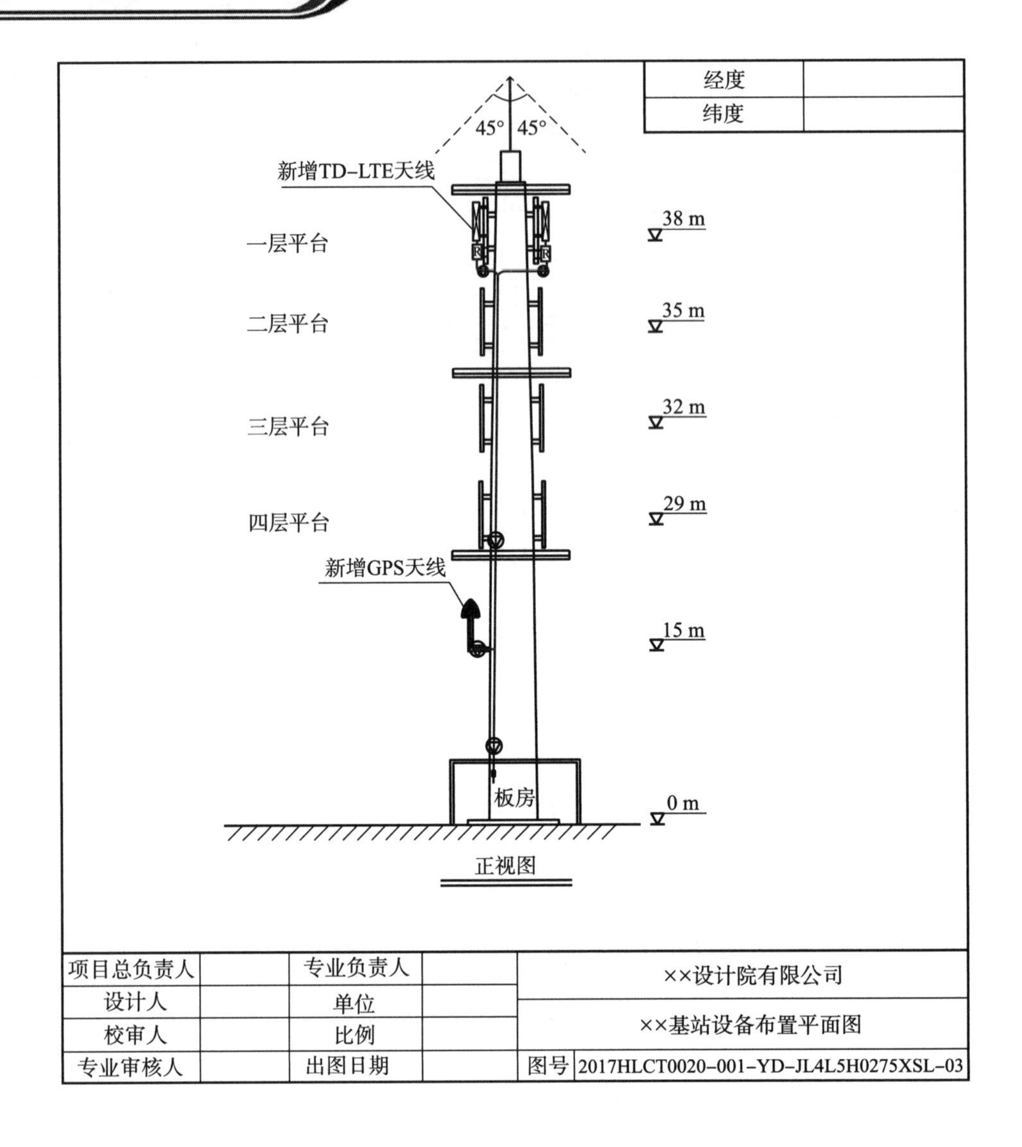
经度
纬度
45°
45°
新增TD-LTE天线
一层平台
二层平台
三层平台
四层平台
新增GPS天线
38 m
35 m
32 m
29 m
15 m
0 m
板房
正视图
项目总负责人
专业负责人
设计人
单位
校审人
比例
专业审核人
出图日期
××设计院有限公司
××基站设备布置平面图
图号 2017HLCT0020-001-YD-JL4L5H0275XSL-03

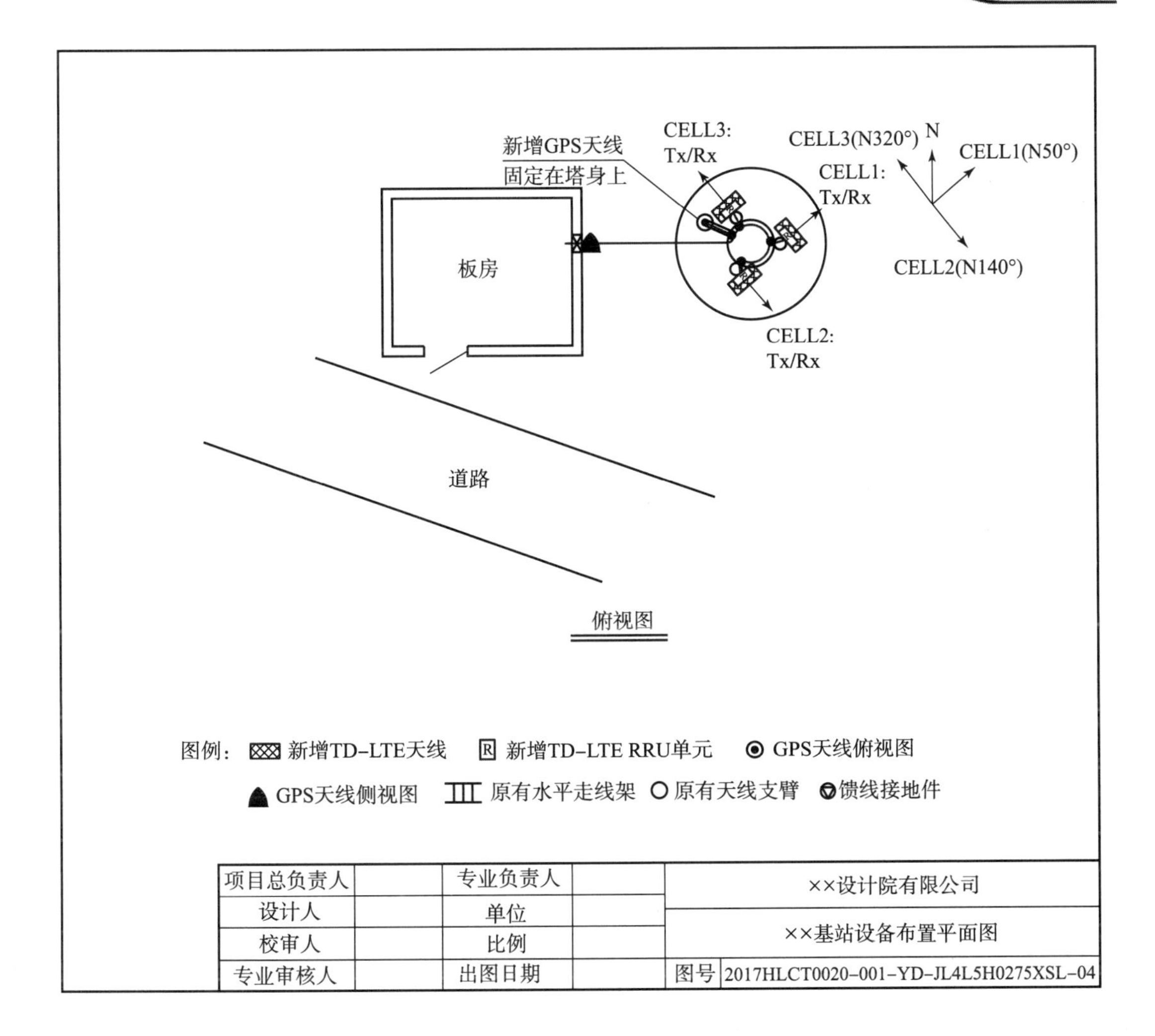
新增GPS天线
固定在塔身上
CELL3:
Tx/Rx
CELL3(N320°)
N
CELL1(N50°)
CELL1:
Tx/Rx
CELL2(N140°)
CELL2:
Tx/Rx
板房
道路
俯视图
图例：
新增TD-LTE天线
新增TD-LTE RRU单元
GPS天线俯视图
GPS天线侧视图
原有水平走线架
原有天线支臂
馈线接地件
项目总负责人
专业负责人
××设计院有限公司
设计人
单位
××基站设备布置平面图
校审人
比例
专业审核人
出图日期
图号
2017HLCT0020-001-YD-JL4L5H0275XSL-04

附录 E　安全生产危险源、防范措施警示表

安全生产危险源、防范措施警示表

施工作业内容	风险因素序号	风险因素	风险说明	风险处置方案及安全施工说明
通用作业要求	1	恶劣天气	高温环境下，强风、大雾、雷雨中户外作业，存在一定安全隐患	在炎热或寒冷、冰雪天气施工作业时应采取防暑或防寒、防冻、防滑措施。当地面被积雪覆盖时，应用棍棒试探前行。遇有强风、暴雨、大雾、雷电、冰雹、沙尘暴等恶劣天气时，应停止露天作业。雷雨天不得在电杆、铁塔、大树、广告牌下躲避
	2	高温、极寒天气下作业	高温、极寒天气户外作业，中暑及冻伤伤害	作业人员在野外施工作业时，必须按照国家有关部门关于安全和劳动保护的规定，正确佩戴安全防护和劳动保护用品
	3	特殊施工环境	特殊施工环境户外作业，存在一定安全隐患	在水田、泥沼中施工作业时应穿长筒胶鞋，预防蚂蟥、血吸虫、毒蛇等叮咬。野外作业应备有防毒及解毒药品
	4	工器具使用与存放	施工人员使用、存放挖沟工器具误伤危险	安装施工工具、器械时应牢固，松紧适当，防止使用过程中脱落和断裂。放置较大的工具和材料时应平放。传递工具时，不得上扔下掷
	5	运输、搬运违章	运输设备、材料途中人货混装；起重吊物、设备搬运操作不当，导致物体打击伤害	规范运输、搬运
	6	材料堆的安全隐患	水泥电杆、光缆盘、钢绞线等堆放不合格失控滚落，导致物体打击伤害	施工中做好预防保护、按规范操作施工
	7	交通事故	驾驶及指挥挖沟机械人员未按规定操作时，造成交通事故危险	（1）光缆路由前方距离挖沟机械 50 m 以外应设置前方指挥人员，提前探测前方障碍，指挥机械行进，避免因驾驶员观察不足导致挖沟机械驶入其他坑内、沟内； （2）挖沟机械驾驶员连续驾驶 4 h，应休息 20 min，或者更换驾驶员。驾驶员不得酒驾、毒驾

续表

施工作业内容	风险因素序号	风险因素	风险说明	风险处置方案及安全施工说明
通用作业要求	8	使用有缺陷的搬运工具	跳板强度不够或腐蚀断裂，光缆拖车或绞盘带有隐患，导致物体打击伤害	对施工人员做好机械使用的培训工作，做好机械进场前的检查工作，按规范操作施工
	9	违章驾驶（失误操作、酒后驾驶、超载、超速）	违章驾驶导致交通事故，造成人员伤亡	驾驶员必须遵守交通法规。驾驶车辆应注意交通标志、标线，保持安全行车距离，不强行超车、不疲劳驾驶、不酒后驾驶、不驾驶故障车辆。严禁将机动车辆交给无驾驶执照人员驾驶
	10	施工中意外交通事故（被动伤害）	没有按规范设置安全标志，施工人员没有穿反光衣及戴安全帽等被其他行驶车辆撞击伤亡	做好施工标识，施工人员穿上警示服
	11	车辆管理不严格	公司车辆管理制度不严格，导致因车、因驾驶员问题发生事故，造成人员伤亡	严格管理车辆
	12	驾驶时间、时长不合理	夜间作业、或早出晚归，项目施工地点多、远，驾驶时间超长，导致交通事故，造成人员伤亡	长时间驾驶员需强制休息，或轮换驾驶员驾驶
	13	车辆存在安全问题	公司车辆年龄老化、或未配备安全设施导致交通事故，造成人员伤亡	定期检测维护车辆
	14	周围环境存在安全隐患	坎、坡、沟及泥泞的道路导致摔伤	施工前做好环境调查
	15	光缆盘安装、运输	光缆盘重量较大，存在安装、运输过程中未按规定操作，伤人危险	装卸光（电）缆盘宜采用吊车或叉车。如人工卸缆，必须有专人指挥，可选用承受力适合的绳索绕在缆盘上或中心孔的铁轴上，用绞车、滑车或足够的人力控制缆盘均匀从跳板上滚下。施工人员应远离跳板前方和两侧。装卸时非工作人员不可在附近停留。严禁将缆盘直接从车上推下
	16	工器具	工器具操作失误伤人	分离光缆中光纤、金属加强芯、金属护套使用专用刀具，应该按安全规定操作，避免划伤

续表

施工作业内容	风险因素序号	风险因素	风险说明	风险处置方案及安全施工说明
熔接测试作业	1	对眼睛造成损伤	未按照要求导致光束直射眼睛	光缆接续、测试时，光纤不得正对眼睛。做好专业培训
管道光缆作业	1	作业环境存在毒气	井下或其他封闭环境存在一氧化碳（CO）、沼气（CH_4）、硫化氢（H_2S）等有毒气体，无防范措施导致人员中毒窒息、火灾爆炸	施工前做好环境调查，做好防毒准备
	2	缺乏安全围蔽措施	管道开挖沿线路由没有设置安全围栏，造成对行人的伤害	施工现场做好安全围蔽措施；挖掘通信管道（坑）施工现场，应设置红白相间的临时护栏或项目的标志。夜间或复杂气候下作业时，必须配置警示灯
	3	井下作业，井面无保护措施	井下作业井口没有设置安全警示措施或留人职守，井面重物打击伤害	做好保护措施方可下井
	4	井下作业工具管理	井下作业梯子等工具没有规范放置及管理	地下室、井下施工时，上下人孔使用的梯子应放置稳固，作业过程中应保持撤离通道畅通，上下梯子不得撤走
	5	电动工具漏电	电动工具没有定期做绝缘试验，作业时漏电造成触电伤害	施工前检测工具，用电前做好漏电保护措施
	6	机械漏电	使用机械漏电	对施工机械使用前进行安全检查，用电前做好漏电保护措施
	7	现场遗漏工序	对行人车辆造成损害	施工作业完毕，应清理现场，清除障碍，恢复人（手）孔盖密闭状态，保障行人车辆安全
	8	施工不佩戴安全防护用品	未按照要求佩戴好安全帽，物体打击伤害	上岗前进行相关安全培训，佩戴安全防护用品
光缆气吹法作业	1	人孔开启后施工人员马上进入施工	造成人员呼吸困难，严重的造成窒息甚至死亡	在打开井盖后先通风，进行气体检查和检测，确认无易燃、有毒、有害气体后方可进入施工，地面上必须留有人监护

续表

施工作业内容	风险因素序号	风险因素	风险说明	风险处置方案及安全施工说明
光缆气吹法作业	2	踩踏人孔内的缆线设施	未注意人孔内原有缆线和设施，不使用梯子，任意踩踏缆线设施，造成已有缆线通信中断、设施受损	施工时，注意保护原有线路和设施等。上下人孔必须使用梯子，放置牢固，严禁踩踏线缆或线缆托架
	3	吹缆设备布局不合理，光缆未按要求盘成“∞”形施工	光缆与输气管扭绞，施工不顺畅，容易造成光缆扭伤	合理布局吹缆设备。光缆在吹放前及吹出端都应盘成“∞”形盘放，避免施工过程中光缆扭伤，其弯曲半径不应小于规定的要求
	4	吹缆时缺少通信联络，施工人员站在出气流侧	施工人员站在出气流方向的正面，硅芯管内的高压气流和沙石溅伤施工人员	（1）吹缆时管道两端必须设专人防护，并用对讲机保持通信联络，防止试通棒、气吹头等物吹出伤人。 （2）在吹缆时，施工人员不得站在光缆张力方向的区域，非施工人员不得在作业区停留。在出缆的末端，施工人员应站在气流方向的侧面，防止硅芯管内的高压气流和沙石溅伤
	5	吹缆设备使用不当	造成设备倾倒损伤，硅芯管、输气软管吹爆，吹缆设备着火损坏，也可能造成人身伤害	（1）不得将吹缆设备放在高低不平的地面上。 （2）吹缆液压设备在加压前应拧紧所有接头。空压机启动后，值机人员不得远离设备并随时检查空压机的压力表、温度表、减压阀。空气压力不得超过硅芯管所允许承受的压力范围。 （3）在液压动力机附近，不得使用可燃性的液体、气体。 （4）吹缆时，非设备操作人员应远离吹缆设备和人孔，作业人员不得站在光缆张力方向的区域。 （5）当汽油等异味较浓时，应检查燃料是否溢出和泄漏，必要时应停机。检查机械部分的泄漏时，应使用卡纸板，不得用手直接触摸检查。 （6）输气软管应连接牢固。当出现软管老化、破损等现象时应及时更换
	6	吹缆速度过快	施工人员不易操作，容易造成人身伤害或光缆扭伤现象	光缆吹放速度一般控制在 60 ~ 90 m/min，不宜超过 100 m/min。光缆吹放中遇管道故障无法吹进或速度极慢（10 m/min以下）时，应先查找故障位置处理后再进行吹放，防止损伤光缆或气吹设备

续表

施工作业内容	风险因素序号	风险因素	风险说明	风险处置方案及安全施工说明
通信线路终端安装作业	1	防雷线型号不符合设计要求，连接点不牢靠	引发接触点放电火花，引发机房火灾，防雷线不符合要求造成线材发热	（1）防雷线中间不做接头，防雷线必须整段敷设。 （2）防雷线与保护地线分别接至不同地排，然后再做统一接地。 （3）接地排每端子必须只能接一根地线，不允许多条接一个端子。 （4）地排接地电阻必须满足通信机房电阻的要求
防雷接地	1	防雷接地	未按规范要求做好防雷基地措施	（1）根据中华人民共和国国家标准《通信局（站）防雷与接地工程设计规范》（GB 50689—2011）第 3. 6. 8 条的要求，严禁在接地线中加装开关或熔断器。 （2）根据中华人民共和国国家标准《通信局（站）防雷与接地工程设计规范》（GB 50689—2011）第 3. 9. 1 条的要求，接地线与设备及接地排连接时必须加装铜接线端子，并必须压（焊）接牢固。 （3）光缆内的金属构件在局（站）内 ODF 架、光缆交接箱处终端时必须做防雷接地，其中光缆在光纤配线架（ODF）终端处，将金属构件相互连通并将其单独接到机房防雷保护地排上，光缆在光缆交接箱终端处，将金属构件相互连通并将其单独接到接地棒上。接地线的规格、型号应符合设计要求。接地线布放时尽量短直，多余的线缆应截断，严禁盘绕。 （4）光缆吊线应每间隔 300 m 利用电杆避雷线或拉线接地，每隔 1 km 加装绝缘子进行电气断开，雷害特别严重地段的架空光缆上方应设架空地线。 （5）利用角杆、抗风拉线、防凌拉线、杆高超过 12 m 的电杆、山坡顶上的电杆设计避雷线。 （6）防雷线使用 $\phi 6$ mm 镀锌铁线，敷设在光缆上方 30 cm 处。防雷线连续敷设段落应不小于 1 km。其接续采用焊接方式，遇有顶管施工的保护钢管时，应与钢管焊接。 （7）光缆金属构件在光缆接头处断开，不作电气连通。 （8）采用硅芯塑料管敷设光缆地段，在雷暴日大于 20 的地区，布放防雷线的原则为：土壤电阻率 $\rho > 100\ \Omega \cdot m$ 时布放一条防雷线

参考文献

[1] 工业和信息化部通信工程定额质监中心．信息通信建设工程概预算管理与实务［M］．北京：人民邮电出版社，2017.

[2] 中华人民共和国工业和信息化部．YD/T 5015—2015 通信工程制图与图形符号规定［S］．北京：人民邮电出版社，2015.

[3] 于正永．通信工程设计及概预算［M］．大连：大连理工大学出版社，2018.

[4] 杜文龙．通信工程制图［M］．北京：高等教育出版社，2017.

[5] 中华人民共和国工业和信息化部．YD 5123—2010 通信线路工程施工监理规范［S］．北京：北京邮电大学出版社，2010.

[6] 解相吾，解文博．通信工程概预算与项目管理［M］．北京：电子工业出版社，2014.

[7] 管明祥，通信线路施工与维护［M］．北京：人民邮电出版社，2014.

[8] 张智群，谢斌生，陈佳．通信工程概预算［M］．北京：机械工业出版社，2014.

[9] 中华人民共和国工业和信息化部．信息通信建设工程预算定额［M］．北京：人民邮电出版社，2017.

[10] 中华人民共和国住房和城乡建设部．GB 51158—2015 通信线路工程设计规范［S］．北京：中国计划出版社，2016.